U0247266

5G 丛书

5G 关键技术与工程建设

5G Key Technologies and Engineering Construction

朱晨鸣 王强 李新 彭雄根 贝斐峰 王浩宇 

人民邮电出版社
北京

图书在版编目（CIP）数据

5G关键技术与工程建设 / 朱晨鸣等编著. -- 北京 :
人民邮电出版社, 2020.4（2022.8重印）
（国之重器出版工程·5G丛书）
ISBN 978-7-115-53352-4

Ⅰ. ①5… Ⅱ. ①朱… Ⅲ. ①无线电通信—移动通信
—通信技术 Ⅳ. ①TN929.5

中国版本图书馆CIP数据核字(2020)第008737号

内 容 提 要

本书从 5G 的需求与愿景、5G 研究项目与标准化进展等方面入手，介绍了 5G 的引入情境和现状，接着说明为达到 5G 需求所使用的无线传输新技术，以及为满足业务应用的弹性需求而设计的新的网络架构，并分析了 5G 可能的频谱资源，最后分析和探讨了 5G 网络规划和工程建设，同时展望了未来 5G 的应用发展前景。

本书的主要读者对象为科研院所、电信设备制造商、电信运营商、电信设备提供商、电信咨询业从业人员，以及关注通信行业技术发展的相关人士。

◆ 编　　著　朱晨鸣　王　强　李　新　彭雄根　贝斐峰
　　　　　　王浩宇
　责任编辑　吴娜达
　责任印制　杨林杰

◆ 人民邮电出版社出版发行　　北京市丰台区成寿寺路 11 号
　邮编　100164　　电子邮件　315@ptpress.com.cn
　网址　http://www.ptpress.com.cn
　北京捷迅佳彩印刷有限公司印刷

◆ 开本：720×1000　1/16
　印张：17.5　　　　2020 年 4 月第 1 版
　字数：324 千字　　2022 年 8 月北京第 2 次印刷

定价：149.00 元

读者服务热线：(010)81055493　印装质量热线：(010)81055316
反盗版热线：(010)81055315

《国之重器出版工程》
编辑委员会

专家委员会委员（按姓氏笔画排列）：

于　全　中国工程院院士

王　越　中国科学院院士、中国工程院院士

王少萍　“长江学者奖励计划”特聘教授

王建民　清华大学软件学院院长

王哲荣　中国工程院院士

尤肖虎　“长江学者奖励计划”特聘教授

邓宗全　中国工程院院士

甘晓华　中国工程院院士

叶培建　中国科学院院士

朱英富　中国工程院院士

朵英贤　中国工程院院士

邬贺铨　中国工程院院士

刘大响　中国工程院院士

刘怡昕　中国工程院院士

刘韵洁　中国工程院院士

孙逢春　中国工程院院士

苏彦庆　“长江学者奖励计划”特聘教授

苏哲子 中国工程院院士

李伯虎 中国工程院院士

李应红 中国科学院院士

李新亚 国家制造强国建设战略咨询委员会委员、中国机械工业联合会副会长

杨德森 中国工程院院士

张宏科 北京交通大学下一代互联网互联设备国家工程实验室主任

陆建勋 中国工程院院士

陆燕荪 国家制造强国建设战略咨询委员会委员、原机械工业部副部长

陈一坚 中国工程院院士

陈懋章 中国工程院院士

金东寒 中国工程院院士

周立伟 中国工程院院士

郑纬民 中国工程院院士

郑建华 中国科学院院士

屈贤明 国家制造强国建设战略咨询委员会委员、工业和信息化部智能制造专家咨询委员会副主任

项昌乐 “长江学者奖励计划”特聘教授，中国科协书记处书记，北京理工大学党委副书记、副校长

柳百成 中国工程院院士

闻雪友 中国工程院院士

徐德民 中国工程院院士

唐长红 中国工程院院士

黄　维 中国科学院院士、西北工业大学常务副校长

黄卫东 “长江学者奖励计划”特聘教授

黄先祥 中国工程院院士

董景辰 工业和信息化部智能制造专家咨询委员会委员

焦宗夏 “长江学者奖励计划”特聘教授

前　言

自 2009 年 1 月工业和信息化部颁发了 WCDMA、cdma2000 和 TD-SCDMA 3 张 3G 牌照以来，我国的移动通信正式进入了移动宽带化的 3G 时代。2013 年 12 月，工业和信息化部向中国移动、中国电信、中国联通同时颁发了 TD-LTE 牌照，随后中国电信和中国联通又取得了 LTE FDD 牌照，标志着我国的移动通信正式进入 4G 时代。2019 年 6 月 6 日，工业和信息化部向中国电信、中国移动、中国联通、中国广电发放了 5G 商用牌照，我国正式进入 5G 商用元年。

相比 4G，5G 网络既是演进又是变革——它虽然是 4G 持续演进的结果，但在技术目标和网络性能上又大大超越了 4G。5G 并不是简单的“4G+1G”：在无线网上，5G 主要是对 4G 的继承和增强；而在核心网和承载网上，5G 则完全是对 4G 的颠覆性变革。

2015 年前后，5G 在通信业界主要是以研究为主，作者根据当时各主要高校、科研机构、设备厂商及标准化组织的研究进展及成果，经过系统化的梳理，编写了《5G：2020 后的移动通信》一书。近年来，5G 日益成为通信业界最热门的主题之一，5G 标准化进程在 2017 年巴塞罗那世界移动通信大会后开始加速。3GPP 关于 5G 的标准制定是从 R15 开始的，该版本主要关注的是 eMBB 的标准化，其大部分功能已陆续冻结，全部功能将在 2019 年第三季度冻结。3GPP R16 已经在 2018 年开始启动，该版本主要关注的是 uRLLC、 mMTC 的标准化。考虑到我国 5G 牌照已经发放和 5G 标准化已经进入新阶段，作者认为现阶段需重点解决 5G 网络如何落地的问题，因此亟须在《5G：2020 后的移动通信》一书的基础上，补充 5G 关键技术最新研究进展和工程规划建设相关内容。

本书作者是中通服咨询设计研究院从事移动通信网络研究的专业技术人员，在编写过程中，融入了作者在长期从事移动通信网络规划设计工作中积累的经验和总结出的心得，可以帮助读者更好地理解 5G 系统架构、网络规划及工程建设等内容。

本书对 5G 技术的介绍总体概念突出，内容清晰，具有前瞻性和专业性，旨在普及 5G 技术标准化进展及网络规划建设中的一些关键性问题，希望能够为通信业相关人员了解 5G 关键技术、网络架构、组网方案和规划方法等内容提供有益的参考。

本书由朱晨鸣策划和主编，朱晨鸣、王强负责全书结构和内容的掌握与控制，朱晨鸣、王强、李新、彭雄根、贝斐峰、王浩宇、邢腾飞等人参与了本书内容的撰写。

书中如有任何不当之处，恳请广大读者批评指正。

作者
2019 年 7 月于南京

目 录

第1章 概述

1991年全球第一张GSM网络开始运营，标志着移动通信进入数字时代；2001年，3G的来临开启了移动互联网的新纪元；4G时代，基于OFDM、MIMO等新技术，以短视频、社交等为代表的移动互联网业务受到了极大的激发；5G时代，4G演进以及新的空中接口技术，将更好地支撑移动互联网和物联网业务的发展，使我们进入一个万物互联的世界。

1.1 移动通信技术发展

在过去的 30 多年时间里，移动通信经历了从语音业务到移动宽带数据业务的飞跃式发展，不仅深刻地改变了人们的生活方式，也极大地促进了社会和经济的飞速发展。

20 世纪 70 年代末，美国 AT&T 公司研制出了第一套蜂窝移动电话系统。第一代无线网络技术的一大突破就在于它去掉了将电话连接到网络的用户线，用户第一次能够在移动的状态下拨打电话。第一代移动通信的各种蜂窝网系统有很多相似之处，但是也有很大的差异，它们只能提供基本的语音会话业务，不能提供非语音业务，并且保密性差，容易被窃听，而且它们之间还互不兼容，显然移动用户无法在各种系统之间漫游。

第一代移动通信系统是模拟蜂窝移动通信系统，时间是 20 世纪 70 年代中期至 80 年代中期。1978 年，美国贝尔实验室研制成功先进移动电话系统（AMPS，Advanced Mobile Phone System），建成了蜂窝状移动通信系统，而其他工业化国家也相继开发出了蜂窝式移动通信系统。相比于以前的通信系统，第一代移动通信系统最重要的突破是贝尔实验室在 20 世纪 70 年代提出的蜂窝网的概念。蜂窝网（即小区制）由于实现了频率复用，因而大大提高了系统容量。

第一代移动通信系统的典型代表是美国的 AMPS 和后来的改进型全接入通信系统（TACS，Total Access Communications System），以及北欧移动电话

（NMT，Nordic Mobile Telephone）和日本电报电话（NTT，Nippon Telegraph and Telephone）等。AMPS 使用 800MHz 频带，在北美、南美和部分环太平洋国家被广泛采用；TACS 使用 900MHz 频带，分为 ETACS（欧洲）和 NTACS（日本）两种版本，英国、日本和部分亚洲国家广泛采用此标准。

第一代移动通信系统的主要特点是采用频分复用，语音信号采用模拟调制，每隔 30/25kHz 一个模拟用户信道。第一代移动通信系统在商业上取得了巨大的成功，但是其弊端也日渐显露出来：

① 频谱利用率低；

② 业务种类有限；

③ 无高速数据业务；

④ 保密性差，易被窃听；

⑤ 设备成本高；

⑥ 体积大，重量大。

为了解决模拟系统中存在的这些根本性技术缺陷，数字移动通信技术应运而生，并迅速发展起来，这就是以 GSM（全球移动通信系统）和 IS-95 为代表的第二代移动通信系统。

第二代移动通信系统主要有 GSM、DAMPS（先进的数字移动电话系统）、PDC（Personal Digital Cellular）和 IS-95 CDMA 等，在我国运营的第二代移动通信系统主要以 GSM 和 CDMA 为主。第二代移动通信系统在引入数字无线电技术后，不仅改善了语音通话质量，提高了保密性，防止了并机盗打，而且也为移动用户提供了无缝的国际漫游。

① GSM 发源于欧洲，它是作为全球数字蜂窝通信的 DMA（平行线差指标）标准而设计的，支持 64kbit/s 的数据速率，可与 ISDN 互联。GSM 使用 900MHz 和 1800MHz 频段。GSM 采用频分双工（FDD）方式和时分多址（TDMA）方式，每载频支持 8 个信道，信号带宽 200kHz。GSM 标准体制较为完善，技术相对成熟，不足之处是相比模拟系统容量增加不多，仅仅为模拟系统的两倍左右，无法与模拟系统兼容。

② DAMPS 也称为 IS-54（北美数字蜂窝标准），使用 800MHz 频段，是两种北美数字蜂窝标准中推出较早的一种，使用 TDMA 方式。

③ IS-95 是北美的另一种数字蜂窝标准，使用 800MHz 或 1900MHz 频段，采用码分多址（CDMA）方式，已成为美国 PCS（个人通信系统）网的首选技术。

由于第二代移动通信系统以传输语音和低速数据业务为目的，从 1996 年开始，为了解决中速数据传输问题，又出现了 2.5 代移动通信系统，如 GPRS（通用分组无线服务）和 IS-95B，仍然主要提供语音服务以及低速率数据服务。网络的发展促进了数据和多媒体通信业务的快速发展，所以第三代移动通信系统（3G）的目标就是移动宽带多媒体通信。从发展前景来看，由于自有的技术优势，CDMA 技术已经成为第三代移动通信的核心技术。为实现上述目标，对 3G 无线传输技术（RTT，Radio Transmission Technology）提出了以下要求。

① 高速传输以支持多媒体业务：室内环境至少 2Mbit/s；室内外步行环境至少 384kbit/s；室外车辆运动中至少 144kbit/s；卫星移动环境至少 9.6kbit/s。

② 传输速率能够按需分配。

③ 上下行链路能适应不对称需求。

第三代移动通信系统是一种真正意义上的宽带移动多媒体通信系统，能提供高质量的宽带多媒体综合业务，并且实现了全球无缝覆盖、全球漫游。第三代移动通信系统最早由国际电信联盟（ITU）于 1985 年提出，当时被称为未来公众陆地移动通信系统（FPLMTS，Future Public Land Mobile Telecommunication System），1996 年更名为 IMT-2000（International Mobile Telecommunication-2000），意即该系统工作在 2000MHz 频段，最高业务速率可达 2000kbit/s，其容量是第二代移动通信技术的 2 ～ 5 倍，目前最具代表性的有美国提出的 MC-CDMA（cdma2000）、欧洲和日本提出的 WCDMA 以及中国提出的 TD-SCDMA。1999 年 11 月 5 日，国际电信联盟无线电通信组（ITU-R）TG8/1 第 18 次会议通过了“IMT-2000 无线接口技术规范”建议，其中我国提出的 TD-SCDMA 技术被写在了第三代无线接口规范建议的 IMT-2000 CDMA TDD 部分中。

第四代移动通信技术（4G）的概念可称为宽带接入和分布网络，具有非对称的超过 2Mbit/s 的数据传输能力，包括宽带无线固定接入、宽带无线局域网、移动宽带系统和交互式广播网络。第四代移动通信标准比第三代标准拥有更多的功能。第四代移动通信可以在不同的固定、无线平台和跨越不同频带的网络中提供无线服务，可以在任何地方用宽带接入互联网（包括卫星通信和平流层通信），能够提供定位定时、数据采集和远程控制等综合功能。此外，第四代移动通信系统是集成多功能的宽带移动通信系统，是宽带接入 IP 系统。4G 能够以 100Mbit/s 以上的速率下载，能够满足几乎所有用户对无线服务的要求。通信制式的演进趋势如图 1-1 所示。

移动互联网和物联网作为未来移动通信发展的两大主要驱动力，为第五代移动通信（5G）提供了广阔的应用前景。面向 2020 年及未来，数据流量的千倍增长、千亿设备连接和多样化的业务需求都将对 5G 系统设计提出严峻挑战。与 4G 相比，5G 将支持更加多样化的场景，融合多种无线接入方式，并充分利用低频和高频等频谱资源。同时，5G 还将满足网络灵活部署和高效运营维护的需求，能大幅提升频谱效率、能源效率和成本效率，实现移动通信网络的可持续发展。

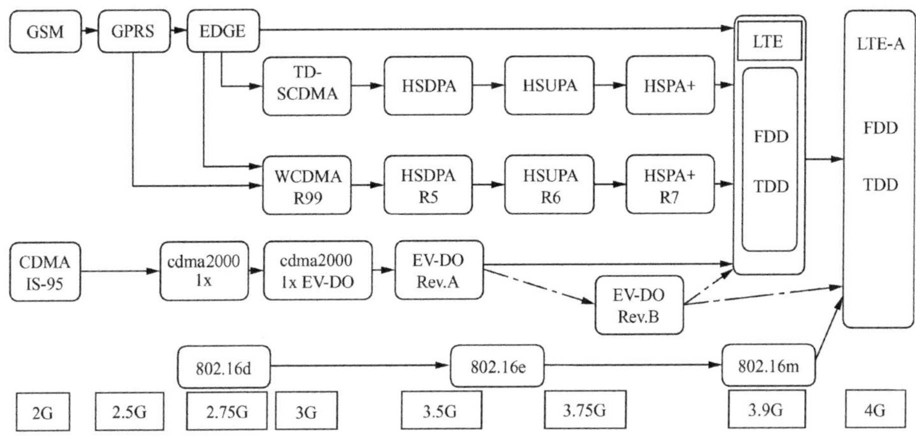

图 1-1　通信制式演进历程

1.2　LTE 及其演进

LTE（Long Term Evolution，长期演进）是由 3GPP（The 3rd Generation Partnership Project，第三代合作伙伴计划）组织制定的 UMTS（Universal Mobile Telecommunications System，通用移动通信系统）技术标准的长期演进，于 2004 年 12 月在 3GPP 多伦多 TSG RAN#26 会议上正式立项并启动。LTE 系统引入了 OFDM（Orthogonal Frequency Division Multiplexing，正交频分复用）和 MIMO（Multiple-Input Multiple-Output，多输入多输出）等关键传输技术，显著提高了频谱效率和数据传输速率（20MHz 带宽，2×2 MIMO，在 64QAM 情况下，理论下行最大传输速率为 201Mbit/s，除去信令开销后约为 140Mbit/s，但根据实际组网情况以及终端能力限制，一般认为下行峰值速率为 100Mbit/s，上行峰值速率为 50Mbit/s）；支持多种带宽分配：1.4MHz、3MHz、5MHz、10MHz、15MHz 和 20MHz 等；支持全球主流 2G/3G 频段和一些新增频段，因而频谱分配更加灵活，系统容量和覆盖也显著提升。LTE 系统网络架构更加扁平化、简单化，减少了网络节点和系统复杂度，从而减小了系统时延，也降低了网络部署和维护成本。LTE 系统支持与其他 3GPP 系统互操作。LTE 系统有两种制式：LTE FDD 和 TD-LTE，即频分双工 LTE 系统和时分双工 LTE 系统，两者的主要区别在于空中接口（以下简称“空口”）的物理层（如帧结构、时分设计、同步等）。LTE FDD 系统的空口上下行传输采用一对对称的频段接收和发送数据，而 TD-LTE 系统上下行则使用相同的频段在不同的时隙上传输，相对于 FDD 双工方式，TDD 有着较高的频谱利用率。

LTE 的核心技术主要包括 OFDM、MIMO、调制与编码技术、高性能接收机、智能天线技术、软件无线电技术、基于 IP 的核心网和多用户检测技术等。

（1）OFDM

OFDM 是一种无线环境下的高速传输技术，其主要思想是在频域内将给定信道分成许多正交子信道，在每个子信道上使用一个子载波进行调制，各子载波并行传输。尽管总的信道是非平坦的，即具有频率选择性，但是每个子信道是相对平坦的，在每个子信道上进行的是窄带传输，信号带宽小于信道的相应带宽。OFDM 技术的优点是可以消除或减小信号波形间的干扰，对多径衰落和多普勒频移不敏感，提高了频谱利用率，可实现低成本的单波段接收机。OFDM 的主要缺点是功率效率不高。

（2）MIMO

MIMO 技术是指利用多发射、多接收天线进行空间分集的技术，它采用的是分立式多天线，能够有效地将通信链路分解成为许多并行的子信道，从而大大提高容量。信息论已经证明，当不同的接收天线和不同的发射天线之间互不相关时，MIMO 系统能够很好地提高系统的抗衰落和噪声性能，从而获得巨大的容量。例如，当接收天线和发射天线数目都为 8 根，且平均信噪比为 20dB 时，链路容量可以高达 42bit/s/Hz，这是单天线系统所能达到容量的 40 多倍。因此，在功率带宽受限的无线信道中，MIMO 技术是实现高数据速率、提高系统容量、提高传输质量的空间分集复用技术。在无线频谱资源相对匮乏的今天，MIMO 系统已经体现出其优越性，也会在 4G 中继续应用。

（3）调制与编码技术

4G 采用新的调制技术，如多载波正交频分复用调制技术以及单载波自适应均衡技术等调制方式，以保证频谱利用率和延长用户终端电池的寿命。4G 移动通信系统采用更高级的信道编码方案（如 Turbo 码、级联码和 LDPC 等）、自动重发请求（ARQ）技术和分集接收技术等，从而在低 E_b/N_0 条件下保证系统足够的性能。

（4）高性能接收机

4G 移动通信系统对接收机提出了很高的要求。香农定理给出了在带宽为 *BW* 的信道中实现容量为 *C* 的可靠传输所需要的最小 *SNR*。按照香农定理，根据相关计算，对于 3G 系统，如果信道带宽为 5MHz，数据速率为 2Mbit/s，所需的 *SNR* 为 1.2dB；而对于 4G 系统，要在 5MHz 的带宽上传输 20Mbit/s 的数据，则所需要的 *SNR* 为 12dB。由此可见，对于 4G 系统，由于速率很高，对接收机

的性能要求也高得多。

（5）智能天线技术

智能天线具有抑制信号干扰、自动跟踪以及数字波束调节等智能功能，被认为是未来移动通信的关键技术。智能天线应用数字信号处理技术，产生空间定向波束，使天线主波束对准用户信号到达方向，旁瓣或零陷对准干扰信号到达方向，达到充分利用移动用户信号并消除或抑制干扰信号的目的。这种技术既能改善信号质量又能增加传输容量。

（6）软件无线电技术

软件无线电是将标准化、模块化的硬件功能单元经过一个通用硬件平台，利用软件加载方式来实现各种类型的无线电通信系统的一种具有开放式结构的技术。软件无线电的核心思想是在尽可能靠近天线的地方使用宽带模 / 数（A/D）和数 / 模（D/A）转换器，并尽可能多地用软件来定义无线功能，各种功能和信号处理都尽可能用软件来实现。其软件系统包括各类无线信令规则与处理软件、信号流变换软件、信源编码软件、信道纠错编码软件、调制解调算法软件等。软件无线电使得系统具有灵活性和适应性，能够适应不同的网络和空中接口。软件无线电技术支持采用不同空中接口的多模式手机和基站，能实现各种应用的可变 QoS。

（7）基于 IP（国际协议）的核心网

移动通信系统的核心网是一个基于全 IP 的网络，同已有的移动网络相比具有根本性的优点，即：可以实现不同网络间的无缝互联。核心网独立于各种具体的无线接入方案，能提供端到端的 IP 业务，能同已有的核心网和 PSTN 兼容。核心网具有开放的结构，允许各种空口接入核心网；同时，核心网能把业务、控制和传输等分开。采用 IP 后，所采用的无线接入方式和协议与核心网协议、链路层是分离的。IP 与多种无线接入协议相兼容，因此在设计核心网时具有很大的灵活性，不需要考虑无线接入究竟采用何种方式和协议。

（8）多用户检测技术

多用户检测是宽带通信系统中抗干扰的关键技术。在实际的 CDMA 通信系统中，各个用户信号之间存在一定的相关性，这就是多址干扰存在的根源。由个别用户产生的多址干扰固然很小，可是随着用户数的增加或信号功率的增大，多址干扰就成为宽带 CDMA 通信系统的一个主要干扰。传统的检测技术完全按照经典的直接序列扩频理论对每个用户的信号分别进行扩频码匹配处理，因而抗多址干扰能力较差；多用户检测技术在传统检测技术的基础上，充分利用造成多址干扰的所有用户信号信息对单个用户的信号进行检测，从而具有优良的抗干扰性能，解决了远近效应问题，降低了系统对功率控制精度的要求，因此可以更加有效地利用链路频谱资源，显著提高系统容量。随着多用户检测技术的不断发展，各种高性能又不是特别复杂的多用户检测器算法被不断提出，在 4G 实际系统中采用多用户检测技术将是切实可行的。

LTE 从 2007 年开始升温，2009 年 12 月 TeliaSonera 在瑞典和挪威推出了全球首张 LTE 商用网，2010 年美国最大运营商 Verizon 的 LTE 正式商用，开始了 LTE 的快速发展进程，日本和韩国在之后陆续商用 LTE，中国也开始大规模部署 LTE 网络。

LTE 的演进可分为 LTE、LTE-A、LTE-B 和 LTE-C 这 4 个阶段，分别对应 3GPP 标准的 R8 ～ R14，如图 1-2 所示。目前的移动通信网络正处于 LTE 阶段，即运营商的主推业务 4G，但实际上并未被 3GPP 认可为国际电信联盟所描述的下一代无线通信标准 IMT-Advanced，因此在严格意义上其还未达到 4G 的标准，准确来说应该称为 3.9G，只有升级版的 LTE-Advanced（LTE-A）才满足国际电信联盟对 4G 的要求，是真正的 4G 阶段，也是后 4G 网络演进阶段。

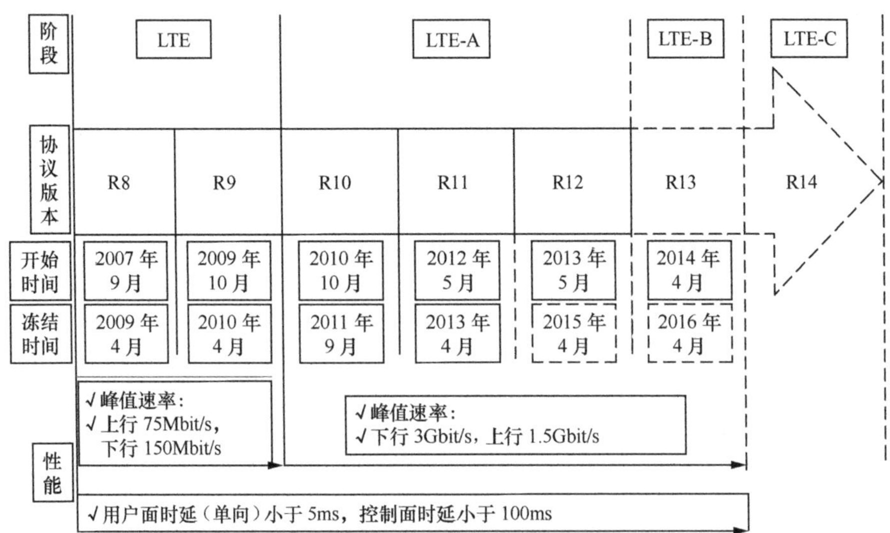

图 1-2　LTE 的版本演进

1.3　5G 路线图

面对 5G 场景和技术需求，需要选择合适的无线技术路线，以指导 5G 标准化及产业发展。综合考虑需求、技术发展趋势以及网络平滑演进等因素，5G 空口技术路线可由5G新空口（含低频空口与高频空口）和4G演进两部分组成。

（1）5G空口技术框架

LTE/LTE-Advanced技术作为事实上的统一4G标准，已在全球范围内大规模部署。为了持续提升4G用户体验并支持网络平滑演进，需要对4G技术进一步增强。在保证后向兼容的前提下，4G演进将以LTE/LTE-Advanced技术框架为基础，在传统移动通信频段引入增强技术，进一步提升4G系统的速率、容量、连接数、时延等空口性能指标，在一定程度上满足5G技术需求。

受现有4G技术框架的约束，大规模天线、超密集网络等增强技术的潜力难以完全发挥，全频谱接入、部分新型多址等先进技术难以在现有技术框架下采用，4G演进路线无法满足5G极致的性能需求。因此，5G需要突破后向兼容的限制，设计全新的空口，充分挖掘各种先进技术的潜力，以全面满足5G性能和效率指标要求，新空口将是5G主要的演进方向，4G演进将是有效补充。

5G将通过工作在较低频段的新空口来满足大覆盖、高移动性场景下的用户体验速率和系统容量需求。综合考虑国际频谱规划及频段传播特性，5G应当包含工作在6GHz以下频段的低频新空口以及工作在6GHz以上频段的高频新空口。5G无线路线如图1-3所示。

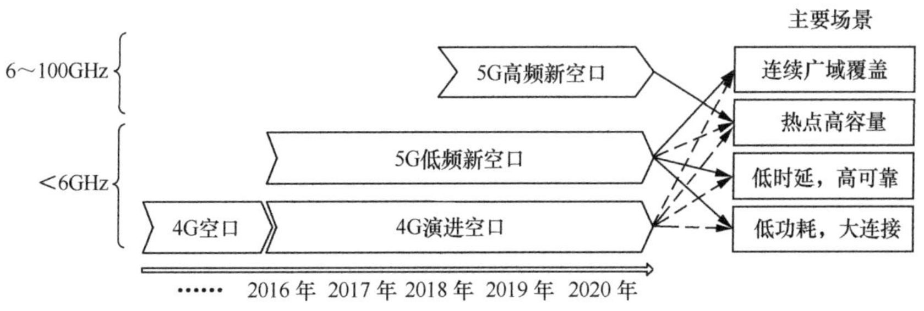

图1-3 5G无线路线图

5G低频新空口将采用全新的空口设计，引入大规模天线、新型多址、新波形等先进技术，支持更短的帧结构、更精简的信令流程、更灵活的双工方式，有效满足广覆盖、大连接及高速等多数场景下的体验速率、时延、连接数以及能效等指标要求。在系统设计时应当构建统一的技术方案，通过灵活配置技术模块及参数来满足不同场景差异化的技术需求。

5G高频新空口需要考虑高频信道和射频器件的影响，并针对波形、调制编码、天线技术等进行相应的优化。同时，高频频段跨度大、候选频段多，从标准、成本及运维角度考虑，应当尽可能采用统一的空口技术方案，通过参数调整来适配不同信道及器件的特性。

高频段覆盖能力弱，难以实现全网覆盖，需要与低频段联合组网。由低频段形成有效的网络覆盖，对用户进行控制、管理，并保证基本的数据传输能力，高频段作为低频段的有效补充，在信道条件较好的情况下，为热点区域用户提供高速率数据传输。

5G 空口技术框架应当具有统一、灵活、可配置的技术特性，如图 1-4 所示。面对不同场景差异化的性能需求，客观上需要专门设计优化的技术方案。然而，从标准和产业化角度考虑，结合 5G 新空口和 4G 演进两条技术路线的特点，5G 应尽可能基于统一的技术框架进行设计。针对不同场景的技术需求，通过关键技术和参数的灵活配置形成相应的优化技术方案。

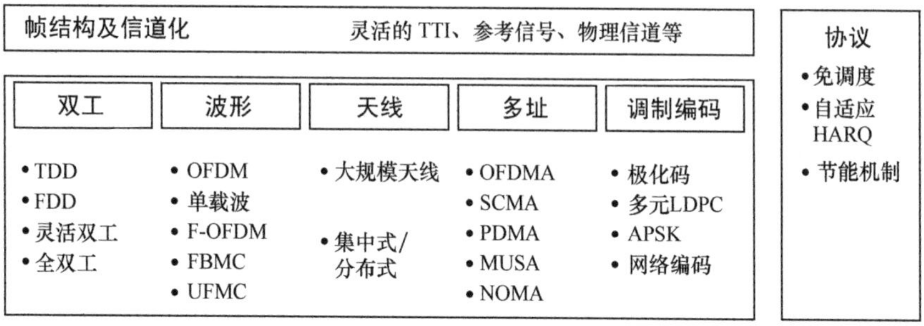

帧结构及信道化　灵活的 TTI、参考信号、物理信道等

双工	波形	天线	多址	调制编码
• TDD • FDD • 灵活双工 • 全双工	• OFDM • 单载波 • F-OFDM • FBMC • UFMC	• 大规模天线 • 集中式/分布式	• OFDMA • SCMA • PDMA • MUSA • NOMA	• 极化码 • 多元LDPC • APSK • 网络编码

协议
• 免调度
• 自适应 HARQ
• 节能机制

图 1-4　5G 空口技术框架

根据移动通信系统的功能模块划分，5G 空口技术框架包括帧结构、双工、波形、多址、调制编码、天线、协议等基础技术模块，通过最大可能地整合共性技术内容，达到“灵活但不复杂”的目的，各模块之间可相互衔接、协同工作。根据不同场景的技术需求，对各技术模块进行优化配置，形成相应的空口技术方案。下面简要介绍各模块及相关备选技术。

① 帧结构及信道化。面对多样化的应用场景，5G 的帧结构参数可灵活配置，以服务不同类型的业务。针对不同的参数配置，具体包括带宽、子载波间隔、循环前缀（CP）、传输时间间隔（TTI）和上下行配比等。参考信号和控制信道可灵活配置以支持大规模天线、新型多址等新技术的应用。

② 双工技术。5G 将支持传统的 FDD 和 TDD 及其增强技术，并可能支持灵活双工和全双工等新型双工技术。低频段将采用 FDD 和 TDD，高频段更适宜采用 TDD。此外，灵活双工技术可以灵活分配上下行时间和频率资源，更好地适应非均匀、动态变化的业务分布。

③ 波形技术。除传统的 OFDM 和单载波波形外，5G 很有可能支持基于优化滤波器设计的滤波器组多载波（FBMC）、基于滤波器的 OFDM（F-OFDM）和通用滤波多载波（UFMC）等新波形。这类新波形技术具有极低的带外泄漏，

不仅可提升频谱使用效率，还可以有效利用零散频谱并与其他波形实现共存。由于不同波形的带外泄漏、资源开销和峰均比等参数各不相同，可以根据不同的场景需求选择合适的波形技术，同时有可能存在多种波形共存的情况。

④ 多址接入技术。基础版本支持传统的OFDMA技术，后续版本还将支持SCMA、PDMA、MUSA等新型多址技术。新型多址技术通过多用户的叠加传输，不仅可以提升用户连接数，还可以有效提高系统频谱效率。此外，通过免调度竞争接入，可大幅度降低时延。

⑤ 调制编码技术。5G既有高速率业务需求，也有低速率小分组业务和低时延高可靠业务需求。对于高速率业务，与传统的二元Turbo+QAM方式相比，多元低密度奇偶校验码（M-ary LDPC）、极化码、新的星座映射以及超奈奎斯特（FTN）调制等方式可进一步提升链路的频谱效率；对于低速率小分组业务，极化码和低码率的卷积码可以在短码和低信噪比条件下接近香农容量界；对于低时延业务，需要选择变异码处理时延较低的编码方式。对于高可靠业务，需要消除译码算法的地板效应。此外，由于密集网络中存在大量的无线回传链路，可以通过网络编码提升系统容量。

⑥ 多天线技术。5G基站的天线数量及端口数将有大幅度增长，可支持配置上百根天线和数十个天线端口的大规模天线，并通过多用户MIMO技术，支持更多用户的空间复用传输，数倍提升系统频谱效率。大规模天线还可用于高频段，通过自适应波束赋形补偿高的路径损耗。5G需要在参考信号设计、信道估计、信道信息反馈、用户调度机制以及基带处理算法等方面进行改进和优化，以支持大规模天线技术的应用。

⑦ 低层协议。5G的空口协议需要支持各种先进的调度、链路自适应和多连接等方案，并可灵活配置，以满足不同场景的业务需求。5G空口协议还将支持5G新空口、4G演进空口及WLAN等多种接入方式。为减少海量小分组业务造成的资源和信令开销，可考虑采用免调度的竞争接入机制，以减少基站和用户之间的信令交互，降低接入时延。5G的自适应HARQ协议将能够满足不同时延和可靠性的业务需求。此外，5G将支持更高的节能机制，以满足低功耗和物联网业务需求。

5G空口技术框架可针对具体场景、性能需求、可用频段、设备能力和成本等情况，按需选取最优技术组合并优化参数配置，形成相应的空口技术方案，实现对场景及业务的“量体裁衣”，并能够有效应对未来可能出现的新场景和新业务需求，从而实现“前向兼容”。

（2）5G低频新空口设计

低频新空口可广泛用于连续广域覆盖、热点高容量、低功耗大连接和低时延高可靠场景，其技术方案将有效整合大规模天线、新型多址、新波形、先进调制编码等关键技术，在统一的 5G 技术框架基础上进行优化设计。

在连续广域覆盖场景中，低频新空口将利用 6GHz 以下低频段良好的信道传播特性，通过增大带宽和提升频谱效率来实现 100Mbit/s 的用户体验速率。在帧结构方面，为了有效支持更大带宽，可增大子载波间隔并缩短帧长，并可考虑兼容 LTE 的帧结构，例如，帧长可被 1ms 整除，子载波间隔可为 15kHz 的整数倍；在天线技术方面，基站侧将采用大规模天线技术提升系统频谱效率，天线数在 128 个以上，可支持 10 个以上用户的并行传输；在波形方面，可沿用 OFDM 波形，上下行可采用相同的设计，还可以采用 F-OFDM 等技术支持与其他场景技术方案的共存；在多址技术方面，可在 OFDMA 基础上引入基于叠加编码的新型多址技术，提升用户连接能力和频谱效率；在信道设计方面，将会针对大规模天线、新型多址等技术需求，对参考信号、信道估计及多用户配对机制进行全新设计；在双工技术方面，TDD 可利用信道互易性更好地展现大规模天线的性能。此外，宏基站的控制面将进一步增强并支持 C/U 分离，实现对小站和用户的高效控制与管理。

在热点高容量场景中，低频新空口可通过增加小区部署密度、提升系统频谱效率和增加带宽等方式在一定程度上满足该场景的传送速率与流量密度需求。本场景的技术方案应与连续广域覆盖场景基本保持一致，并可在如下几方面做进一步优化：帧结构的具体参数可根据热点高容量场景信道和业务特点做相应优化；在部分干扰环境较为简单的情况下，可考虑引入灵活双工或全双工；在调制编码方面，可采用更高阶的调制方式和更高的码率；为了降低密集组网下的干扰，可考虑采用自适应小小区分簇、多小区协作传输及频率资源协调；此外，可通过多小区共同为用户提供服务，打破传统小区边界，实现以用户为中心的小区虚拟化；为了给小小区提供一种灵活的回传手段，可考虑接入链路与回传链路的统一设计，并支持接入与回传频谱资源的自适应分配，有效提高资源的使用效率。同时，在系统设计时还要考虑集中、分布式和无线网状网（Mesh）等不同无线组网方式带来的影响。

在低功耗大连接场景中，由于物联网业务具有小数据分组、低功耗、海量连接、强突发性的特点，虽然总体数量较大，但对信道带宽的需求量较低，本场景更适合采用低频段零散、碎片频谱或部分 OFDM 子载波。在多址技术方面，可采用 SCMA、MUSA、PDMA 等多址技术通过叠加传输来支持大量的用户连接，并支持免调度传输，简化信令流程，降低功耗；在波形方面，可采用基于高效滤波的新波形技术（如 F-OFDM、FBMC 等）降低带外干扰，利用零散频谱和碎片频谱，有效实现子带间技术方案的解耦，不同子带的编码、调制、多址、信令流程等都可进行独立配置；可通过采用窄带系统设计，提升系统覆盖能力，增加接入设备数并显著降低终端功耗成本；此外，还需大幅增强节能机制（包括连接态和空闲态），在连接态通过竞争接入方式，简化信令流程，降低用户接入时延，减少开启时间；空闲态采用更长的寻呼间隔，使终端更长时间处于休眠状态，实现更低的终端功耗。

在低时延高可靠场景中，为满足时延指标要求，一方面要大幅度降低空口传输时延，另一方面要尽可能减少转发节点，降低网络转发时延。为了满足高可靠性指标要求，需要增加单位时间内的重传次数，同时还应有效提升单链路的传输可靠性。为了有效降低空口时延，在帧结构方面，需要采用更短的帧长，可与连续广域覆盖的帧结构保持兼容。在波形方面，由于短的 TTI 设计可能导致 CP 开销过大，可考虑采用无 CP 或多个符号共享 CP 的新波形；在多址技术方面，可通过 SCMA、PDMA、MUSA 等技术实现免调度传输，避免资源分配流程，实现上行数据分组调度“零”等待时间。为有效降低网络转发时延，一方面可通过核心网功能下沉、移动内容本地化等方式，缩短传输路径；另一方面，接入网侧可引入以簇为单位的动态网络结构，并建立动态 Mesh 通信链路，支持设备和终端间单跳和 / 或多跳直接通信，进一步缩短端到端时延。为了提升数据传输的可靠性，在调制编码方面，可采用先进编码和空 / 时 / 频分集等技术提升单链路传输的可靠性；在协议方面，可采用增强的 HARQ 机制，提升重传的性能。此外，还可以利用增强协作多点（CoMP）和动态 Mesh 等技术，加强基站间和终端间的协作互助，进一步提升数据传输的可靠性。

（3）5G 高频新空口设计

高频新空口通过超大带宽来满足热点高容量场景的极高传输速率要求。同时，高频段覆盖小、信号指向性强，可通过密集部署来达到极高的流量密度。在天线技术方面，将采用大规模天线，通过自适应波束赋形与跟踪，补偿高路损带来的影响，同时还可以利用空间复用支持更多用户，并增加系统容量；在帧结构方面，为满足超大带宽需求，与 LTE 相比，子载波间隔可增大 10 倍以上，帧长也将大幅缩短；在波形方面，上下行可采用相同的波形设计，OFDM 仍是重要的候选波形，但考虑到器件的影响及高频信道的传播特性，单载波也是潜在的候选方式；在双工方面，TDD 模式可更好地支持高频段通信和大规模天线的应用；编码技术方面，考虑到高速率大容量的传输特点，应选择支持快速译码、对存储需求量小的信道编码，以适应高速数据通信的需求。高频新空口对回传链路的要求高，可利用高频段丰富的频谱资源，统一接入与回传链路设计，实现高频基站的无线自回传。此外，为解决高频覆盖差的问题，可采用支持 C/U 分离的低频与高频融合组网，低频空口可承担控制面功能，高频新空口主要用于用户面的高速数据传输，低频与高频的用户面可实现双连接，并支持动态负载均衡。

（4）4G 演进空口设计

4G 演进空口将基于 LTE/LTE-Advanced 技术框架，在帧结构、多天线、多址接入等方面进一步改进优化，从而在保持平滑演进的基础上，满足 5G 在速率、时延、流量密度和连接数密度等方面的部分需求。在帧结构方面，可减少每个 TTI 的 OFDM 符号数量，并引入优化的调度和反馈机制，以降低空口时延；在多天线方面，可以利用三维信道信息实现更精准的波束赋形，支持更多用户和更多流量传输；在多址接入方面，可以利用多用户叠加传输技术和增强的干扰消除算法，提升系统频谱效率及用户容量；针对物联网应用需求，可引入窄带设计方案，以提升覆盖能力，增加设备连接数，并降低功耗和实现成本。此外，4G 演进空口应当能够与 5G 新空口密切协作，通过双连接等方式共同为用户提供服务。

第 2 章 5G 需求与愿景

5G 作为面向 2020 年之后的技术，需要同时满足移动宽带、物联网以及超可靠通信的要求，具备自适应业务发展的能力。通过这些技术，5G 将会实现统一通信，实现随时随地接入网络，达到万物互联的境界。

2.1 什么是 5G

移动通信已经深刻地改变了人们的生活，但人们对更高性能移动通信的追求从未停止。为了应对未来爆炸性的移动数据流量增长、海量的设备连接以及不断涌现的各类新业务和应用场景，第五代移动通信（5G）系统将应运而生。

“5G”是英文“5th-Generation”的缩写，指第五代移动通信技术。移动通信技术经历了前四代的发展，从模拟技术、数字技术发展到高速多媒体通信技术，可接入设备数量大幅增长，用户使用速率也大幅提高，尤其对于移动互联网和物联网，高速移动通信网络成为其发展的必要条件。

5G 将参与到未来社会的方方面面，构建以用户为中心的信息生态系统。5G 技术所具备的性能将提供极佳的交互体验，为用户带来身临其境的感官盛宴；5G 通信将连接万物，通过无缝融合的方式，便捷地实现智能互联。5G 通信系统将为移动用户提供光纤般的接入速率，近乎为零的时延体验，海量设备的连接能力，针对超高流量密度、超高连接数密度和超高移动性等多场景进行业务及用户感知的智能优化，同时将为网络带来超百倍的能效提升并使比特成本至少降低到之前的 1/100，最终实现“信息随心至，万物触手及”的总体愿景。

5G 的典型场景将涉及人们居住、工作、休闲和交通等各个领域，特别是密集住宅区、办公室、体育场、露天集会、地铁、快速路、高铁和广域覆盖等场景，各类场景对 5G 通信系统的需求见表 2-1。这些场景具有超高流量密度、超高连接数密度、超高移动性等特征，可能是 5G 系统将面临的挑战。

表 2-1　场景需求

分类	场景	需求
超高流量密度	办公室	数十 Tbit/（s·km^2）的流量密度
	密集住宅区	Gbit/s 用户体验速率
超高移动性	快速路	毫秒级端到端时延
	高铁	500km/h 以上的移动速率
超高连接数密度	体育场	10^6/km^2 的连接数
	露天集会	10^6/km^2 的连接数
	地铁	6 人 /m^2 的超高用户密度
广域覆盖	市区覆盖	100Mbit/s 的用户体验速率

相比以往，5G 的发展前景在于海量设备组成的物联网、能力开放的平台以及垂直行业应用，而通信行业所关注的重点将是各种垂直行业应用，包括智慧工业与农业、车联网、物流、能源 / 公共设施检测、安全、金融、医疗保健等，针对多样化的复杂需求与场景，5G 将以前所未有的性能优势实现人类对未来生活的愿景。

2.2　5G 需求与驱动力

2.2.1　技术驱动

根据麦肯锡公司的一项调查，在未来的热门行业中，依托移动互联网和物联网技术展开的行业将占据重要地位。同时，爱立信、思科等公司预测，在即将到来的 2020 年，全球预计将会有 250 亿台互联网设备。移动互联网和物联网技术将会是一个主流发展趋势。由此可见，移动互联网和物联网技术将成为未

来主流的发展趋势，其作为移动通信发展的两大主要驱动力，为 5G 提供了广阔的前景。

移动互联网颠覆了传统移动通信业务模式，为用户提供了前所未有的使用体验，深刻影响着人们工作、生活的方方面面。面向 2020 年及未来，移动互联网将推动人类社会信息交互方式的进一步升级，为用户提供增强现实、虚拟现实、超高清（3D）视频、移动云等更加身临其境的极致业务体验。移动互联网的进一步发展将带来未来移动流量的超千倍增长，推动移动通信技术和产业的新一轮变革。

物联网扩展了移动通信的服务范围，从人与人通信延伸到物与物、人与物智能互联，使移动通信技术渗透至更加广阔的行业和领域。面向 2020 年及未来，移动医疗、车联网、智能家居、工业控制、环境监测等将会推动物联网应用爆发式增长，数以千亿的设备将接入网络，实现真正的"万物互联"，并缔造出规模空前的新兴产业，为移动通信带来无限生机。

通过移动互联网和物联网业务与应用的发展，5G 为未来人类生活规划了三大场景——eMBB、uRLLC 和 mMTC，各项业务与应用均可进行归类，并通过 5G 系统提供的能力得以实现。

① eMBB（增强移动宽带）表现为超高的传输数据速率、广域覆盖下的移动通信。该场景最直观展现了移动通信速率的提升，未来更多的应用对移动网速的需求都可在该场景下得到实现与满足。eMBB 将是 5G 发展初期面向消费级市场的核心应用场景。

② 在 uRLLC（超可靠、低时延通信）场景下，移动连接时延要达到毫秒级，并且要支持高速移动情形下的高可靠性连接。该场景主要面向车联网、远程医疗、工业控制等特殊应用，这类应用在未来的潜在价值极高，未来社会走向智能化，很大程度上需要依靠 5G 通信在该场景下所提供的通信能力，以及其对安全性和可靠性的保障。

③ 5G 强大的连接能力可以将各垂直行业进行深度融合，mMTC（海量机器类通信）这一场景下的通信往往数据速率较低并且对时延不敏感。未来物联网终端将主要向更低成本、更长待机以及更高可靠性的方向发展，真正实现万物互联，彻底改变人们的生活方式。

2.2.2 市场驱动

不久的将来，移动数据流量将呈现爆炸式增长。2010—2020 年全球移动数据流量增长将超过 200 倍，而 2010—2030 年全球移动数据流量增长将接近

20 000 倍；中国的移动数据流量增速高于全球平均水平，预计 2010—2020 年将增长 300 倍以上，2010—2030 年将增长超过 40 000 倍。

未来全球移动通信网络连接的设备总量将达到千亿规模。预计到 2020 年，全球移动终端（不含物联网设备）数量将超过 100 亿台，其中中国将超过 20 亿台。全球物联网设备连接数也将快速增长，2020 年将接近全球人口规模（达到 70 亿台），其中中国将有接近 15 亿台；2030 年全球物联网设备连接数将接近 1000 亿台，其中中国将超过 200 亿台。在各类终端中，智能手机对流量贡献最大，物联网终端数量虽大但流量占比较低。

2.2.3 业务和用户需求

移动互联网主要面向以人为主体的通信，注重提供更好的用户体验。面向 2020 年及未来，超高清、3D 和浸入式视频的流行将会驱动数据速率大幅提升，例如 8K（3D）视频经过百倍压缩之后传输速率仍需要大约 1Gbit/s。增强现实、云桌面、在线游戏等业务，不仅对上下行数据传输速率提出了挑战，同时也对时延提出了“无感知”的苛刻要求。未来大量的个人和办公数据将会存储在云端，海量实时的数据交互需要可媲美光纤的传输速率，并且会在热点区域对移动通信网络造成流量压力。社交网络等 OTT（Over-The-Top）业务将会成为未来的主导应用之一，小数据分组频发将造成信令资源的大量消耗。未来人们对各种应用场景下的通信体验要求越来越高，用户希望能在体育场、露天集会、演唱会等超密集场景，高铁、车载、地铁等高速移动环境下也能获得一致的业务体验，这样就对 5G 系统的覆盖与容量性能提出了要求。

物联网主要面向物与物、人与物的通信，不仅涉及普通个人用户，也涵盖了大量不同类型的行业用户。物联网业务类型丰富多样，业务特征差异巨大。对于智能家居、智能电网、环境监测、智能农业和智能抄表等业务，需要网络支持海量设备连接和大量小数据分组频发；视频监控和移动医疗等业务对传输速率提出了很高的要求；车联网和工业控制等业务则要求毫秒级的时延和接近 100% 的可靠性。另外，大量物联网设备会部署在山区、森林、水域等偏远地区以及室内角落、地下室、隧道等信号难以到达的区域，因此要求移动通信网络的覆盖能力进一步增强。为了渗透到更多的物联网业务中，5G 还应同时具备更强的灵活性和可扩展性，以适应海量的设备连接和多样化的用户需求。

无论是移动互联网还是物联网，用户在不断追求高质量业务体验的同时也在期望成本的下降。同时，5G 需要提供更高、更多层次的安全机制，不仅能够满足互联网金融、安防监控、安全驾驶、移动医疗等的极高安全要求，也能够为大量低成本物联网业务提供安全解决方案。此外，为响应绿色通信的需求，5G 设备的功耗应当更低，并大幅提升终端电池的续航时间，尤其是对于一些物联网设备来说，其待机时长有时会成为一项业务能否开展的关键指标。

2.3 技术目标

5G 的典型场景涉及未来人们居住、工作、休闲和交通等各个领域，特别是密集住宅区、办公室、体育场、露天集会、地铁、快速路、高铁和广域覆盖等场景。在这些场景中，考虑增强现实、虚拟现实、超高清视频、云存储、车联网、智能家居、OTT 消息等 5G 典型业务，并结合各场景未来可能的用户分布、各类业务占比及对速率、时延等的要求，可以得到各个应用场景下的 5G 性能需求。5G 关键性能指标主要包括用户体验速率、连接数密度、端到端时延、流量密度、移动性和用户峰值速率。5G 的性能指标见表 2-2。

表 2-2　5G 性能指标

名称	定义	单位	条件
用户体验速率	真实网络环境中，在有业务加载的情况下，用户实际可获得的速率	bit/s	可用性：通常取 95% 概率（注：不同场景对应不同的用户体验速率）
流量密度	单位面积的平均流量	Gbit/（s·m^2）	忙时，地理面积
连接数密度	单位面积上支持的各类在线设备总和	个/km^2	连接定义为能够达到业务 QoS 状态下的各类设备
端到端时延	对于已经建立连接的收发两端，数据分组从发送端产生到接收端正确接收的时延	ms	基于一定的可靠性（成功通信的概率）
移动性	在特定的移动场景下达到一定用户体验速率的最大移动速率	km/h（@一定的用户体验速率）	特定场景：地铁、快速路、高铁
用户峰值速率	单用户理论峰值速率	bit/s	参考典型用户峰值速率与体验速率之比计算得到（10：1）

面对移动互联网和物联网的爆炸式发展，现有通信系统正面临以下问题：能耗、每比特综合成本、部署和维护的复杂度难以满足未来千倍业务流量增长

和海量设备连接的要求；多制式网络共存提升了设备复杂度，同时可能造成用户体验下降；现网无法精确监控网络资源和有效感知业务特性，更无法进一步应对未来用户和业务需求多样化的趋势；此外，无线频谱从低频到高频跨度很大，且分布碎片化，系统所受干扰复杂。为应对这些问题，需要从如下两方面来提升 5G 系统能力，以实现可持续发展。

一是在网络建设和部署方面，各项新兴业务要求 5G 提供更高的网络容量和更好的覆盖性能，同时还要求网络部署（尤其是超密集网络部署）的复杂度和成本尽可能低；5G 应将灵活可扩展的网络架构作为其重要的设计理念，以适应用户和业务的多样化需求；5G 需要灵活高效地利用各类频谱，包括对称和非对称频段、重用频谱和新频谱、低频段和高频段、授权和非授权频段等。另外，5G 需要具备更强的设备连接能力来应对海量物联网设备的接入。

二是在运营维护方面，5G 需要改善网络能效，以应对未来数据迅猛增长和各类业务应用的多样化需求；5G 需要降低多制式共存、网络升级以及新功能引入等带来的复杂度，以提升用户体验；5G 需要支持网络对用户行为和业务内容的智能感知并做出智能优化。同时，5G 需要能提供多样化的网络安全解决方案，以满足各类移动互联网和物联网设备及业务的需求。

频谱利用、能耗和成本是移动通信网络可持续发展的 3 个关键因素。为了实现可持续发展，5G 系统相比 4G 系统在频谱效率、能源效率和成本效率方面需要得到显著提升。具体来说，频谱效率需提高 5 ～ 15 倍，能源效率和成本效率均要求有百倍以上的提升，新的效率指标见表 2-3。

表 2-3　5G 效率指标

名称	定义	单位
平均频谱效率	每小区或单位面积内，单位频谱提供的吞吐量	bit/s/Hz/cell（或 bit/s/Hz/km^2）
能耗效率	每焦耳能量能传输的比特	bit/J
比特成本	单位比特所需要的综合成本	元 /bit

性能需求和效率需求共同定义了 5G 的关键能力，具体见表 2-4。

表 2-4　5G 性能 / 效率指标要求

性能指标	
用户体验速率	0.1 ～ 1Gbit/s
连接数密度	$1\times10^6/km^2$

续表

性能指标	
时延	数毫秒
移动性	>500km/h
峰值速率	数十 Gbit/s
流量密度	数十 Tbit/s/m^2
效率指标	
频谱效率	5 ～ 15 倍
能源效率	>100 倍
成本效率	>100 倍

基于新的业务和用户需求，以及应用场景，4G 技术不能够满足要求，特别是在用户体验速率、连接数目、流量密度、时延方面差距巨大，如图 2-1 所示。

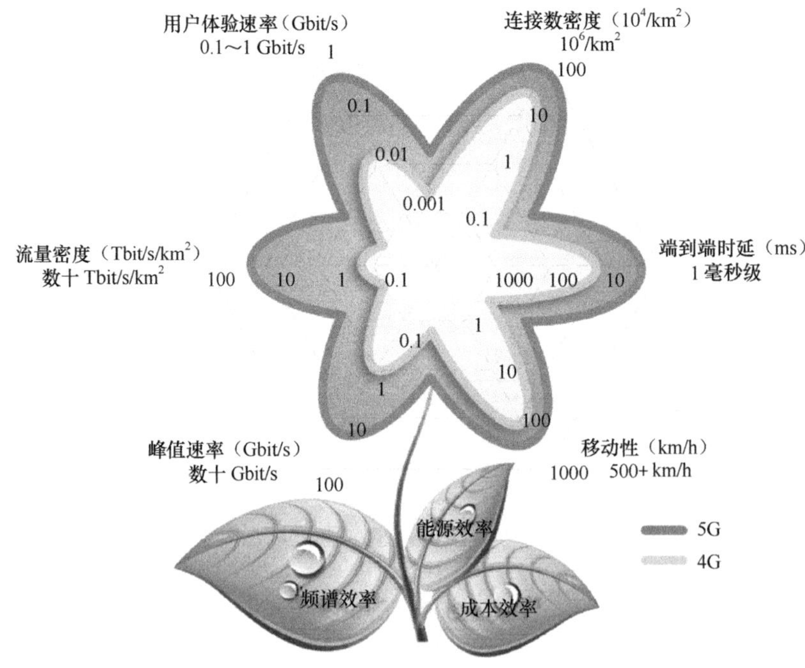

图 2-1　5G/4G 关键能力对比

2.4 5G 的应用

2.4.1 5G 愿景

4K 流媒体、AR、VR、全景视频这些依赖于网络的应用都可以通过 5G 轻松实现，各种可穿戴设备、虚拟助理、可植入传感器都将在 5G 的帮助下得到更广泛的应用。而 5G 对未来网络生活的影响绝不止这些，它对互联网和物联网设备之间的强大支撑能力，会把移动技术带来的强大优势扩展到一个全新的商业体，并创造全新的商业模式，组建一个全新的生态系统，使得万物互联得以真正实现。

人类世界的万物将以无可比拟的大数据传输联系在一起：一秒钟可能会将一个人与 100 万个传感器联系在一起；一秒钟可能会将一辆车与一个城市所有的道路信息联系上；一秒钟可能会将一棵苹果树与 10 000 个需求单元联系上；一秒钟可能会将一座服装厂与 10 万个服装定制者产生的订单需求联系上，一秒钟将有无限可能。

2.4.2 虚拟现实

虚拟现实（VR）技术是仿真技术的一个重要方向，是仿真技术与计算机图形学、人机接口技术、多媒体技术、传感技术、网络技术等多种技术的集合，是一门富有挑战性的交叉技术前沿学科和研究领域。虚拟现实技术主要包括模拟环境、感知、自然技能和传感设备等方面。模拟环境是由计算机生成的、实时动态的三维立体逼真图像。感知是指理想的 VR 应该具有一切人所具有的感知。除计算机图形技术所生成的视觉感知外，还有听觉、触觉、运动等感知，甚至还包括嗅觉和味觉等，也称为多感知。自然技能是指人的头部转动，眼睛、手势或其他人体行为动作，由计算机来处理与参与者的动作相适应的数据，并对用户的输入做出实时响应，分别反馈到用户的五官。传感设备是指三维交互设备。

虚拟现实和浸入式体验将成为 5G 时代的关键应用，这将使很多行业产生翻天覆地的变化，包括游戏、教育、虚拟设计、医疗甚至艺术等行业。要达到这一点，我们要在移动环境下使虚拟现实和浸入式视频的分辨率达到人眼的分辨率，这就要求网速达到 420Mbit/s 以上，几乎是当前高清视频体验所需网速的 100 倍。

除了数据速率之外，VR 应用还对端到端时延等参数指标有要求。VR 中的端到端时延是指从用户运动开始到相应画面显示到屏幕上所花的时间，时延过大将导致用户在虚拟环境中由于感知不匹配产生眩晕等强烈不适，因此其属于 VR 应用的关键指标。一般来说，极致的 VR 沉浸式体验要求端到端时延小于 20ms，考虑云端处理、屏幕刷新及响应等处理环节时延的存在，该应用的网络往返时延不可超过 7ms。可以说，5G 通过满足这一苛刻的业务需求，将包括 AR/VR 在内的一系列应用送上了发展的快车道。

2.4.3 车联网与自动驾驶

车联网（Internet of Vehicles）是由车辆位置、速度和路线等信息构成的巨大交互网络。通过 GPS、RFID、传感器、摄像头图像处理等装置，车辆可以完成自身环境和状态信息的采集；通过互联网技术，所有的车辆可以将自身的各种信息传输汇聚到中央处理器；通过计算机技术，大量车辆的信息可以被分析和处理，从而计算出不同车辆的最佳路线，并及时汇报路况和安排信号灯周期。自动驾驶则是对这些车联网技术的深入应用。由于车联网对安全性和可靠性的要求非常高，因此 5G 在提供高速通信的同时，还需要满足高可靠性的要求，而这些严格要求是传统的蜂窝通信技术难以达到的。

2.4.4 物联网与智慧城市

物联网是新一代信息技术的重要组成部分，也是“信息化”时代的重要发展阶段。顾名思义，物联网（IoT，Internet of Things）就是物物相联的互联网。这里有两层含义：其一，物联网的核心和基础仍然是互联网，是在互联网的基础上延伸和扩展的网络；其二，其用户端的延伸和扩展使得任何物品与物品之间都可以进行信息交换和通信，也就是物物相息。物联网通过智能感知、识别与普适计算等通信感知技术，广泛应用于网络的融合中，也因此被称为继计算机、互联网之后世界信息产业发展的第三次浪潮。物联网是互联网的应用拓展，与其说物联网是网络，不如说物联网是业务和应用。因此，应用创新是物联网发展的核心，以用户体验为核心的创新 2.0 是物联网发展的灵魂。

在物联网的发展过程中，通信是必不可少的组件。5G 技术将物联网纳入了整个技术体系之中，真正实现万物互联。

智慧城市是指利用各种信息技术或创新理念集成城市的组成系统和服务，以提升资源运用的效率，优化城市管理和服务，以及改善市民生活质量。信息时代的城市新形态，是将信息技术广泛应用于城市的规划、服务和管理过程，通过市民、企业、政府和第三方组织的共同参与，对城市各类资源进行科学配置，提升城市的竞争力和吸引力，实现创新低碳的产业经济、绿色友好的城市环境、高效科学的政府治理，最终实现市民高品质的生活。物联网技术将是创建智慧城市的重要技术保障。

智慧城市是对城市的一种重构，这种重构改变了传统的以资源投入为主、强调发展速度和数量的方式。以资源配置为主、强调供需匹配和发展质量的方式一方面是对现有资源的科学配置，提升了整体的社会效率；另一方面是对创新环境的培育营造，提升了未来发展潜力。

智慧城市是一个不断发展、不断完善的过程，是基于城市现有基础，利用现代化手段不断推陈出新的过程，我们并不认为存在一个终极的智慧状态，或者达到某些指标就是智慧城市，随着技术进步和认识提升，智慧城市会不断丰富其内涵。因此，“智慧城市”更加贴切的理解应当是“Smarter City”——一个更加智慧的城市，其不断利用新技术、新机制、新手段，使城市能更好地满足人们的需求，使发展与环境更加平衡，使发展成果能够惠及更多的人。

从本质上来说，智慧城市是对未来人类生活方式的总括，它是由各类创新的解决方案、智能终端以及 AI 深度结合形成的工作与生活场景。路灯作为城市基础设施建设中必不可少的一部分，其布局密、覆盖广，并存在电力的先天优势，这使之成为智慧城市建设的重要载体。以智慧灯杆为载体，通过集成 5G 基站、Wi-Fi、摄像头、人脸识别机、广告屏、音柱、传感器、充电桩等智能化设备形成信息载体，将城市中的路灯串联起来，再通过智能控制平台加以控制，成为城市大数据收集工具。智慧灯杆收集到的数据，可以支持包括民生、环境、公共安全等在内的各种需求做出智能化响应和智能化决策，使原本分立建设的智慧城市各子系统实现了有机集成，大大降低了智慧城市投资和建设难度。

生活中，我们会经常遇到道路拥堵等状况，如何能让出行更为便捷，已经成为城市交通建设必须解决的难题。5G 网络将为城市交通提供更加灵活的解决方案，通过分析从遍布道路两旁的智慧灯杆收集来的信息，AI 可以对行程进行合理的规划，如公共交通方式的合理选择、自驾出行路线的实时导航等，让城市交通更加畅通。智慧城市的建设也促进了自动驾驶的发展，通过实时收集、处理道路信息，能够为自动驾驶汽车设计最优路线。5G 技术能够实现对道路状态的全面掌控，为居民提供更加智慧的交通出行指导。

人脸识别技术与智能云平台数据管理技术的结合，将在智慧园区场景中落地，居民出入小区、地下车库停车、商店购物、物业缴费等，将全部能够靠“刷脸”完成。5G 网络与公共 Wi-Fi 的全面覆盖使监控设备无死角部署成为可能，为园区的管理提供安全保障。多媒体设施的全面分布，能够及时收集和发布资讯；密集的监测设备与感应器，能够为智能云平台提供更加准确的数据信息。智慧园区和智慧交通的建设离不开 5G 技术，最终 5G 也将通过遍布城市的智慧园区以及触及城市末端的智慧交通网，实现智慧城市的宏伟愿景。

2.4.5 无线医疗与远程诊断

当前，以云计算、大数据、人工智能、智能硬件等信息技术打造的智能医疗，正在给传统医疗卫生行业带来新的变化和发展动力，而医疗健康产业与互联网技术融合创新的基础正是移动通信技术。5G 医联网技术的研究，对促进我国医疗行业创新发展、提高我国医疗卫生行业的服务能力具有重要作用。

未来 5G 将进入“万物互联”的时代，5G 通过统一、灵活和可配置的空口技术框架，满足多样化场景需求，灵活系统设计、大规模天线及新型技术可提升系统性能。同时，需求和新信息技术（NFV/SDN 等）推动 5G 面向服务的新型网络架构，利用网络切片、边缘计算等技术满足各行业需求。在医疗行业，5G 网络促使在线便捷就医服务快速推广，远程医疗带动了优质医疗资源得以下沉。未来，5G 将推动智慧医疗向无线化、智能化、全连接演进。

当前，无线网络技术正加速与医疗行业深度融合，基于无线网络的远程会诊、远程专科诊断、远程手术示教、远程超声、应急救援、远程查房、无线护理等医疗服务新模式不断涌现，这些都将对医疗卫生行业产生深远影响。

采用 5G 技术，在救护车上就可以把病人的检查信息和现场场景直接快速传输到医院，使专家完成对病人病历的阅读，在车上就可以开检查单，到了医院就可以直接做相关检查，大大缩短了病人的院前抢救时间，简单地说，就是病人上了救护车就相当于到了急救中心。

借助 5G 技术，一个小小的无线 B 超探头就是一个操作柄，可以操控远程医疗另一端的机器臂。病人躺在家乡的检查床上，千里之外的医生对病人的身体情况即可一目了然。这对于提高医护人员的工作效率非常有利。

而将查房机器人与 5G 网络结合在一起，实现医生实时远程查房，将大大提高医生的工作效率。远端医生借助操纵杆或者手机，通过 5G 网络控制机器人移动到病床前，借由机器人头部的屏幕和摄像机，与患者进行高清的视频交互，同时机器人还具备多种传感器，能够采集病人的生化数据，帮助医生进行辅助判断。

远程医疗打破了区域限制，一定程度上弥补了偏远地区医疗资源不足的缺陷，也将进一步提高和完善大城市的医疗服务水平，在很大程度上促进医疗和保健事业的发展。同时，远程医疗也可以改变传统医疗机构与患者之间的关系，优化优质医疗资源配置，提高群众对医疗服务的获得感，有利于我国整体医疗卫生事业的发展。

2.5 5G的挑战

2.5.1 性能挑战

5G需要具备比4G更高的性能，支持0.1～1Gbit/s的用户体验速率，每平方千米100万的连接数密度，毫秒级的端到端时延，每平方千米数十Tbit/s的流量密度，每小时500km以上的移动性和数十Gbit/s的峰值速率。其中，用户体验速率、连接数密度和时延是5G最基本的3个性能指标。同时，5G还需要大幅提高网络部署和运营的效率，相比4G，频谱效率提升5～15倍，能耗效率和成本效率提升百倍以上。

2.5.2 技术储备

5G的技术需求以及可能应用的关键技术一方面对信号处理提出了更高的要求，另一方面对设备器件也提出了新的要求。

大规模MIMO技术、新的调制编码技术、全双工技术等，以及5G对时延的要求均需要更高级、更高效的信号处理技术。信号处理技术不仅需要能够快速处理更高维度的数据，可能还需要数字和模拟信号的联合处理，同时还需要能够有效抵御干扰，并对干扰进行有效抑制。5G可能会使用高频段通信，特别是大规模天线技术和毫米波技术的应用，对现有设备提出了极大的挑战，设备形态会发生重大变化。

5G网络将会是一个智能化的网络，具备自修复、自配置、自管理的能力，对于未来智能化的技术发展将是一个巨大的挑战。

2.5.3 频谱资源

为了满足频谱的巨大需求，除了授权频段之外，以共享的方式使用频谱将会是主要手段。频谱将会是多种方式共存使用。对于高需求的场景，带宽需求为 1 ～ 3Gbit/s；对于中等需求的场景，带宽需求为 200Mbit/s ～ 1Gbit/s；对于低需求的场景，带宽至少需要 100Mbit/s。

频率的使用方式主要有 3 种：第一种是传统的专用的授权频谱使用方式，此为主要的使用方式；第二种是有限共享频谱使用方式；第三种是非授权频谱使用方式。

尽管如此，频谱的缺口依然巨大，5G 技术将频谱范围扩展至 6GHz 以上频段，并对这些频段进行评估，确立不同频段的优先级。在目前 3GPP 的定义中，5G 频谱范围有 FR1 和 FR2 两个。

FR1 就是通常所说的 Sub-6GHz，即低于 6GHz 的部分，由于这部分频段频率低，覆盖能力强，且具备不错的穿透性能，因此这部分频段将是 5G 初期使用的主流频段。目前低于 3GHz 的频谱大多已在现网中被使用，频段腾退和设备更新需要花费时间和大量成本，所以当前的共识是将 3.5GHz 作为 5G 的主推频段，同时将其他可用频段作为补充，便于灵活部署。

FR2 主要是高频部分，即通常所说的毫米波频段，该频段穿透性能较弱，但带宽十分丰富，且在现网中几乎不存在干扰源，未来的应用前景十分广阔。

2.6 5G 发展路径

传统的移动通信技术升级换代都是以多址接入技术为主线，5G 的无线技术创新将更加丰富。除了多种新型多址技术之外，大规模天线、超密集组网和全频谱接入都被认为是 5G 的关键技术。此外，新型多载波技术、新的双工技术、新型调制编码、D2D（终端直通）通信等也是潜在的 5G 无线关键技术。5G 系统将会建立在以新型多址、大规模天线、超密集组网、全频谱接入为核心的技术体系之上，满足 2020 年之后的 5G 技术需求。

受 4G 技术框架的约束，大规模天线等增强技术难以完全发挥其技术优势，全频谱接入、新型多址技术等难以在现有技术框架下实现，4G 演进也无法满足 5G 的技术需求。因此，5G 需要设计全新的空口，以满足 5G 性能和效率的要求，新空口是 5G 的演进方向，4G 演进是有效的补充。综合考虑国际频谱规划和频率传播特性，5G 包含工作在 6GHz 以下频段的低频新空口和 6GHz 以上频段的高频新空口，如图 2-2 所示。

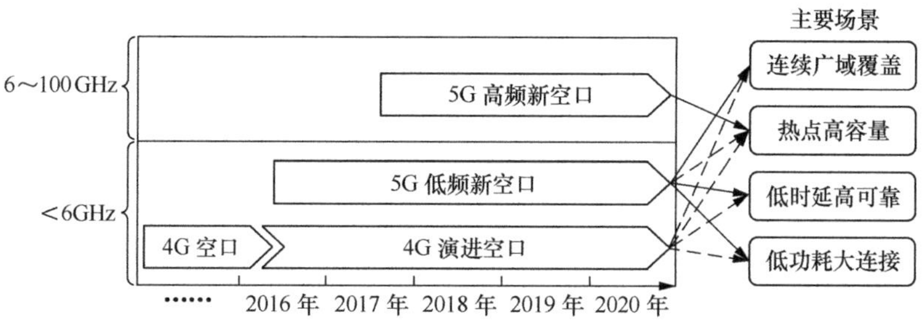

图 2-2　5G 技术路线

5G 低频新空口采用新的空口设计技术，引入了大规模天线、新型多址等先进技术，支持更短的帧结构、更精简的信令流程、更灵活的双工方式，可有效满足 5G 的要求。通过灵活配置技术模块及参数来满足不同场景差异化的技术需求。5G 高频新空口需要考虑高频信道和射频器件的影响，并针对波形、天线等进行相应的优化。同时，高频跨度大、候选频段多，应尽可能采用统一的空口技术方案，通过参数调整来适配不同信道及器件的特性。

第3章 5G研究项目与标准化进展

5G技术作为面向未来新需求的新一代通信技术，已经获得了全球范围的广泛关注，并得到了几乎所有运营商、设备商、研究机构的支持。5G技术发展获得了全产业链的支持，为大规模商用做好了准备。各个研究组织和机构也在有条不紊地开展关键技术研究和试验，并取得了一定的进展。

| 3.1 标准化组织与研究机构 |

目前全球多个国家的组织和机构都在积极地进行 5G 的研究和标准化工作，这些组织和机构主要分为 3 类。

第一类为国际组织，负责提出 5G 愿景、指标需求、标准征集及发布等，主要有国际电信联盟（ITU）和第三代合作伙伴计划（3GPP）等。

第二类为行业和国家组织，负责 5G 需求和技术研究，达成产业共识。组织和机构主要分布在欧洲、北美地区和亚太地区，如欧洲的 METIS/METIS II、5G PPP 等研究项目，北美地区的 IEEE、5G Americas 等，日本的无线工业及商贸联合会（ARIB）、第五代移动通信论坛（5GMF）等，中国的 IMT-2020、中国通信标准化协会（CCSA）等。其他一些组织如 WWRF、GreenTouch 等也都在积极地进行 5G 技术方面的研究。

第三类为企业和研究机构，负责需求的提出、企业白皮书的发布、技术的研究等，主要有全球的主流运营商、设备商等。

3.2　5G 标准化进展

3.2.1　ITU-R

ITU 自诞生之日起就是一个公有和私营部门的合作机构，拥有 193 个成员国和 700 多家私营部门实体和学术机构。ITU 总部设在瑞士日内瓦，在世界各地设有 12 个区域代表处和地区办事处。ITU 的成员队伍体现了全球 ICT 领域的构成状况，其中既有世界上最大的制造商和运营商，也有采用新型与新兴技术的小型创新成员，而且现在也有主要的研发机构和学术界参与进来。秉承与政府（成员国）和私营部门（部门成员、部门准成员和学术界）开展国际合作的原则，ITU 已是首屈一指的全球性论坛，参与方可就影响行业未来发展方向的广泛问题共同努力、达成共识。

国际电信联盟无线电通信组（ITU-R）是 ITU 管理下的专门制定无线电通信相关国际标准的组织。ITU-R 中设置了一个名为 WP 5D（Working Party 5D）的特殊小组，负责国际移动通信（IMT）系统的整个无线电系统方面的研究工作，包括 IMT-2000、IMT-Advanced 和 IMT-2020 等。ITU 5G 标准计划时间如图 3-1 所示。

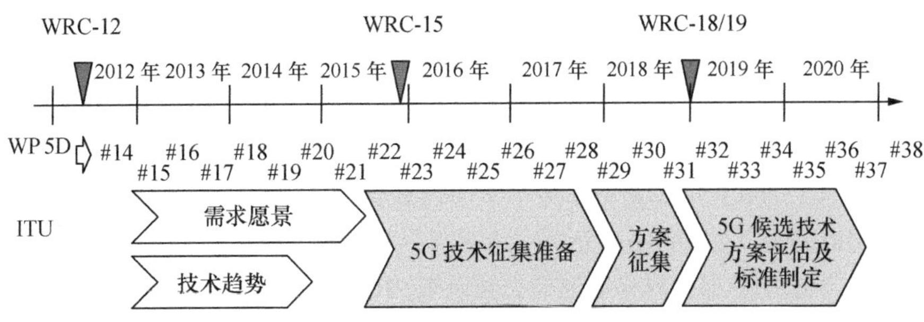

图 3-1　ITU 5G 标准计划时间

WP 5D 已经完成或正在开展的主要工作如下。

① 建议书《IMT 愿景——2020 年及之后 IMT 未来发展的框架和总体目标》已于 2015 年发布（ITU-R M.2083-0）。

② IMT-2020 的技术要求、评估标准和指南等，已完成的相关报告主要有以

下几个。

• 与 IMT-2020 无线电接口技术性能相关的要求（ITU-R M.2410）描述了与 IMT-2020 候选无线电接口技术的最低技术性能相关的关键要求，它还提供有关各个要求的必要背景信息以及所选项目和值的理由。提供此类背景信息，可以更广泛地了解这些要求。本报告基于外部研究和技术组织正在进行的研发活动。

• IMT-2020 发展的要求、评估标准和提交模板（ITU-R M.2411）涉及制定 IMT-2020 建议书和报告的要求、评估标准和提交模板，例如 IMT-2020 的详细规范、提供的服务、使用的频谱以及候选无线电接口技术（RIT）/ 无线电接口技术集（SRIT）的性能要求。

• IMT-2020 无线电接口技术评估指南（ITU-R M.2412）提供了用于评估候选 IMT-2020 无线电接口技术（RIT）或 RIT 集（SRIT）的程序、方法和标准（技术、频谱和服务）的指南，适用于多种测试环境。选择这些测试环境以密切模拟更严格的无线电操作环境。评估程序的设计使得候选 RIT/SRIT 的整体绩效可以在技术基础上得到公平和平等的评估，确保满足 IMT-2020 的总体目标。

3.2.2 3GPP

3GPP 是权威的移动通信技术规范机构，它由欧洲的 ETSI、日本的 ARIB 和 TTC、韩国的 TTA 及美国的 T1 电信标准委员会在 1998 年年底发起成立，旨在研究制定并推广基于演进的 GSM 核心网络的 3G 标准，即 WCDMA、TD-SCDMA 等。3GPP 标准组织主要包括项目合作组（PCG）和技术规范组（TSG）两类，其中 PCG 主要负责 3GPP 总体管理、时间计划、工作分配等，具体的技术工作则由各 TSG 完成。目前，3GPP 包括 3 个 TSG，分别负责无线接入网（RAN）、系统和业务（SA）、核心网与终端（CT）。每一个 TSG 进一步分为不同的工作子组，每个工作子组分配具体的任务。

2015 年，3GPP 正式发布了关于下一代蜂窝移动通信网络（5G）技术标准化的拟定时间表，如图 3-2 所示。

2017 年巴塞罗那世界移动通信大会以来，3GPP 关于 5G 的标准化进展加速。3GPP 关于 5G 的规范制定是从 R15 开始的。

① 3GPP R15：R15 是 5G 的基础版本。2017 年 12 月，R15 NSA 版本冻结；2018 年 6 月，R15 SA 版本冻结，奠定了商用基础，但又新增了 R15 Late Drop 阶段，将 Opt4 和 Opt7 架构推迟纳入 R15 协议，NSA 架构下可连 New Core。

② 3GPP R16：R16 是 eMBB、uRLLC、mMTC 的完整版本，2018 年下半年提交了关于 R16 的方案，预计 2020 年 3 月冻结。

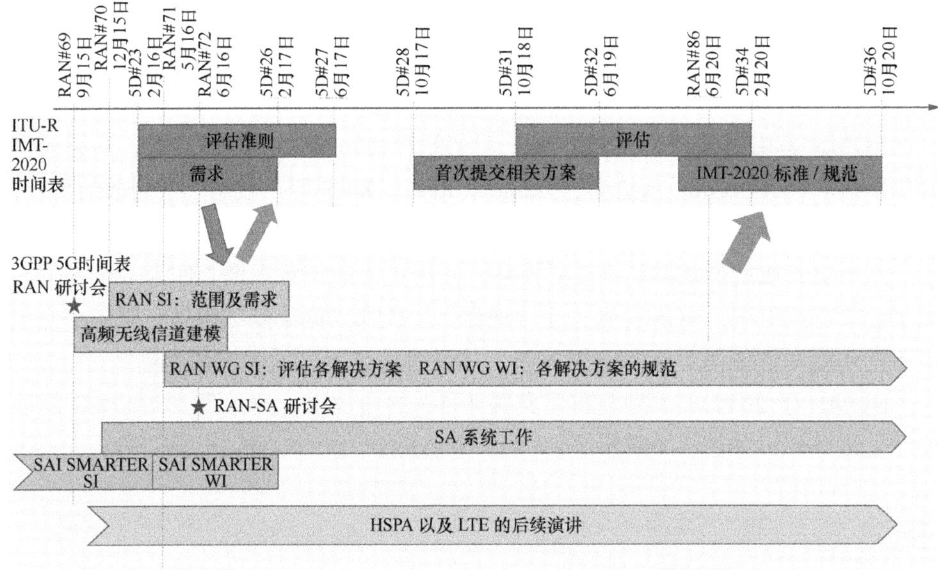

图 3-2　2015 年 3GPP 发布的关于 5G 技术标准化的主要目标和计划

③ 3GPP R17：预计将于 2020 年年初提交 R17 的方案。

2018 年 12 月 3GPP 发布的 5G 标准化新路标如图 3-3 所示。

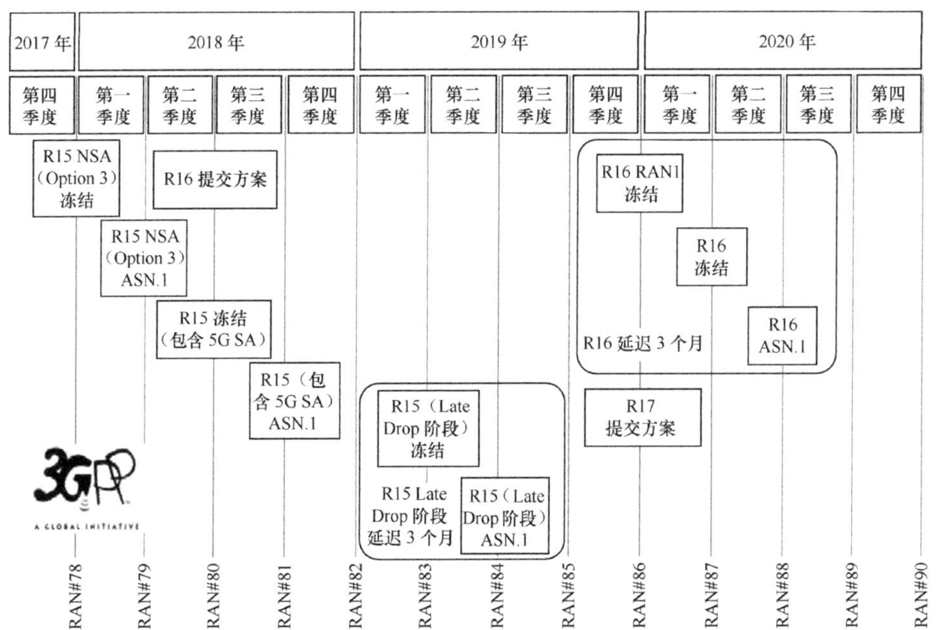

图 3-3　2018 年 12 月 3GPP 发布的 5G 标准化新路标

3.2.3 NGMN

NGMN 是由国际领先的移动网络运营商于 2006 年在英国成立的，发起人包括中国移动、DoCoMo、沃达丰、Orange、Sprint、KPN 等。它是一个开放的平台，欢迎各个移动运营商，也欢迎制造商、研究单位（包括研究院所以及高校）加入，采用更开放的形式推动产业的发展，获得更大的产业规模。作为一个提供创新平台的行业组织，NGMN 致力于“确保下一代移动网络基础设施、服务平台和设备的功能和性能满足运营商的要求，并最终满足用户的需求和期望”。

NGMN 于 2015 年 3 月发布了其关于 5G 的白皮书，展示了其对于 5G 的展望和发展路标，如图 3-4 所示。

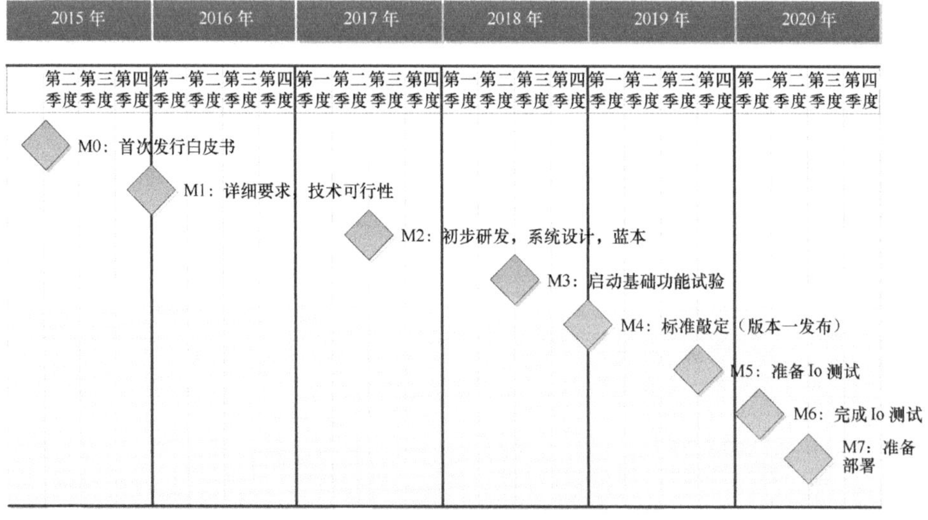

图 3-4　NGMN 5G 发展路标

2017 以来，NGMN 先后发布了多份 5G 白皮书、研究报告等。

① 2017 年 2 月，NGMN 发布了《5G 频谱白皮书》（*5G Spectrum Requirements White Paper*），该白皮书以 2015 年发布的 NGMN 5G 白皮书中的频谱研讨为基础，提供了在全球主要市场部署 5G 的频谱需求和计划的信息。2018 年 8 月，《5G 频谱白皮书》更新为 2.0 版本。

② 2017 年 10 月，NGMN 发布了《5G 端到端架构》（*5G End-to-End Architecture Framework*），提出了 5G 端到端架构的原则和要求，为 NGMN 合作伙伴和标准开发组织在构建 5G 互操作功能等方面提供指导。2018 年 2 月，《5G 端到端架构》

更新为 2.0 版本，该版本主要描述了端到端框架功能的实体和功能方面的要求、与服务类别相关的架构观点和考虑因素。这些要求旨在为制定 5G 生态系统的互操作等标准规范提供指导。

3.3 欧　洲

3.3.1 METIS/METIS-II

METIS 由 29 个成员组成，包括主要设备商、运营商、汽车厂商及学术机构，如图 3-5 所示。METIS 项目于 2012 年年底正式启动，第一阶段计划运行 30 个月，其目标是为建立 5G 移动和无线通信系统奠定基础，促成未来的移动通信和无线技术在需求、特性和指标上达成共识，取得在概念、雏形、关键技术组成上的统一意见。

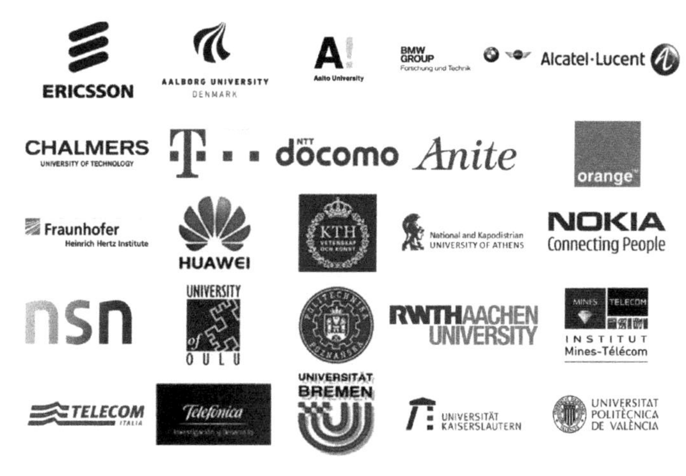

图 3-5　METIS 合作伙伴

爱立信不仅负责 METIS 的总体项目管理，还承担了标准制定与发布、系统设计与性能指标两项核心任务。爱立信在此项目研发上投入巨大，并视其为保持业界领先态势的又一重要机遇。METIS 共分为 8 项工作任务组，由 7 家设备商以及一家运营商负责，其中爱立信承担了其中 3 项任务组的工作。

已经完成的研究内容主要包括：

- 场景、测试以及 5G 需求；
- 系统概念；
- 系统级评估；
- 5G 系统初步架构；
- 5G 频谱规划；
- 测试平台开发。

METIS-II 项目于 2015 年 7 月启动，它建立在 METIS 和其他与 5G 相关的项目之上，但远远超出了这些项目的成就，METIS-II 项目的主要目标有以下几个。

① 开发整体 5G 无线电接入网络（RAN）设计。

② 提供 5G PPP（5G 公私合作联盟）内的 5G 协作框架，从性能和技术经济角度对 5G 无线接入网络的概念进行共同评估。更具体地说，METIS-II 将进一步完善 5G 方案、要求和 KPI、开发性能和技术经济评估框架，并为频谱和整体 5G 无线接入网络设计方面的其他 5G PPP 项目提供整合和指导。

③ 为监管和标准化机构制定协调一致的行动，以实现 5G 的高效标准化、开发和推广，具有强大的领先优势。

为了实现其目标，METIS-II 将强有力地建立当前正在进行的 FP7 项目，如 METIS、5GNOW、MiWaveS 等，并与其他 5G PPP 项目密切合作。METIS-II 不会对物理层方面或特定通信用例进行深入研究，而是建立在其他项目的相应概念之上，并将这些概念统一和整合到 5G 中。

项目结构如图 3-6 所示。

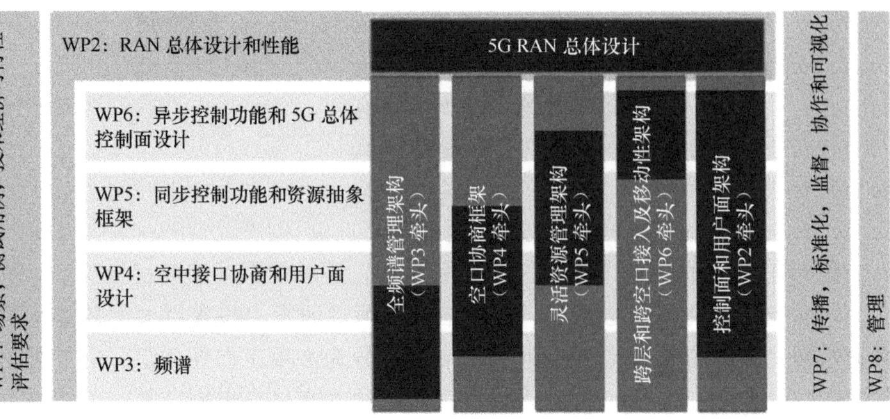

图 3-6 METIS-II 项目结构

2016 年 3 月，METIS-II 发布《5G RAN 架构和功能设计白皮书》（*5G RAN Architecture and Functional Design*），总结了 METIS-II 在 5G RAN 架构和功能设计方面的观点和想法。首先列出了用于 5G 的主要服务类型，即增强移动宽带（eMBB）、海量机器类通信（mMTC）和超可靠机器类通信（uMTC），以及 METIS-II 研究 5G RAN 设计的 5 个特定用例。白皮书进一步描述了 5G RAN 架构的关键要求，这些要求已经从不同的服务和用例需求中识别出来，并明确阐述了 5G 中网络切片概念所提出的要求。

METIS-II 项目已于 2017 年 6 月结束。

3.3.2　5G PPP

5G PPP 是欧盟委员会与欧洲 ICT 行业（ICT 制造商、电信运营商、服务提供商、中小企业和研究机构）之间的联合举措，是在“地平线 2020”计划中设立的 5G 技术研发项目。与 METIS 进行基础技术研究不同，5G PPP 更加注重系统的标准化、产业化发展的进程，METIS 的成果也会输入到 5G PPP 中来。

5G PPP 的愿景是：10 年之后，电信和 IT 将集成到一个超高容量无处不在的基础设施中，具有固定和移动访问的融合功能。

5G PPP 项目分成 3 个阶段。

第一阶段：2014—2016 年，主要进行基础研究和愿景建立；第二阶段：2016—2018 年，主要进行系统优化和预标准化；第三阶段：2018—2020 年，主要进行规模试验和初期标准化。

5G PPP 路线图如图 3-7 所示。

目前，5G PPP 已处于第三阶段，2017 年 6 月在布鲁塞尔推出了 21 个新项目。5G PPP 将为未来十年无处不在的下一代通信基础设施提供解决方案、架构、技术和标准。2015 年发布 5G 愿景和演进路线后，5G PPP 先后发布了《5G PPP 5G 架构白皮书》（*5G PPP 5G Architecture White Paper：view on 5G Architecture*）、《5G PPP 5G 架构白皮书版本 2.0》（*5G PPP 5G Architecture White Paper Version 2.0：view on Architecture*）、《5G PPP 软件网络白皮书》（*5G PPP Software Network White Paper：From Webscale to Telco，the cloud Native Journey*）等。

5G PPP 制定了泛欧 5G 试验路线图的战略，迄今已发布了 4 个版本的试验路线图，其中 5G 泛欧试验路线图 4.0 版本已于 2018 年 11 月发布，如图 3-8 所示。

Call1 发布 2013/12/11
提案提交截止 2014/11/25
第一批项目开始执行 2015 年年中

2013 年 | 2014 年 | 2015 年 | 2016 年

阶段三(2018—2020 年) 规模试验 / 初期标准化
阶段二(2016—2018 年) 系统优化 / 预标准化
阶段一(2014—2016 年) 基础研究 / 愿景建立

探索阶段:
- 5G 系统需求;
- 明确网络功能架构和技术选择;
- 基于已有的研究工作

- 具体系统研究和开发工作(考虑经济因素);
- 规划建设全欧洲范围内的试验基础设施

- 系统优化深入，系统设计最终定稿;
- 新频段的确认和使用在全球范围内达成共识（基于WRC-15结果);
- 技术验证和早期系统试验;
- 参与 5G 国际标准化的早期活动;
- 与 CCNT 和 FI 合作，建设全欧洲范围内的试验基础设施;
- 准备 WRC-18

2017 年 | 2018 年 | 2019 年 | 2020 年

- 支持 5G 国际标准化工作;
- 支持监管体系为新系统部署而开展的新频段分配讨论;
- 开展大规模试验，接近商用条件下的系统概念验证

- 规模试验扩展至非 ICT 产业;
- 基于系统概念验证，确定具体的标准化流程

- 大规模的试验和展示，扩展性测试等

- 技术调研、原型机、技术演示系统以及网络管理和运行试验，基于云的分布式计算和大数据分析的网络运行管理

- 新频段确认，支持试验系统开展和早期商业部署;
- 全球范围内接近实际商业部署的准备就绪，经济考量成熟

图 3-7 5G PPP 路线图

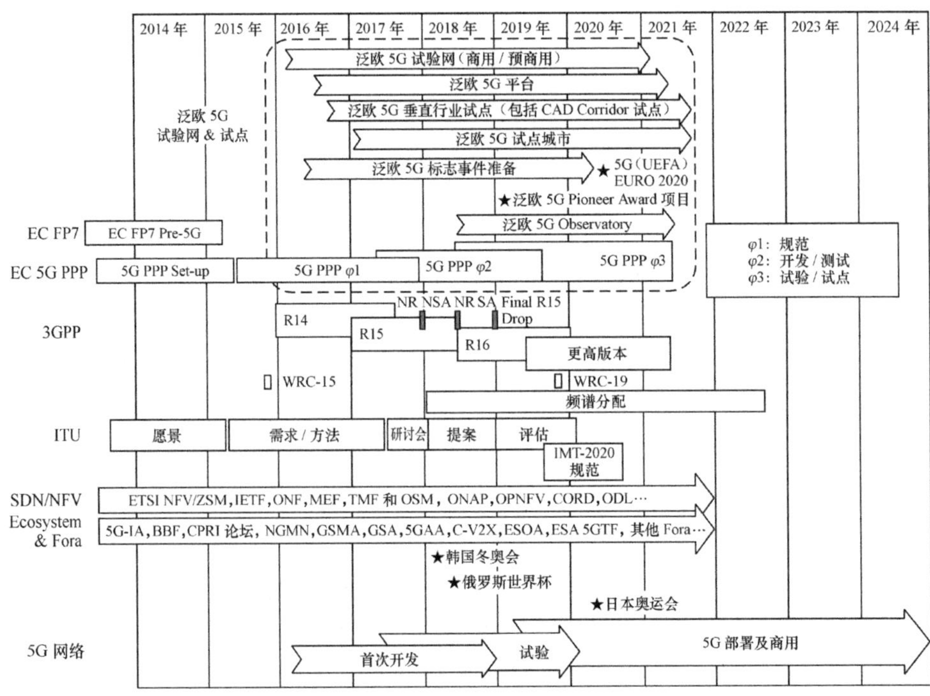

图 3-8 泛欧 5G 试验路线图

3.4 北　美

3.4.1 IEEE

电气和电子工程师协会（IEEE，Institute of Electrical and Electronics Engineers）是一个国际性的电子技术与信息科学工程师协会，是目前全球最大的非营利性专业技术学会，其会员人数超过40万人，遍布160多个国家。作为全球最大的专业学术组织，IEEE在学术研究领域发挥重要作用的同时也非常重视标准的制定工作。IEEE专门设有IEEE标准协会（IEEE-SA，IEEE Standard Association），负责标准化工作。IEEE-SA下设标准局，标准局下又设置两个分委员会，即新标准制定委员会（New Standards Committees）和标准审查委员会（Standards Review Committees）。IEEE的标准制定内容包括电气与电子设备、试验方法、元器件、符号、定义以及测试方法等多个领域。

IEEE启动5G研究计划，号召全球工业界、政府和学术机构一起解决5G应用的挑战，奠定5G应用的基础。IEEE 5G计划在IEEE下设有多个工作组，其工作重点包括5G演进路线图、5G标准、相关活动会议策划（IEEE 5G峰会、5G世界论坛等）。

IEEE发布的《软件定义的5G生态系统：技术挑战、商业模式可持续性、通信政策问题》系统地阐述了其对于“电信网络软件化”这种电信网络技术经济变革的研究成果，具有很大的参考价值。再加上正在研发的开放式的软件平台、软件开发工具集等相关功能，以期最终建立起基于SDN/NFV的5G试验网络。

IEEE下设的工作组正在开发的5G标准项目主要有以下几个。

① IEEE P802.1CF：网络参考模型和IEEE 802接入网的功能描述。

② IEEE P1903.1：基于NGSON的CDP（思科发现协议）标准。

③ IEEE P1914.1：基于分组的前传网络。

④ IEEE P1918.1：感知互联网。

3.4.2 5G Americas

4G Americas是一家由领先的电信服务提供商和制造商组成的移动通信行业

组织。近年来，4G Americas 将工作重心转向 5G，并更名为 5G Americas。该组织致力于 LTE 技术的增强研究及 LTE 向 5G 网络的演进，其成员已发展到包括 AT&T、思科、高通等在内的 16 家单位，如图 3-9 所示。

图 3-9 5G Americas 的成员单位

自 2014 年以来，5G Americas 先后发布了 *Recommendations on 5G Requirements and Solutions*、*5G Technology Evolution Recommendations*、*Global Organizations Forge New Frontier of 5G* 等白皮书，在北美地区具有一定的影响力。

3.5 亚 太

3.5.1 ARIB

ARIB 是由日本邮政省在 1995 年 5 月特设成立的，它的活动包括以前在无线系统研发中心（RCR）和广播技术协会（BTA）中进行的活动。ARIB 的成立顺应了电信技术国际化、电信和广播融合化的发展趋势，符合提高无线频谱资源利用率的发展需求。

ARIB 的最高组织机构为总会，总会由正式会员组成，总会下设理事会，理事会设有主席。常务秘书处、标准会、标准评议会、管理策略委员会、管理委员会、技术委员会、IMT-2000 研究委员会、电磁环境委员会以及普及委员会都对理事会主席负责。

日本政府依托标准化组织 ARIB 组建了 5G 特设工作组“2020 & Beyond Ad

Hoc”，旨在研究2020年及以后的地面移动通信系统的系统概念、基本功能和架构。

“2020 & Beyond Ad Hoc”有如下两个工作组。

① 服务和系统概念工作组（WG-SC），由KDDI领导，主要任务是划分社会角色；明确关键能力和关键功能。

② 系统架构 & 无线接入技术工作组（WG-Tech），由富士通领导，主要任务是研究无线接入技术和其他主要网络技术的趋势。

ARIB发布的5G白皮书*Mobile Communications Systems for 2020 and beyond*中的5G关键无线技术主要有：

- 非正交多址技术，高级干扰消除/抑制技术，降低无线帧长度；
- 高级天线技术；
- 更高频段；
- C/U面分离；
- 灵活/虚拟化RAN技术，SON技术，超密集网络的控制技术；
- 感知无线电；
- M2M通信，单小区大量设备连接的技术；
- D2D通信；
- 线性小区，移动中继技术；
- 多RAT间协作技术；
- 陆地与卫星通信协作。

3.5.2 5GMF

5GMF成立于2014年9月30日，主要进行5G移动通信系统的研究、开发、标准化等，同时与相关组织进行联络和协调，收集信息、推广应用，促进5G的良好发展。

5GMF主要通过参与以下活动来实现其目标。

① 从事5G移动通信系统的研究和开发，以及与其标准化相关的研究；

② 跟踪5G行业动态，并与其他组织进行交流；

③ 担任与5G移动通信系统有关组织的联络和协调；

④ 促进5G移动通信系统的应用；

⑤ 实现5GMF目标所需的任何其他活动。

5GMF由以下4个委员会组成。

（1）战略与规划委员会

战略与规划委员会为整个5GMF制定战略计划，与外部5G研究组织建立

关系并举办联合活动，促进 5G 的发展；与其他委员会共同发布白皮书。

（2）技术委员会

技术委员会与 ARIB“2020 & Beyond Ad Hoc”小组委员会密切讨论并共享信息；组建“战略与服务”和“无线技术”两个小组委员会。其中，“战略与服务”小组委员会负责研究 5G 网络能力及频率需求，“无线技术”小组委员会负责研究无线网络技术以及与 5G 业务容量和连接密度相关的问题。

（3）服务与应用委员会

服务与应用委员会主要研究 2020 年及以后的移动宽带通信系统中的典型应用、使用场景、技术要求等。

（4）网络架构委员会

网络架构委员会主要研究 5G 移动网络的整体架构及部署 5G 移动通信系统所需的条件和技术。

2016 年 7 月以来，5GMF 先后发布了两个版本的《2020 年及以后的 5G 移动通信系统》白皮书，分析了 5G 应用典型场景、5G 的要求、频谱、关键技术、试验情况等。

3.6 中　国

3.6.1 IMT-2020

IMT-2020（5G）推进组于 2013 年 2 月由中华人民共和国工业和信息化部、国家发展和改革委员会、科学技术部联合推动成立，组织架构基于原 IMT-Advanced 推进组，是聚合移动通信领域产学研用力量、推动第五代移动通信技术研究、开展国际交流与合作的基础工作平台。IMT-2020（5G）推进组架构如图 3-10 所示。

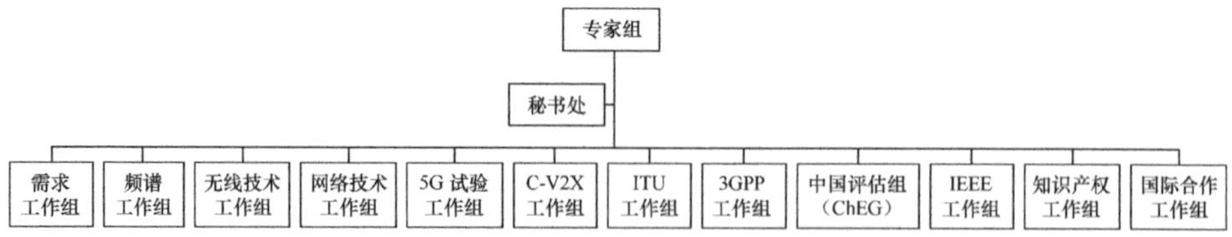

图 3-10 IMT-2020（5G）推进组架构

IMT-2020（5G）推进组组织架构中，专家组负责制定推进组的整体战略和研究计划；5G 需求工作组研究 5G 与垂直行业融合的需求及解决方案，开展试验与应用示范，进行产业与应用推广；频谱工作组研究 5G 频谱相关问题；无线技术工作组研究 5G 潜在关键技术和系统框架；网络技术工作组研究 5G 网络架构及关键技术；5G 试验工作组负责推进 5G 试验相关工作；C-V2X 工作组研究 V2X 关键技术，开展试验验证，进行产业与应用推广；各标准工作组负责推动 ITU、3GPP 和 IEEE 等国际标准化组织的相关工作；知识产权工作组研究 5G 相关知识产权问题；国际合作工作组负责组织开展 5G 相关对外交流与合作。其中，中国评估组的主要工作任务包括组织协调中国公司面向 3GPP 提交 5G 自评估结果，完成 ITU 独立评估工作并提交独立评估报告，其主要成员包括中国信息通信研究院、中国移动、中国电信、中国联通、北京邮电大学、华为、大唐电信、中兴通讯、OPPO 和 vivo 等。

2015 年 5 月，IMT-2020（5G）推进组发布《5G 无线技术架构》白皮书和《5G 网络技术架构》白皮书。《5G 无线技术架构》白皮书提出，5G 将基于统一的空口技术框架，沿着 5G 新空口（含低频空口和高频空口）及 4G 演进两条技术路线，依托新型多址、大规模天线、超密集组网和全频谱接入等核心技术，通过灵活的技术与参数配置，形成面向连续广域覆盖、热点高容量、低时延高可靠和低功耗大连接等场景的空口技术方案，从而全面满足 2020 年及未来的移动互联网和物联网业务需求。《5G 网络技术架构》白皮书指出，5G 网络将以全新型网络结构及 SDN/NFV 构建的平台为主要特征，基于控制转发分离和控制功能重构的技术设计新型网络架构，提高网络面向 5G 复杂场景下的整体接入性能；基于虚拟化技术按需编排网络资源，实现网络切片和灵活部署，满足端到端的业务体验和高效的网络运营需求。

2016 年以来，IMT-2020（5G）推进组又相继发布了《5G 网络架构设计》白皮书、《5G 经济社会影响》白皮书、《5G 网络安全需求与架构》白皮书、《5G 承载需求》白皮书、《C-V2X》白皮书、《5G 核心网云化部署需求与关键技术》白皮书、《5G 承载网络架构和技术方案》白皮书和《5G 无人机应用》白皮书等，全力支撑和迎接 5G 大规模商用时代的到来。

3.6.2　CCSA

2014 年 4 月，CCSA 无线通信技术工作委员会（TC5）在第 33 次全会期间，成功举办了"面向 2020 年及未来的 5G 愿景"研讨会，开始了 5G 研究。CCSA TC5 主要以 WG6 为主、WG8 为辅开展 5G 研究工作，并持续关注 3GPP、

IEEE 等的演进路线。

为部署落实 5G 标准研究化工作，2017 年 5 月，CCSA 在已通过的“5G 安全技术研究”课题立项基础上，又通过了 4 项 5G 相关研究课题立项建议，分别是“5G NR 技术研究”“5G 网络架构及关键技术研究”“5G 系统高频段研究：24.25 ～ 30GHz”和“5G 系统高频段研究：30 ～ 43.5GHz”。这一系列课题将从 5G 接入网、核心网、安全和频率等方面开展相关研究，标志着 CCSA 5G 标准化工作的开始。2018 年 8 月后，“5G NR 技术研究”“5G 网络架构及关键技术研究”等多项课题的顺利完成，助力 5G 后续的标准化工作。

第4章
5G 传输技术

5G传输技术不仅要提供更高的频谱效率，获得更高的传输速率，还要能够满足物联网和超可靠通信的需求，同时能够与现有的无线技术较好地共存，从而能够在提高频谱效率的同时降低频谱带外辐射。满足移动宽带传输的需求，还要能够满足物联网免调度传输的要求。在设备成本和能耗不提高的条件下，对无线传输技术提出了更大的挑战。

4.1 无线传输技术的发展

从 2G 的 TDMA、3G 的 CDMA，到 4G 的 OFDMA，这些无线通信技术的升级换代都是以多址接入技术为主线的。5G 的无线技术创新将更加丰富，除了多种新型多址技术之外，大规模天线、超密集组网和全频谱接入都被认为是 5G 的关键技术。

在 3GPP R15 和 R16 中，部分关键技术已确定采用或计划采用，5G 的主要关键技术如图 4-1 所示。

R15（基础版本）

- **构筑 NR 技术框架**
  - 新波形
  - 参数集，帧结构
  - 编码、调制 & 信道
  - MIMO
  - 灵活双工
- **网络架构**
  - 上下行解耦
  - 集中单元—分布单元（CU-DU）高层切分
  - 非独立组网 / 独立组网架构

R16（完整版本）

- **持续提升 NR 竞争力**
  - 新多址
  - eMBB Sub 6GHz 增强
  - 自回传
- **开创行业数字化**
  - uRLLC 增强
  - mMTC
  - D2D
  - 车联网（V2X）
  - 非授权频谱

图 4-1　5G 的主要关键技术

4.2　帧结构

4.2.1　关键参数

1. 子载波间隔

在子载波间隔（Subcarrier Spacing）方面，5G 和 LTE 有着根本性的差异，其中最主要的差异是 5G NR 将采用多个不同的载波间隔类型，而 LTE 只采用单一的 15kHz 载波间隔。5G NR 采用参数 μ 来表述载波间隔，比如 μ=0 表示载波间隔为 15kHz，与 LTE 一致。在 3GPP 38.211 中，关于 NR 子载波间隔的类型如表 4-1 和图 4-2 所示。

表 4-1　5G NR 支持的子载波类型

μ	$\Delta f=2^{\mu}\times 15$（kHz）	循环前缀（CP）
0	15	正常
1	30	正常
2	60	正常，扩展
3	120	正常
4	240	正常

12 个子载波：（15×12）=180kHz

μ=0

12 个子载波：（30×12）=360kHz

μ=1

12 个子载波：（60×12）=720kHz

μ=2

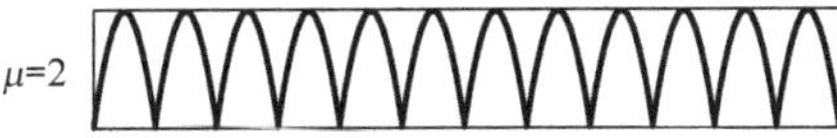

12 个子载波：（120×12）=1440kHz

μ=3

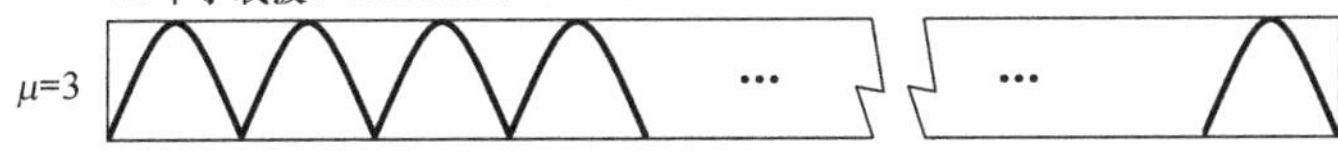

12 个子载波：（240×12）=2880kHz

μ=4

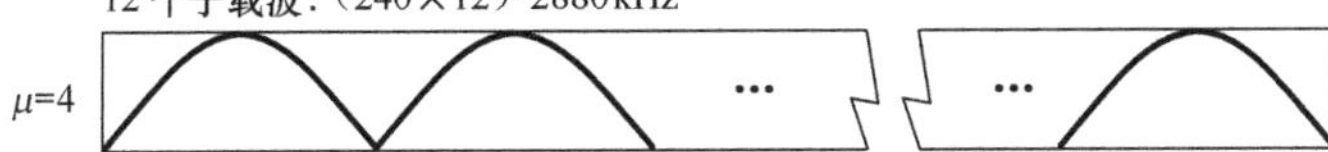

图 4-2　5G NR 支持的子载波间隔类型（频域）

2. 时隙

时隙长度因为子载波间隔不同有所不同，一般来说，随着子载波间隔变大，时隙长度变小。正常 CP 和扩展 CP 条件下支持的时隙配置和时隙长度如表 4-2、表 4-3 和图 4-3 所示。

表 4-2 5G NR 支持的时隙配置（正常 CP）

μ	N_{symb}^{slot}（个）	$N_{slot}^{frame,\mu}$（个）	$N_{slot}^{subframe,\mu}$（个）
0	14	10	1
1	14	20	2
2	14	40	4
3	14	80	8
4	14	160	16

表 4-3 5G NR 支持的时隙配置（扩展 CP）

μ	N_{symb}^{slot}（个）	$N_{slot}^{frame,\mu}$（个）	$N_{slot}^{subframe,\mu}$（个）
2	12	40	4

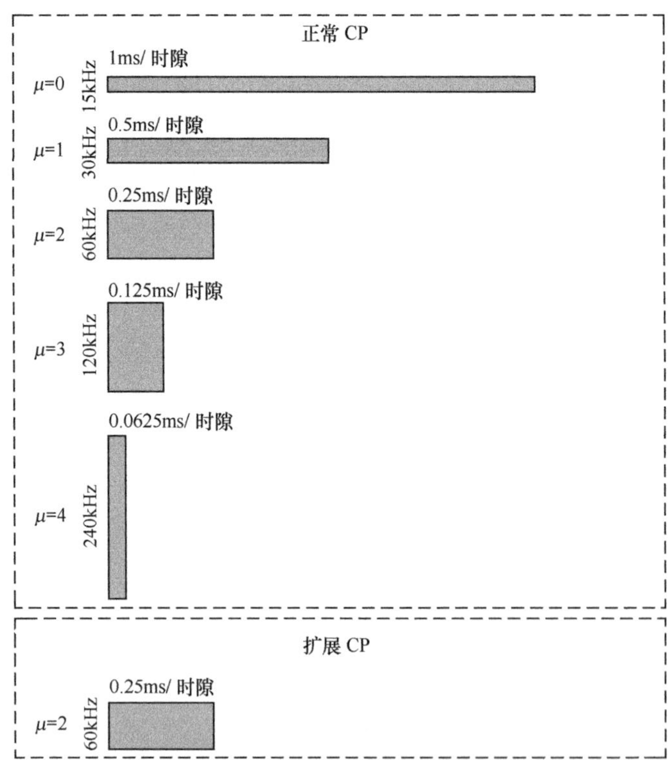

图 4-3 各时隙配置下的时隙长度

4.2.2 无线帧结构

5G NR 支持多种子载波间隔，无线帧结构也定义了多种不同类型。但是需要强调的是，不同子载波间隔配置下，无线帧和子帧的长度是相同的，其中，无线帧长度为 10ms，子帧长度为 1ms。

在不同子载波间隔配置下，无线帧结构的每个子帧中包含的时隙数不同。在正常 CP 情况下，每个时隙包含的符号数相同，都为 14 个。

- 无线帧结构 1（μ=0，正常 CP）如图 4-4 所示。

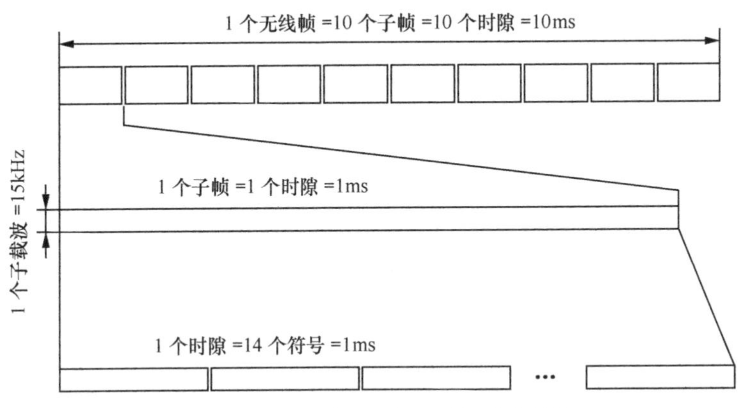

图 4-4 μ=0、正常 CP 情况下的无线帧结构

在这个配置中，一个子帧仅有一个时隙，所以无线帧包含 10 个时隙。一个时隙包含的 OFDM 符号数为 14 个。

- 无线帧结构 2（μ=1，正常 CP）如图 4-5 所示。

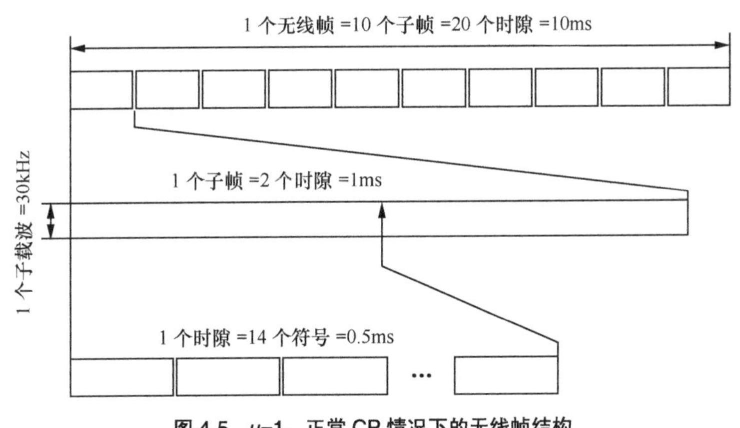

图 4-5 μ=1、正常 CP 情况下的无线帧结构

在这个配置中，一个子帧有 2 个时隙，所以无线帧包含 20 个时隙。一个时隙包含的 OFDM 符号数为 14 个。

- 无线帧结构 3（μ=2，正常 CP）如图 4-6 所示。

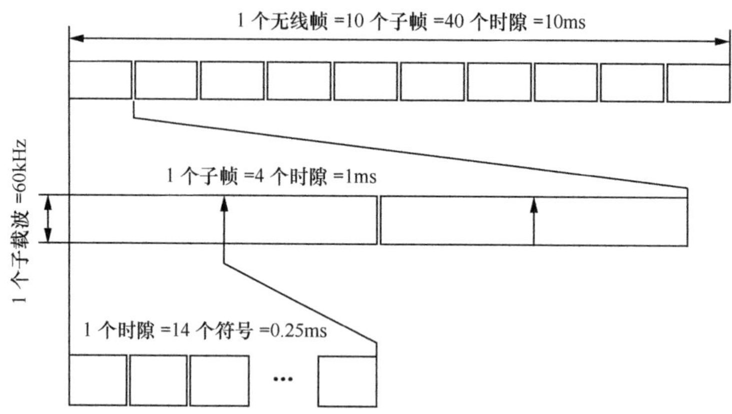

图 4-6　μ=2、正常 CP 情况下的无线帧结构

在这个配置中，一个子帧有 4 个时隙，所以无线帧包含 40 个时隙。一个时隙包含的 OFDM 符号数为 14 个。

- 无线帧结构 4（μ=3，正常 CP）如图 4-7 所示。

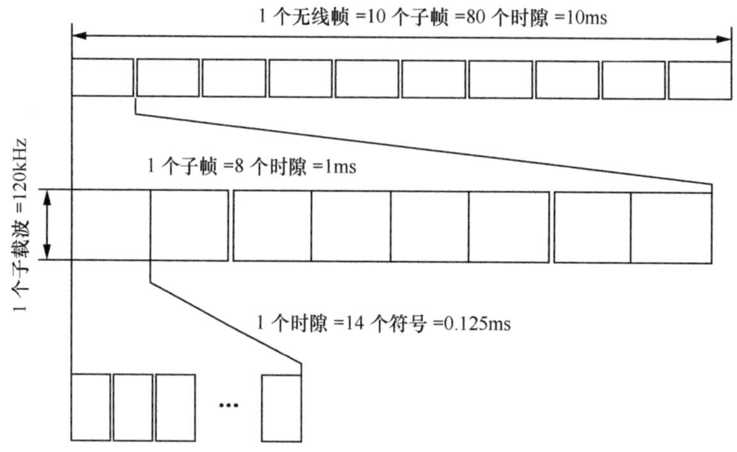

图 4-7　μ=3、正常 CP 情况下的无线帧结构

在这个配置中，一个子帧有 8 个时隙，所以无线帧包含 80 个时隙。一个时隙包含的 OFDM 符号数为 14 个。

- 无线帧结构 5（μ=4，正常 CP）如图 4-8 所示。

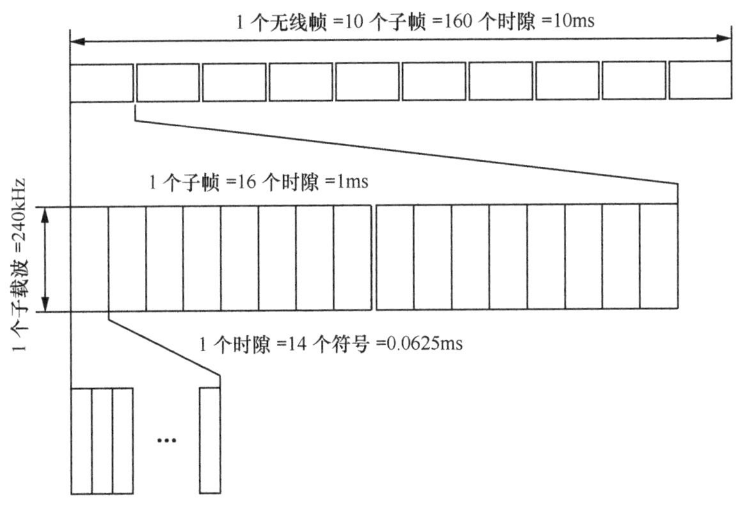

图 4-8　μ=4、正常 CP 情况下的无线帧结构

在这个配置中，一个子帧有 16 个时隙，所以无线帧包含 160 个时隙。一个时隙包含的 OFDM 符号数为 14 个。

- 无线帧结构 6（μ=2，扩展 CP）如图 4-9 所示。

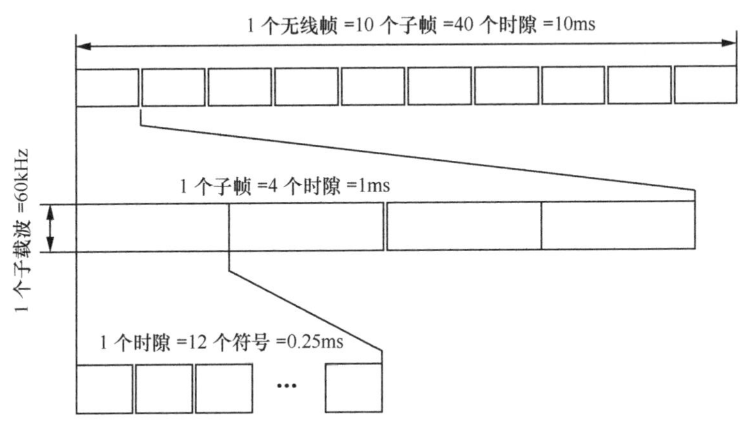

图 4-9　μ=2、扩展 CP 情况下的无线帧结构

在这个配置中，一个子帧有 4 个时隙，所以无线帧包含 40 个时隙。一个时隙包含的 OFDM 符号数为 12 个。

| 4.3 MIMO 增强技术 |

4.3.1 Massive MIMO

随着无线通信技术的高速发展，用户的无线应用越来越丰富，带动了无线数据业务迅速增长。据预测，未来十年间，数据业务将以每年 1.6 ～ 2 倍的速率增长，这给无线接入网络带来了巨大的挑战。多天线技术是应对无线数据业务爆发式增长挑战的关键技术，目前 4G 中支持的多天线技术仅仅支持最大 8 端口的水平维度波束赋形技术，还有较大的潜力可进一步大幅提升系统容量，如图 4-10 所示。

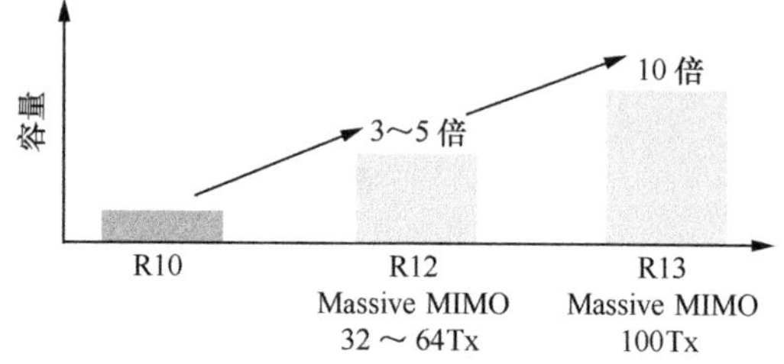

图 4-10　系统容量提升

多天线技术的演进主要围绕着以下几个目标：

- 大的波束赋形 / 预编码增益；
- 更多的空间复用层数（MU/SU）及更小的层间干扰；
- 更全面的覆盖；
- 更小的站点间干扰。

Massive MIMO 和 3D MIMO 是下一代无线通信中 MIMO 演进的最主要的两种候选技术：前者的主要特征是天线数目大量增加，后者的主要特征是在垂直维度和水平维度均具备很好的波束赋形的能力。虽然 Massive MIMO 和 3D MIMO 的研究侧重点不一样，但在实际的场景中往往会结合使用，存在一定的耦合性，3D MIMO 可算作是 Massive MIMO 的一种，因为随着天线数目的增多，3D 化是必然的。因此，Massive MIMO 和 3D MIMO 可以作为一种技术来看待，在 3GPP 中称之为全维度 MIMO（FD-MIMO）。

3D MIMO 技术因为可用来提高小区边缘用户吞吐率、小区用户总吞吐率和平均吞吐率而引起了业界的高度重视。3D MIMO 是在传统的 2D MIMO 的基础上，在垂直维度上增加了一维可供利用的维度，对这一维度的信道信息加以有效利用，可以有效抑制小区间同频用户的干扰，从而提升边缘用户的性能乃至整个小区的平均吞吐率。同时，在相同的时频资源上能够复用更多的用户，如图 4-11 所示。

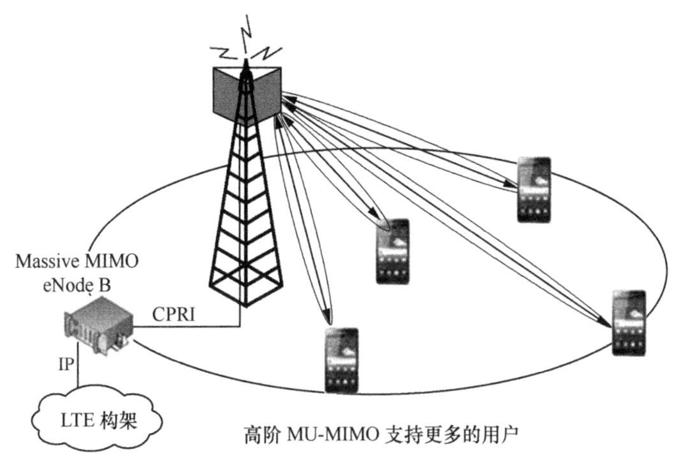

图 4-11 多用户性能提升

大规模天线技术能够很好地契合未来移动通信系统对频谱利用率与用户数量的巨大需求，其发展前景在学术界与产业界得到了一致的认可。目前世界各主要 5G 研究组织均将大规模天线技术作为 5G 系统最重要的物理层技术之一。

1. 技术原理

（1）容量

对于单用户场景，信道模型可以表示为：

$$\boldsymbol{y}=\sqrt{p_d}\boldsymbol{Hx}+\boldsymbol{n}$$

其中，$\boldsymbol{y}\in C^{N\times 1}$，$\boldsymbol{H}\in C^{N\times M}$，$p_d$ 是发射总功率，M 是发射天线数目，N 是接收天线数目。在仅考虑发射端天线数目众多的情况下，容量可以表示为：

$$C=\operatorname{lb}\det\left(\boldsymbol{I}_N+\frac{p_d}{M}\boldsymbol{HH}^{\mathrm{H}}\right)$$

随着天线数量的增加，系统容量也随之增加。而且在目前的新技术中，唯有大规模 MIMO 技术能够成倍提升系统频谱效率及系统容量。

当发射天线数目极高时，系统容量可进一步简化为：

$$\begin{aligned}C_{M\gg N}&=\operatorname{lb}\det\left(\boldsymbol{I}_N+\frac{p_d}{M}\boldsymbol{HH}^{\mathrm{H}}\right)\\&\approx\operatorname{lb}\det\left(\boldsymbol{I}_N+p_d\boldsymbol{I}_N\right)\\&=N\operatorname{lb}(1+p_d)\end{aligned}$$

当接收天线数目极高时，容量可以简化为：

$$C_{N\gg M}=\text{lb}\det\left(\boldsymbol{I}_N+\frac{p_d}{M}\boldsymbol{H}\boldsymbol{H}^{\text{H}}\right)$$
$$\approx\text{lb}\det\left(\boldsymbol{I}_M+\frac{Np_d}{M}\boldsymbol{I}_M\right)$$
$$=M\,\text{lb}\left(1+\frac{Np_d}{M}\right)$$

当发射端天线数量很多时，系统容量与接收天线数量呈线性关系；而当接收端天线数量很多时，系统容量与发射天线数目的对数呈线性关系。大规模 MIMO 不仅能够提高系统容量，还能够提高单个时频资源上可以复用的用户数目，以支持更多的用户数据传输。

在天线数目很多的情况下，仅仅使用简单低复杂度的线性预编码技术就可以获得接近容量的性能，天线数量越多，速率越高，如图 4-12 所示。而且随着天线数目的增多，传统的多用户预编码方法 ZFBF 会出现一个下滑的趋势，而对于简单的匹配滤波器方法 MRT，则不会出现，如图 4-13 所示，主要是因为随着天线数目的增多，用户信道接近正交，并不需要特别的多用户处理。

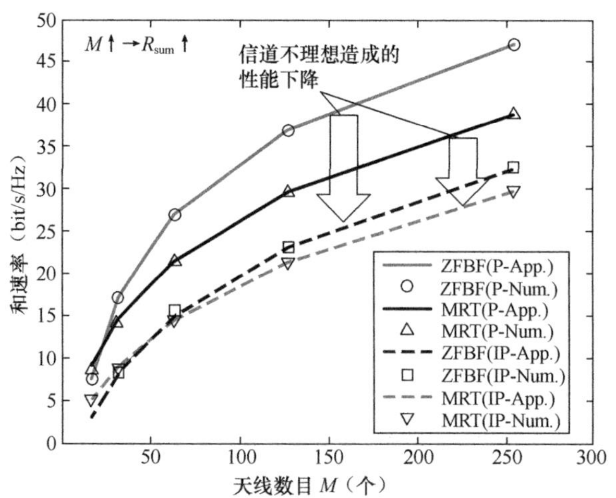

图 4-12　速率 V.S. 天线数目（10 个用户）

（2）信道波动

对于一个包含 K 个用户的大规模 MIMO 系统，基站仅对接收信号进行简单的匹配滤波处理，检测信号为：

$$\boldsymbol{y}\Rightarrow\frac{1}{M}\boldsymbol{H}^{\text{H}}\boldsymbol{y}=\frac{1}{M}\boldsymbol{H}^{\text{H}}\boldsymbol{H}\boldsymbol{x}+\frac{1}{M}\boldsymbol{H}^{\text{H}}\boldsymbol{n}\xrightarrow[M\to\infty]{\text{大数定理}}\boldsymbol{x}$$

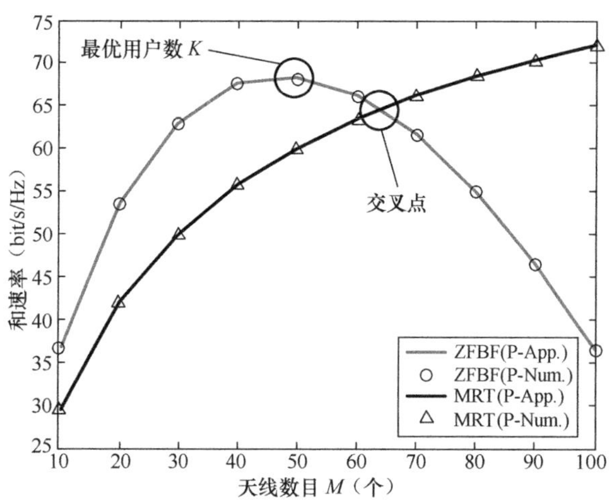

图 4-13　速率 V.S. 用户数目（128 个天线）

依据大数定理，当天线数量趋近无穷时，匹配滤波器方法已经是优化方法了。不相关的干扰和噪声也都被消除，发射功率理论上可以任意小，如图 4-14 所示。即利用大规模 MIMO 消除了信道的波动，同时也消除了不相关的干扰和噪声，而且复用在相同时频资源上的用户，其信道具备良好的正交特性。

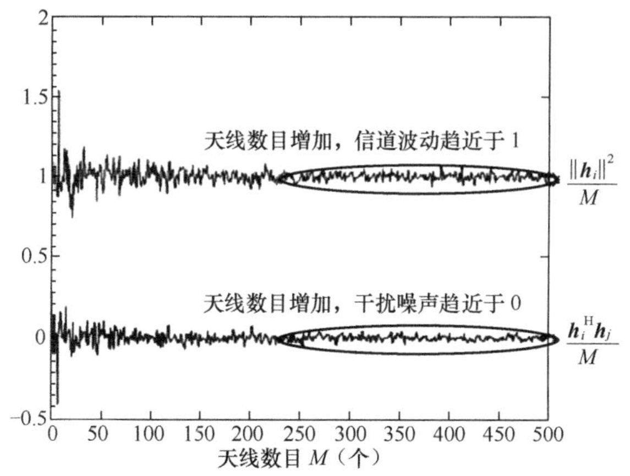

图 4-14　信道波动及干扰噪声消除

（3）降低能耗

在基站端部署大规模 MIMO、满足速率要求的条件下，UE 的发射功率可以任意小，天线数目越多，用户所需的发射功率越小，如图 4-15 所示。

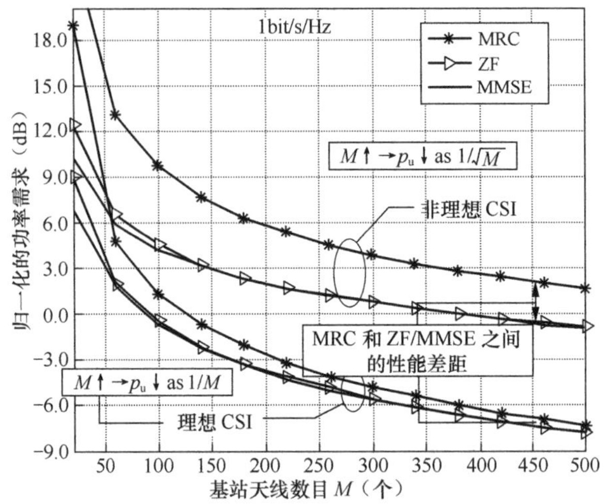

图 4-15　降低发射功率

大规模 MIMO 除了能够极大地降低发射功率外，还能够将能量更加精确地送达目的地。随着天线规模的增大，可以精确到一个点，具备更高的能效，如图 4-16 所示。同时，场强域能够定位到一个点，可以极大地降低对其他区域的干扰，从而有效消除干扰。

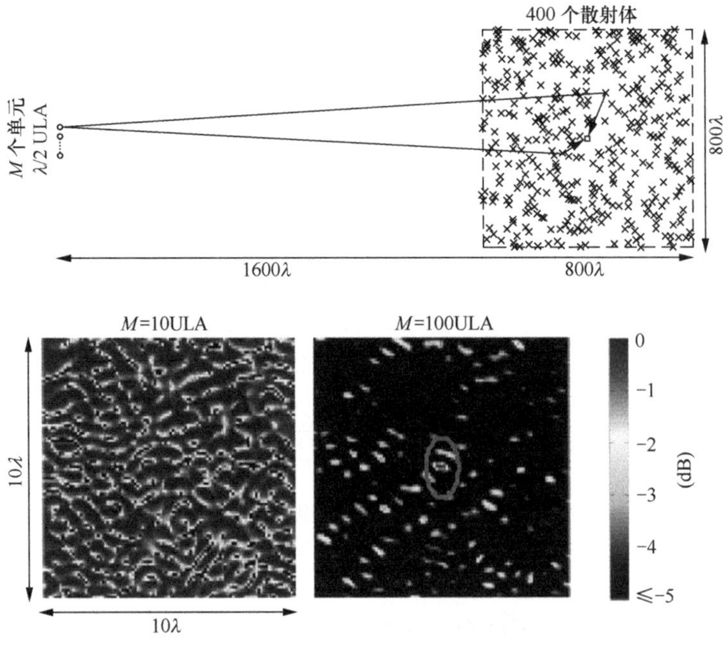

图 4-16　能量集中定位到一个点

2. 标准化进展

Massive MIMO 技术提出后，立即成了学术界与产业界的一大热点。2010—2013 年，贝尔实验室，瑞典的隆德大学（Lund University）、林雪平大学（Linkping University），美国的莱斯大学（Rice University）等引领着国际学术界对 Massive MIMO 信道容量、传输、检测与 CSI 获取等基本理论与技术问题进行了广泛的探索。

在理论研究的基础之上，学术界还积极开展了针对 Massive MIMO 技术的原理验证工作。隆德大学于 2011 年公开了其基于大规模天线信道实测数据的分析结果，该试验系统的基站采用 128 根天线的二维阵列，由 4 行 16 个双极化圆形微带天线构成，用户采用单天线。信道的实测结果表明，当总天线数超过用户数的 10 倍后，即使采用 ZF 或 MMSE 线性预编码，也可达到最优的 DPC 容量的 98%。该结果证实了当天线数达到一定数目时，多用户信道具有正交性，进而保证在采用线性预编码时仍可逼近最优 DPC 容量，由此验证了 Massive MIMO 的可实现性。2012 年，莱斯大学、贝尔实验室与耶鲁大学（Yale University）联合构建了基于 64 天线阵子的原理验证平台（Argos），能够支持 15 个单天线终端进行 MU-MIMO。根据对经过波束赋形之后的接收信号、多用户干扰与噪声的实测数据，该系统的和容量可以达到 85bit/s/Hz，而且在总功率为 1/64 的情况下也可以达到 SISO 系统频谱效率的 6.7 倍。

由于 Massive MIMO 在系统容量、频谱及发射功率利用效率等方面的显著优势十分符合未来移动通信发展的技术需求，因此 Massive MIMO 也引起了产业界的高度重视。随着理论基础的建立与研究的日渐深入以及 AAS 与 C-RAN 结构的日渐成熟，产业界也已着手开展实质性的工作，以推动 MIMO 技术进一步向着更高的维度扩展。2012 年年底 3GPP 在 WINNER 等研究组织的工作基础之上开展了针对 3D/FD MIMO 信道建模技术的研究工作，并将在随后的版本中对仰角波束赋形、FD MIMO 依次进行研究。而中国移动、大唐、中兴通讯、华为、三星等公司也都在积极组织对 3D/FD MIMO 与 Massive MIMO 的研究与原型演示平台开发活动。这些工作都将是 Massive MIMO 技术实用化发展的重要基础。

我国也非常重视该技术领域的发展。我国的 5G 研究与标准化组织——IMT-2020（5G）推进组于 2013 年年底专门成立了大规模天线技术专题组，集中了国内研究院所、运营商、设备商以及高等院校中相关技术领域的核心单位，启动了对面向 5G 的大规模天线技术的研究与标准化工作。此外，2012 年国家重大专项启动了针对 64 天线的 3D-MIMO 技术的研究项目立项工作，2014 年“863”计划启动了针对 128～256 天线的 Massive MIMO 技术（1 期）的立项工作，并将在后续的 2 期及 3 期阶段中持续推动该技术的研究、验证与标准化工作。

（1）3GPP 标准化进展

3GPP 在 R12 中对 3D MIMO 进行了信道建模相关的工作，对原 2D SCM 信道模型进行扩展，得到 3D 信道模型。并定义了几种评估场景，典型的评估场景见表 4-4，评估结果见表 4-5。目前其信道模型依然主要是针对低频段进行建模的，对于高频通信中的大规模 MIMO 技术，尚未进行标准化方面的工作。

表 4-4　评估场景

		3D-UMi	3D-UMa	3D-UMa-H
蜂窝结构		六边形结构，19 个微站，每个站点 3 个扇区	六边形结构，19 个宏站，每个站点 3 个扇区	六边形结构，19 个宏站，每个站点 3 个扇区
水平面 UE 移动速率		3km/h	3km/h	3km/h
基站天线高度		10m	25m	25m
基站总发射功率		41dBm/10MHz 44dBm/20MHz	46dBm/10MHz 49dBm/20MHz	46dBm/10MHz 49dBm/20MHz
载波频率		2GHz	2GHz	2GHz
UE-eNode B 最小 2D 距离		10m	35m	35m
UE 高度		h_{UT}=3（n_{fl}−1）+1.5	h_{UT}=3（n_{fl}−1）+1.5	h_{UT}=3（n_{fl}−1）+1.5
	室外 UEn_{fl}	1	1	1
	室内 UEn_{fl}	n_{fl} ~ uniform（1，N_{fl}） 其中 N_{fl} ~ uniform（4，8）	n_{fl} ~ uniform（1，N_{fl}） 其中 N_{fl} ~ uniform（4，8）	n_{fl} ~ uniform（1，N_{fl}）
室内 UE 比例	80%	80%	80%	
UE 分布	室外 UE	均匀分布	均匀分布	高层建筑之外的均匀分布
	室内 UE	均匀分布	均匀分布	50% 用户在高层建筑 25m 半径范围内，其余在 25m 半径之外
站间距		200m	500m	300m

除此之外，还有异构网络场景，其站高、载波频率、发射功率会有不同。

对于天线，以 2D 阵列为基础，天线单元均匀分布于水平面和垂直面，包含单极化阵列和双极化阵列，如图 4-17 所示。

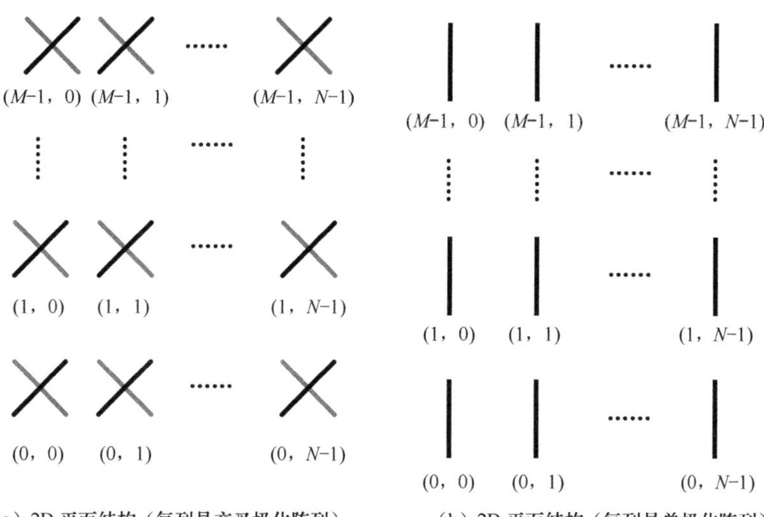

（a）2D 平面结构（每列是交叉极化阵列）　（b）2D 平面结构（每列是单极化阵列）

图 4-17　天线模型

表 4-5　基准评估结果

贡献文档号		R1-143030	R1-142908	R1-142869	R1-140423	R1-142859	R1-142992	R1-143111	R1-142936	
3D-UMa - geo-dist, 极化模型 1	avg SE	2.19	1.8706	2.1300	1.9785	1.810	2.049 10	2.03	2.0269	
	5% SE	0.07	0.0467	0.0664	0.0541	0.048	0.053 54	0.05	0.0431	
3D-UMa - geo-dist, 极化模型 2	avg SE	2.20	1.9134	2.0556	1.9490	1.790	1.988 00	1.97	1.9732	
	5% SE	0.07	0.0470	0.0610	0.0496	0.041	0.0515 6	0.05	0.0429	
3D-UMa - radio-dist, 极化模型 1	avg SE		1.8086	2.0901		1.790	2.057 90			
	5% SE		0.0437	0.0610		0.047	0.055 01			
3D-UMa - radio-dist, 极化模型 2	avg SE		1.8699	2.0616		1.750	1.991 50			
	5% SE		0.0443	0.0547		0.040	0.053 71			
3D-UMi - geo-dist, 极化模型 1	avg SE	2.19	1.8724	2.1415	1.9169	1.720	2.013 60	2.01	1.9542	
	5% SE	0.07	0.0442	0.0633	0.0467	0.040	0.052 92	0.05	0.0428	
3D-UMi - geo-dist, 极化模型 2	avg SE	2.20	1.9039	2.0948	1.8829	1.710	1.960 50	1.96	1.8873	
	5% SE	0.07	0.0467	0.0548	0.4263	0.040	0.053 07	0.05	0.0413	
3D-UMi - radio-dist, 极化模型 1	avg SE		1.7808	2.1180		1.700	1.958 00			
	5% SE		0.0430	0.0606		0.039	0.050 77			
3D-UMi - radio-dist, 极化模型 2	avg SE		1.8027	2.0804		1.660	1.914 10			
	5% SE		0.0409	0.0540		0.037	0.048 21			

续表

贡献文档号		R1-143199	R1-142970	R1-143232	R1-143237	R1-140767	R1-143144	R1-143257	R1-143120	平均值
3D-UMa - geo-dist, 极化模型 1	avg SE	2.06	2.30	1.89		1.94	2.18	2.23	2.04	2.05
	5% SE	0.06	0.06	0.05		0.04	0.06	0.06	0.05	0.05
3D-UMa - geo-dist, 极化模型 2	avg SE	2.07	2.28	1.88	2.00	1.94	2.18	2.24	2.04	2.03
	5% SE	0.06	0.06	0.04	0.06	0.04	0.06	0.06	0.05	0.05
3D-UMa - radio-dist, 极化模型 1	avg SE	2.08				1.90	2.28			2.00
	5% SE	0.06				0.04	0.06			0.05
3D-UMa - radio-dist, 极化模型 2	avg SE	2.09				1.91	2.28			1.99
	5% SE	0.05				0.04	0.06			0.05
3D-UMi - geo-dist, 极化模型 1	avg SE	2.07	2.25	1.83		1.87	2.12	2.13	2.00	2.01
	5% SE	0.05	0.06	0.04		0.04	0.05	0.06	0.04	0.05
3D-UMi - geo-dist, 极化模型 2	avg SE	2.08	2.23	1.83	1.92	1.88	2.12	2.15	2.00	1.99
	5% SE	0.05	0.06	0.04	0.05	0.04	0.05	0.06	0.04	0.07
3D-UMi - radio-dist, 极化模型 1	avg SE	2.03				1.78	2.17			1.93
	5% SE	0.05				0.03	0.05			0.05
3D-UMi - radio-dist, 极化模型 2	avg SE	2.05				1.79	2.17			1.92
	5% SE	0.05				0.03	0.05			0.05

（2）IMT-2020

众多运营商和设备商正在定义新的应用场景和评估方法，希望将大规模 MIMO 的应用在 5G 中得到充分发挥。应用场景和评估方法也在研究之中，主要内容有以下 5 项：

① 考虑未来 5G 的需求，采用更高的频段；

② 应用场景扩展，应用更多的场景，如典型城市场景、高楼场景、室内场景等；

③ 支持更多的天线数目（超过 64 个）；

④ 信道模型主要是参考 3GPP 模型，对于现有场景，复用 3GPP 模型，其他场景参数参考 3GPP 模型；

⑤ 以 3GPP 3D 模型 SI 为起点，充分考虑 5G 的需求和场景，完善建模和评估方法。

主要是遵照分步走的原则，先研究发展天线数目较少、频段较低的大规模 MIMO 技术，而后逐步提高天线数目和频段，并不断增加应用场景。

3. 技术挑战

（1）高效信号处理技术

为了获得更大的系统容量，应用 Massive MIMO 时经常会同时传输大量用户的数据，而且发射天线数会很多，如果沿用现有的2/4/8天线信号处理方式，会给MIMO的基带运算的复杂度和处理时间带来比较大的挑战。同时，注意到虽然Massive MIMO可以有效减少天线上的辐射功率，同时还能保证数据传输的速率，但实际上，运营商关注的总的功率消耗中还包括了基带信号处理过程的功率消耗。考虑到基带运算的复杂度和功率消耗问题，一个新出现的研究方向是如何使得信号处理变得更简单，峰均比更小，更加省电。目前的一些研究比较关注对基站的预编码实现算法进行优化，认为存在较大的优化空间，部分新的预编码优化技术在反馈方面也可能会造成一定的影响。

（2）低成本硬件的挑战

由于发射天线数目大量增加，如果采用传统的基带预编码的方案，最大限度地追求BF的性能和灵活性，就需要增加大量的RF chains、up/down转换器、模/数及数/模转换器等，那样就会面临实现成本问题，从而限制Massive MIMO的广泛应用。因此，一些基于波束选择的Radio BF的方案应该被考虑，可以节约大量的硬件成本，但同时应注意到这可能会对其增益有一定的影响，需要进行成本和性能的折中考虑。考虑到技术的延续性，一般来说，在低频信道Radio BF可以与基带预编码方案进行结合研究，高频信道可以仅考虑Radio BF。

（3）硬件不理想

Massive MIMO依赖大量的天线来解决信道衰落、噪声、干扰问题，但实际上，由于天线数目巨大，在实际应用中很有可能会采用一些低成本的器件来节约成本，因此，硬件的不理想程度会增加，比如相位噪声、I/Q不平衡等问题会变得严重。由于每根天线使用了低成本的锁相环，甚至free-running的振荡器，相位噪声可能会成为一个较大的受限因素。但注意到物理层传输时最关心的其实是每根天线上的接收导频符号时间点和接收数据符号时间点之间的相位漂移，有针对性的物理层传输技术和接收机的设计可以有效对抗相位噪声问题，这也是一个重要的研究方向。

（4）互易性校准的成本

Massive MIMO在TDD下应用时会避开高维CSI反馈问题，但是TDD一般存在互易性校准问题。对于Massive MIMO来说，相关文献对互易性校准进行了研究和测试，认为可以获得比较准确的CSI，在TDD系统下应用最大64天线的Massive MIMO应该是可行的。在实际应用中，需要研究的是最佳的TDD校准方式、校准精度、校准成本。没有必要追求最准确的互易性来获得最大的BF增益，而需要找到成本、复杂度和性能的折中点。另外，不同维度的MIMO对校准的需求不一样，维度越高，对校准的要求也越高。

（5）导频开销和信道测量性能

对于 Massive MIMO 来说，如果采用传统的直接估计信道然后反馈的技术，将会面临大量的导频开销问题。大量的导频还可能会带来比较严重的导频污染问题，因此一个重要的研究点是如何降低导频开销。一种方法是可以通过压缩感知技术或者是利用时域相关特性等压缩导频开销；另一种方法是放弃原有的直接估计信道反馈技术，采用预编码导频，利用波束选择或波束训练技术来进行 CSI 信息的获取。第二种方法不但可以节约开销，还能够提高导频估计的抗干扰、抗噪声性能。

（6）信道状态信息反馈

3D-MIMO 的 CSI 反馈对系统性能起着很关键的作用。一般而言，CSI 主要由以下 3 部分构成：预编码指示信息（PMI）、秩指示信息（RI）以及信道质量指示信息（CQI）。对于 PMI，分别反馈水平维度和垂直维度的预编码信息并基于 Kroneck 积进行重构完整预编码矢量 / 矩阵的技术受到了广泛的关注，这种方法能够简化反馈设计，并能够很好地控制信道测量导频开销和 CSI 反馈开销。但这种反馈技术仅在强相关信道下有比较好的性能，而在实际的信道环境中，UE 却并不一定都是较理想地适合这种反馈的强相关信道，对于部分 UE 来说，这种反馈的性能会有不可忽略的损失，即使大幅增加水平维度和垂直维度的反馈精度也不能提升性能。对于一些散射很丰富的场景，这种形式的性能损失非常严重，甚至比采用现有的技术还要差很多，因此，对于这种富散射的场景，可以采用多个基于 Kroneck 积构造的码字的组合进行加权来拟合出实际的 PMI。注意到这种方式构成的最终码字并不满足 Kroneck 积模型，但与实际信道的特征矢量比较匹配。这种方式也可以很好地应用到双极化信道的 Rank2 反馈，但要对两个特征矢量分别进行拟合。

由于 PMI 分别进行水平维度和垂直维度的反馈，一般需要假设 RI 是低秩的，因此会丧失低秩 / 高秩自适应的能力，对系统有一定的影响。对于 CQI，由于终端基于水平维度和垂直维度分别获取 PMI，为了节约导频开销，很大的可能性是基于水平维度和垂直维度分别获取信道信息，此时重构的信道并不完全准确，会对 CQI 的准确性产生不小的影响。对于 RI 和 CQI 的问题，可以研究通过非周期的 UE specific CSI-RS 来进行优化，非周期的 CSI-RS 可以很好地解决传输技术自适应问题和 CQI 上报的准确度问题。

4.3.2 网络 MIMO

单小区 MIMO 技术经过长期的发展，其巨大的性能潜力已经被理论和实际所证实，可作为高速传输的主要手段。当信噪比较低时，发射端和接收端配置多根天线可以提高分集增益，通过将多路发射信号进行合并可以提高用户的接收信噪比。而当信噪比较高时，MIMO 技术可以提供更高的复用增益，多路数据并行传输，使系统传输速率得到成倍的提高。由此可见，MIMO 技术提供高频谱效率的条件除了天线数目之外，更重要的是用户必须具备较高的信噪比。

而在蜂窝系统中，特别是全频带复用的蜂窝系统中，用户不仅要面对不同数据流间的干扰、多用户间的干扰和噪声，还要面对邻小区的 MIMO 干扰。已知和未知 ICI（码间干扰）信息时，系统的中断性能如图 4-18 所示。由图可见，收发天线数目越多，性能反而越差。很显然，空分复用与系统高负载要求严重冲突。

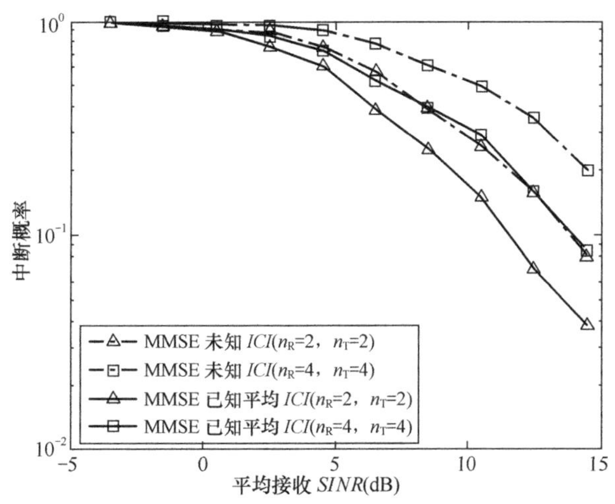

图 4-18　MIMO 蜂窝系统中断概率

对于小区边缘用户来说更是如此，为了提高小区边缘用户的性能，降低干扰对系统的不利影响，需要对干扰进行有效的管理和抑制。为此，R11 中新增了传输模式 TM10。

1. 技术原理

3GPP LTE R11 中引入了新的传输模式 TM10，即多点协作传输（CoMP）。通过将强干扰信号转化为有用信号，极大地提升了系统吞吐量，特别是边缘用户的吞吐量。其方式有多种，包括动态小区选择（DCS）、协同调度 / 波束赋形（CS/CBF）、联合发送（JT）。

DCS：动态小区选择方案中，虽然多个协作小区都拥有为该终端发送的数据分组，但同一时刻只有一个协作小区为该终端服务，其他协作小区在该无线资源块中不发送数据，采用静默方式。动态小区选择传输方式，使得协作小区集合中的多个小区采用快速动态切换方式发送数据到同一个终端。这种传输方式主要通过高效的多小区切换发送分集方式提升终端的接收信号质量，同时，由于其他协作小区在同一无线资源中不发送任何数据，因此可以有效减少小区间干扰。图 4-19 所示为动态小区选择传输方式。对于两个协作小区，在某一时刻，在相同的无线资源块中，只有基站 A 发送数据到终端，而基站 B 此时并不发送数据，等到下一时刻，网络根据信道状态，再选择一个基站为终端传输数据。

CS/CBF：协同调度 / 波束赋形技术，只有 UE 的服务小区向 UE 发送数据，在这一点上与现有的 LTE 标准和传输方式相同。但是，在 LTE 标准中，各小区发送的信号并不考虑对其他小区发送信号的干扰，小区间信号的发送方向和资源没有进行协调。而 CBF 的协作小区集合内各小区发送信号需要根据对其他小区信号的干扰进行协调，尽可能地减少对其他小区 UE 的干扰。协作小区间通过协调发送信号波束的方向，有效避开干扰比较大的波束，从而减少相互间干扰，提升接收信号的质量。图 4-20 所示为两个协作小区通过波束协调调度，避开服务终端的发送信号波束方向的示意图。

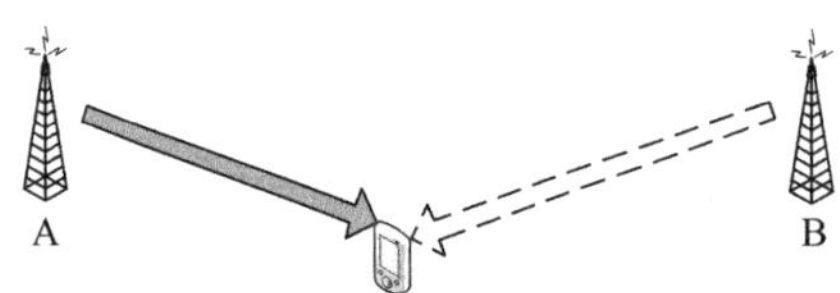

图 4-19　动态小区选择

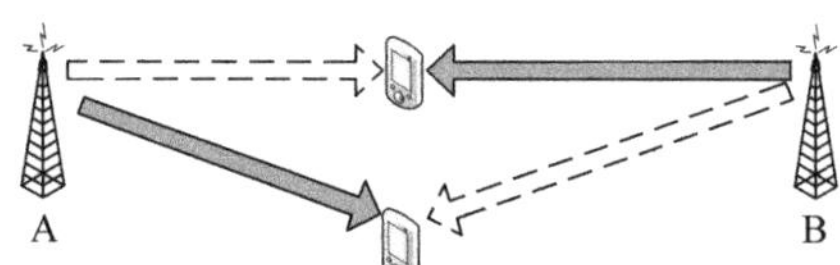

图 4-20　CS/CBF

JT：联合传输方案中，协作小区集合内的全部小区在相同的无线资源块中发送相同或者不同的数据到终端，即多个协作小区在同一时刻发送数据到同一终端。通过联合传输方式，将原来 LTE 系统中不同小区间的干扰信号变成有用信号，从而减少了小区间干扰，提升了系统性能。图 4-21 给出了两个小区协作进行联合传输的示意图。图中，两个小区同时发送有效数据到终端，两个小区发送的信号在空中合并后被 UE 接收，有效减少了小区间的干扰，提升了传输信号质量，从而增加了平均频谱效率和小区边缘传输速率。

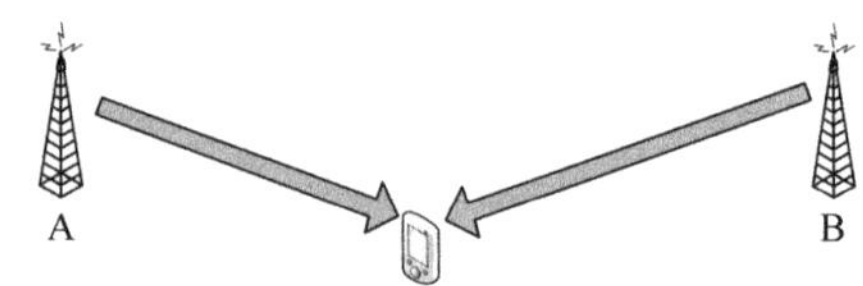

图 4-21　联合传输

2. 标准化情况

CoMP 的初步研究始于 2010 年，并于 2010 年 10 月至 2011 年 9 月评估了不同的 CoMP 传输方案，初步针对 CoMP 对 Uu 口可能的标准化。2011 年 9 月至 2012 年 12 月对 CoMP 进行了详细的研究和实现，确定下行 CoMP 传输方案分为 3 种——JT、DCS、CS/CBF，并确定了 CoMP 传输集合等概念、CSI 干扰测量资源以及 DCI4 格式用于 PUSCH 上非周期反馈。2013 年 7 月至 2013 年 12 月期间，针对理想回传 CoMP 进行了研究和标准化，主要是针对 eNode B 内的 CoMP 传输的标准化。2013 年 12 月至今致力于 eNode B 间的 CoMP 传输，主要是对 CoMP 进行进一步的增强，包括基于 X2 接口的空间协调、对非理想回传的支持、CSI 反馈以支持低时延回传下的 JT 传输。

3. **性能评估**

在 CoMP 传输中，UE 会同时接收来自多个小区的信号，由于不同的小区站点和 UE 之间的距离不同，不同小区的信号到达 UE 存在时延差会造成性能的下降。同时，不同站点的信号频率存在偏差，也会对 CoMP 的实施造成影响。不同的 CoMP 传输方案对网络同步时延的要求不同，对回传时延的要求也不尽相同，具体见表 4-6。

表 4-6　CoMP 实现条件

	CS/CBF	DCS	JT
数据可用	单小区	CoMP 集合中的一个小区	CoMP 集合中的小区
数据来源	仅从服务小区	一个时刻仅一个点发送数据	一个时刻多个点同时发送数据
交互信息	控制信息	数据 + 控制信息	数据 + 控制信息
时延要求	<5ms	<1ms	<1ms
发送点同步	0.05ppm TDD：<3μs	0.05ppm TDD：<3μs	0.005ppm TDD：0.3 ～ 0.5μs
信道信息	宽带 CQI/ 宽带、子带 PMI	宽带 CQI/ 宽带、子带 PMI	子带 CQI/ 子带发送点相位反馈

JT 传输方案对时延的要求最为严苛，如图 4-22 所示，时延差越大，性能越差。

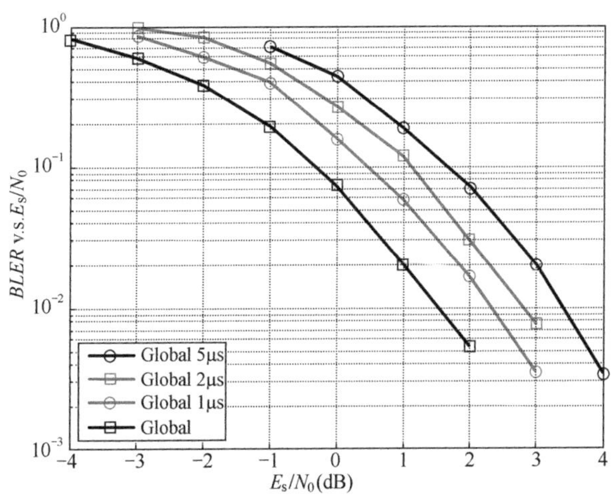

图 4-22　不同时延差的 JT 性能

理想实现条件下的性能评估如图 4-23 所示，CoMP 的性能增益还是比较显著的：边缘速率提升 8% ～ 23%。

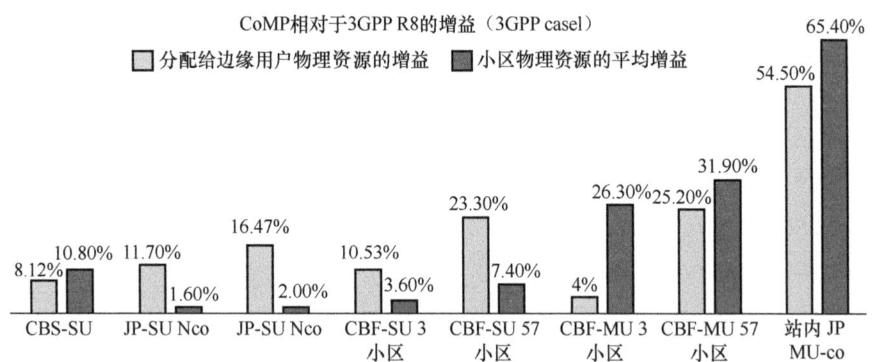

图 4-23　CoMP 性能评估

4. 应用场景

3GPP 中定义了 4 种 CoMP 应用场景——同构网络中的站内（intra-site）和站间（inter-site）CoMP、HetNet 中的低功率 RRH、宏小区内的低功率 RRH，如图 4-24 所示。

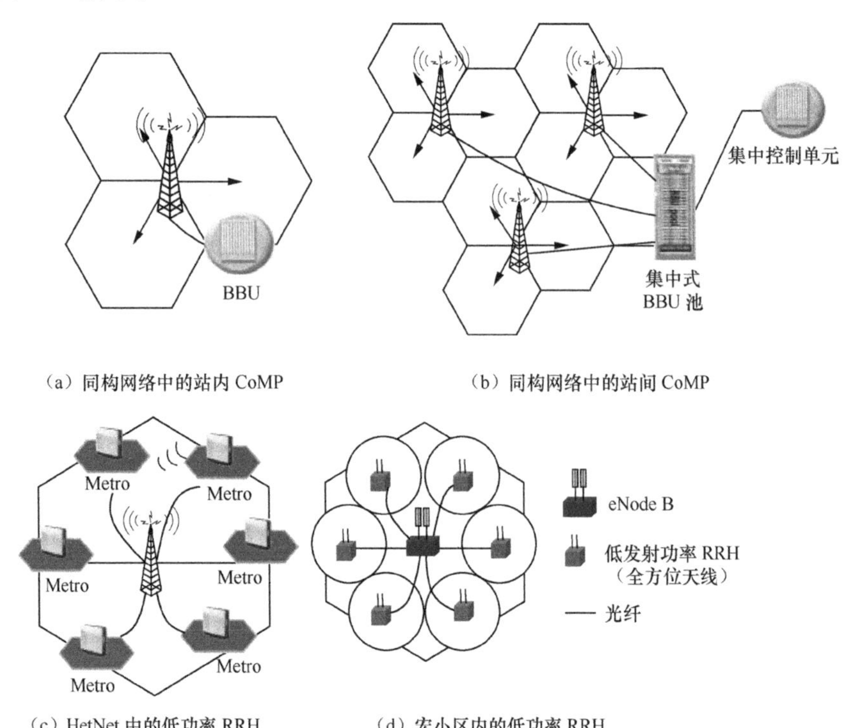

（a）同构网络中的站内 CoMP

（b）同构网络中的站间 CoMP

（c）HetNet 中的低功率 RRH

（d）宏小区内的低功率 RRH

图 4-24　CoMP 应用场景

同构网络中的站内 CoMP：主要指的是 eNode B 内的协作传输。

同构网络中的站间 CoMP：主要指的是利用 BBU 组成 BBU 池，形成一个集中控制单元。

HetNet 中的低功率 RRH：RRH 的小区 ID 与宏小区不同。

宏小区内的低功率 RRH：RRH 的小区 ID 与宏小区相同。

网络部署需要考虑众多影响因素。第一个是部署网络的环境，是同构网络还是异构网络；部署 CoMP 需要考虑回传的能力，即交互是通过 X2 接口还是在相同的 BBU 内部交互；以及网络中 R11 UE 的数量，需要 R11 UE 才能获得较好的增益，汇总见表 4-7。

表 4-7　网络部署

	协作方式	协作深度
同构网络	X2 接口	中等协作
	站内 CoMP	紧密协作
异构网络	X2 接口	中等协作
	相同 BBU	紧密协作

4.4　新型多址技术

面向 2020 年及未来，5G 不仅需要提升系统频谱效率，还需要具备海量设备连接的能力。此外，在简化系统设计和信令流程方面也提出了很高的要求，这些都是现有的正交多址技术面临的严峻挑战。

4.4.1　多址技术的发展

如图 4-25 所示，从 2G 的 TDMA/FDMA、3G 的 CDMA 到 4G 的 OFDMA 时代，多址方式基本是正交方式，不同用户使用相互正交的传输资源，彼此间没有相互干扰。为了保持用户间的正交特性，需要系统调度用户到不同的传输资源上，因此调度是必不可少的。

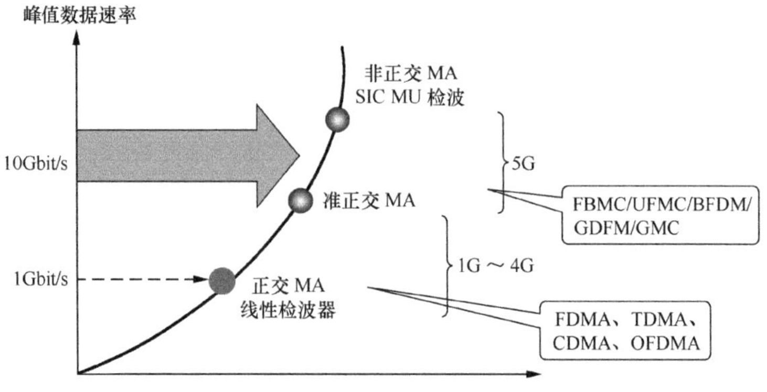

图 4-25　多址技术的发展

4.4.2 PDMA

众所周知，4G 系统是基于线性接收机和正交发送的基本思想来设计的。采用线性接收机是因为其实现简单，性能可以保证；基于正交发送也是主要考虑到接收端工程实现相对简单，图 4-26 所示是基于正交设计的一个示意。

随着频谱资源稀缺的加剧和未来数字信号处理能力的提升，将来通信系统有可能采用非正交和非线性接收机来提高系统性能。

在干扰可以理想删除的情况下，非正交发送比正交发送可以实现更高的频谱效率。串行干扰删除接收机理论上可以实现线性高斯信道（包括多用户）的容量，其复杂度相对线性接收机增加有限。对于多天线复用系统，基于串行干扰删除接收机第 i 层数据流的接收分集度$N_{分集度}$为：

$$N_{分集度}=N_{\mathrm{R}}-N_{\mathrm{T}}+i$$

其中，N_{R}表示接收天线数，N_{T}表示发射天线数。

因为第一层的码流分集最低，由此可见，基于串行干扰删除接收机的系统性能取决于第一层干扰删除的准确度。基于此，我们提出了一种基于串行干扰删除接收机的非正交联合设计发送方式，其基本原理如图 4-27 所示。其中，S_1代表第一层数据流（具有相同的分集度 3），S_2、S_3代表第二层数据流（具有相同的分集度 2），S_4、S_5代表第三层数据流（具有相同的分集度 1）。

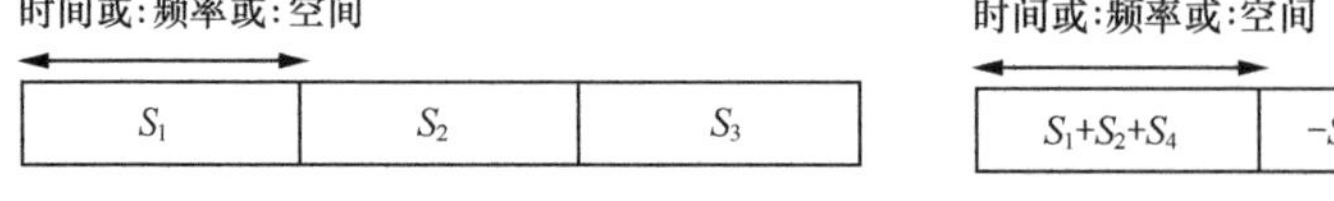

图 4-26　正交发送　　图 4-27　串行干扰消除非正交发送

多层数据流可以考虑在频率、空间或时间等的其中任何一维维度上实现，也可以在其中任何二维维度上实现，以此类推。

以推广到空间和时间两个维度为例，假设$N_T = N_R = 3$，则非正交发送的数据表达方式如图 4-28 所示。

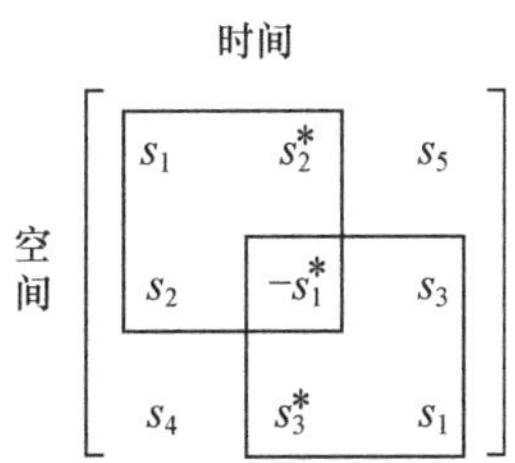

图 4-28　非正交空时码

由于 S_1 的符号分集度是 3，最先解调，这时基于串行干扰删除接收机的检测后信号 S_1 的分集度为：

$$N_{\text{分集度}}^{s_1}=3（3 个符号）+3（3 根接收天线）-3+1=4$$

在解调完第一个符号 S_1 后，S_2 和 S_3 检测后的分集度为：

$$N_{\text{分集度}}^{s_2}=N_{\text{分集度}}^{s_3}=2（2 个符号）+3（3 根接收天线）-3+2=4$$

同理，S_4 和 S_5 检测后的分集度为：

$$N_{\text{分集度}}^{s_5}=N_{\text{分集度}}^{s_4}=1（1 个符号）+3（3 根接收天线）-3+3=4$$

可以看出，S_1、S_2、S_3、S_4、S_5 的检测后分集度相同。而对于一个多流数据系统，每个数据流的检测后分集度一致时，其设计是最优的。

基于此基本原则，可以推广到更一般的多流非正交接入系统中去。如基于准正交特性设计的非正交发送空时码，对于线性接收机也能表现出良好的性能。

偏振复用（PDM）即是利用此技术原理，以多用户信息论为基础，在发送端利用图样分割技术对用户信号进行合理的分割，在接收端进行相应的串行干扰消除，可以接近多址接入信道（MAC）的容量界限。用户的图样设计可以在空域、码域、功率域独立进行，也可以联合进行。图样分割技术通过在发送端利用用户特征图样进行相应的优化，加大不同用户间的区分度，从而改善接收到 SIC 干扰消除的性能，如图 4-29 所示。

功率域图样分割多址接入（PDMA）技术主要依靠功率分配、时频资源与功率联合分配、多用户分组实现用户区分，如图 4-30 所示。

码域 PDMA 技术通过不同码字区分用户。码字相互重叠，且码字设计需要特别优化。与 CDMA 不同的是，码字不需要对齐，如图 4-31 所示。

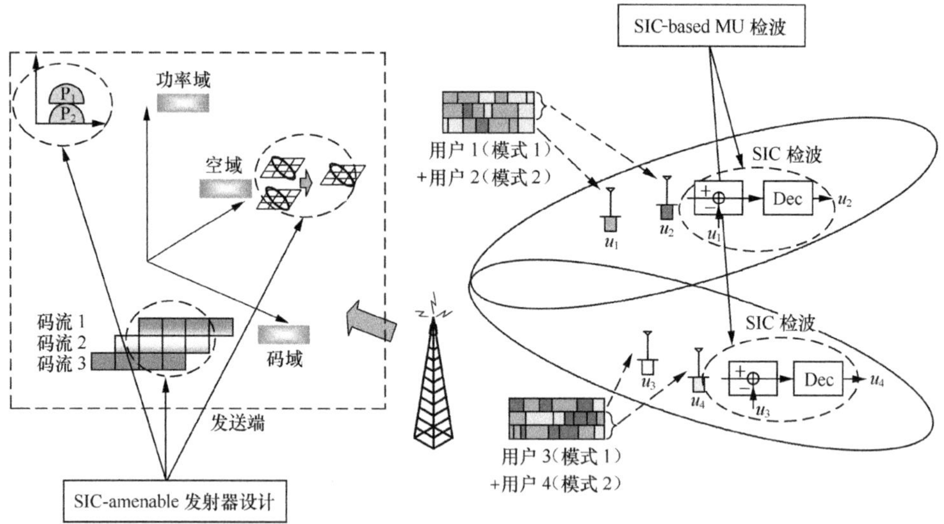

图 4-29 PDMA

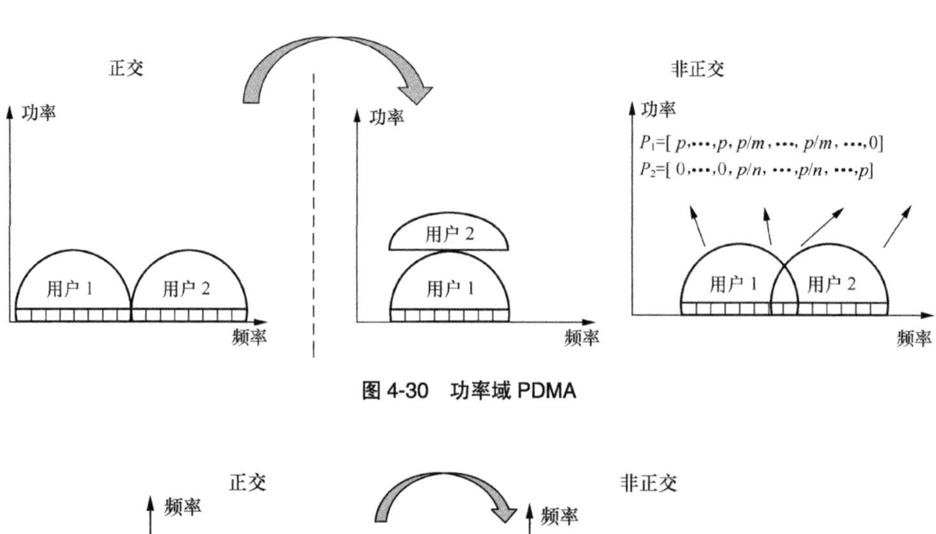

图 4-30 功率域 PDMA

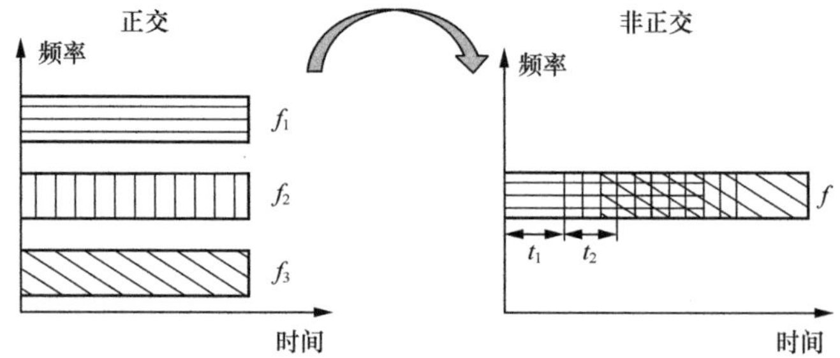

图 4-31 码域 PDMA

空域 PDMA 主要是应用多用户编码方法实现用户区分，如图 4-32 所示。

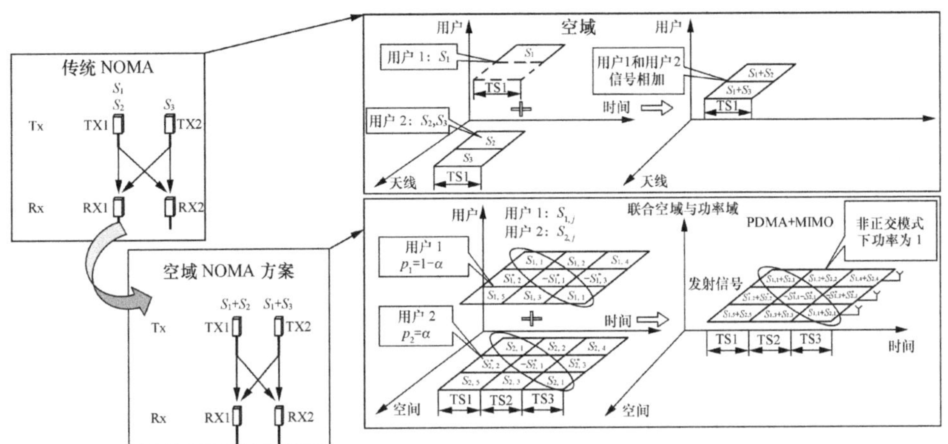

图 4-32　空域 PDMA

4.4.3　SCMA

稀疏码多址接入（SCMA）技术是一种基于码域叠加的新型多址技术，它将低密度码和调制技术相结合，通过共轭、转置以及相位旋转等方式旋转最优的码本集合，不同用户基于分配的码本进行信息传输。在接收端，通过消息过滤算法（MPA）进行解码。由于采用非正交稀疏叠加码技术，在同样的资源条件下，SCMA 技术可以支持更多的用户连接。同时，利用多维调制和扩频技术，单用户链路质量得到大幅提升，如图 4-33 所示。此外，还可以利用盲检技术以及 SCMA 对码字碰撞不敏感的特性，实现免调度随机接入，有效降低实现复杂度和时延，更加适合小数据、低功耗、低成本的物联网业务。

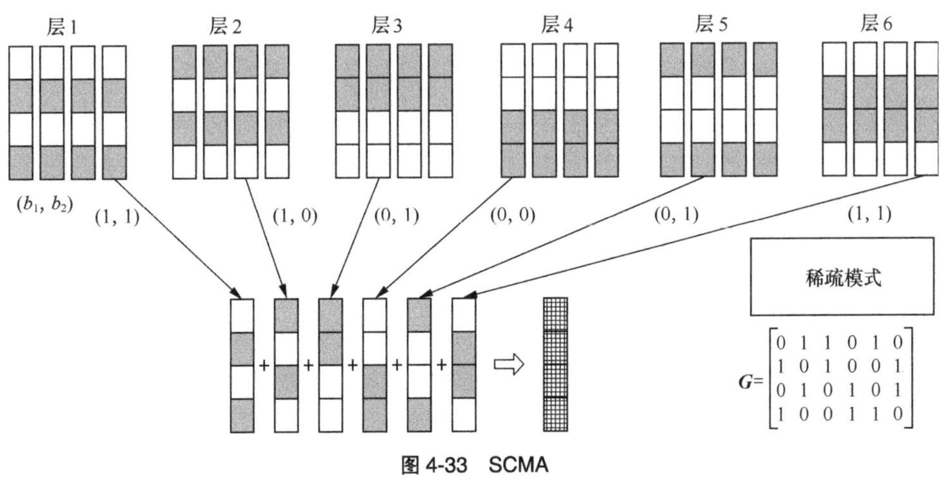

图 4-33　SCMA

4.4.4 MUSA

多用户共享接入（MUSA，Multi-User Shared Access）技术完全基于更为先进的非正交多用户信息理论。MUSA 上行通过创新设计的复数域多元码以及基于串行干扰消除（SIC）的先进多用户检测，让系统在相同的时频资源上支持数倍于用户数量的高可靠接入；并且可以简化接入流程中的资源调度过程，因而可大大简化海量接入的系统实现，缩短海量接入的接入时间，降低终端的能耗，如图 4-34 所示。MUSA 下行则通过创新的增强叠加编码及叠加符号扩展技术，可提供比主流正交多址更高容量的下行传输，同样能大大简化终端的实现，降低终端能耗。

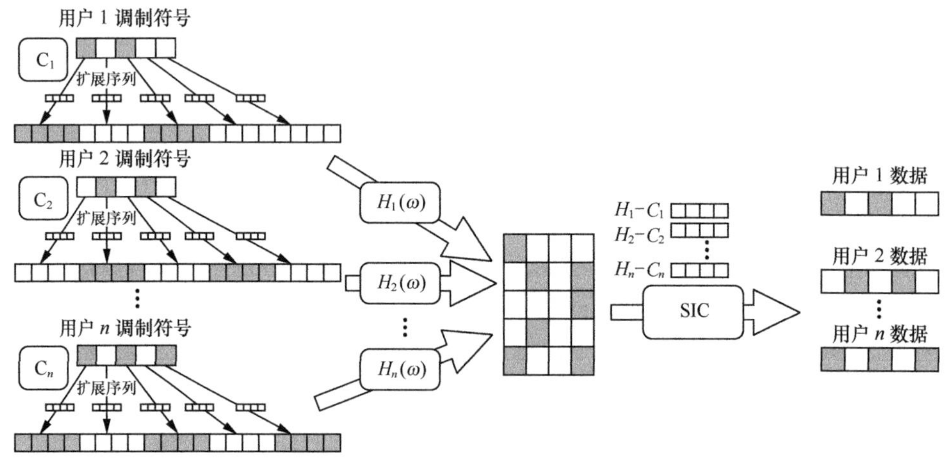

图 4-34　MUSA

首先，各接入用户使用易于 SIC 接收机的、具有低相关性的复数域多元码序列对其调制符号进行扩展；然后，各用户扩展后的符号可以在相同的时频资源中发送；最后，接收侧使用线性处理加上码块级 SIC 来分离各用户的信息。

其次，扩展序列会直接影响 MUSA 的性能和接收机复杂度，是 MUSA 的关键部分。如果像传统 CDMA 那样使用很长的伪随机码（PN）序列，那么序列之间的低相关性是比较容易能保证的，而且可以为系统提供一个软容量，即允许同时接入的用户数量（即序列数量）大于序列长度，这时系统相当于工作在过载的状态。下面把同时接入的用户数与序列长度的比值称为负载率，负载率大于 1 通常称为“过载”。长 PN 序列虽然可以提供一定的软容量，但在 5G 海量连接这样的系统需求下，系统的过载率往往是比较大的，在大过载率的情况下，采用长 PN 序列所导致的 SIC 过程是非常复杂和低效的。MUSA 上行使用特别的复数域多元码（序列）来作为扩展序列，此类序列即使长度很短时（如为 8，甚至为 4），也能保持相对较低的互相关。例如，其中一类 MUSA 复数扩展序列中每一个复数的实部和虚部都取值于一个多元实数集合。甚至一种非常简单的 MUSA 扩展序列，其元素的实部和虚部取值于一个简单三元集合 {–1，0，1}，也能取得相当优异的性能。

再者，正因为 MUSA 复数域多元码的优异特性，再结合先进的 SIC 接收机，MUSA 可以支持相当多的用户在相同的时频资源上共享接入。值得指出的是，这些大量共享接入的用户都可以通过随机选取扩展序列，然后将其调制符号扩展到相同的时频资源的方式来实现，MUSA 因此可以让大量共享接入的用户想发就发，不发就深度睡眠，而并不需要每个接入用户通过资源申请、调度、确认等复杂的控制过程才能接入。这个免调度过程在海量连接场景中尤为重要，它能极大地减轻系统的信令开销和实现难度。同时，MUSA 可以放宽甚至免除严格的上行同步过程，只需要实施简单的下行同步。

最后，存在远近效应时，MUSA 还能利用不同用户到达 SNR 的差异来提高 SIC 分离用户数据的性能，即也能如传统功率域非正交多址接入（NOMA）那样，将“远近问题”转化为“远近增益”；从另一角度来看，这样可以减轻甚至免除严格的闭环功控过程。所有这些都为低成本、低功耗实现海量连接提供了坚实的基础。

4.5　双工技术

传统 LTE 系统中双工方式支持 FDD 和 TDD 模式，如图 4-35 所示。但在面对不同的业务需求时，一方面不能灵活地调整资源，提升资源利用率；另一方面，面对爆炸式的业务增长和稀缺的频谱资源时，难以满足业务需求。传统的 FDD 和 TDD 模式不可避免地存在资源浪费问题。

1. 灵活双工

未来移动流量将呈现多变特性，上下行业务需求随时间、地点而变化，现有通信系统固定的时频资源分配方式无法满足不断变化的业务需求。灵活双工能够根据上下行业务变化情况动态分配资源，提高系统资源利用率，如图 4-36 所示。灵活双工可以通过时域和频域方案实现。FDD 时域方案中，每个小区可以根据业务量需求将上行频段配置成不同的上下行时隙比；在频域方案中，可以将上行频段配置为灵活频带以适应上下行非对称业务需求。而在 TDD 系统中，可以根据上下行业务需求量决定上下行传输的资源数目。

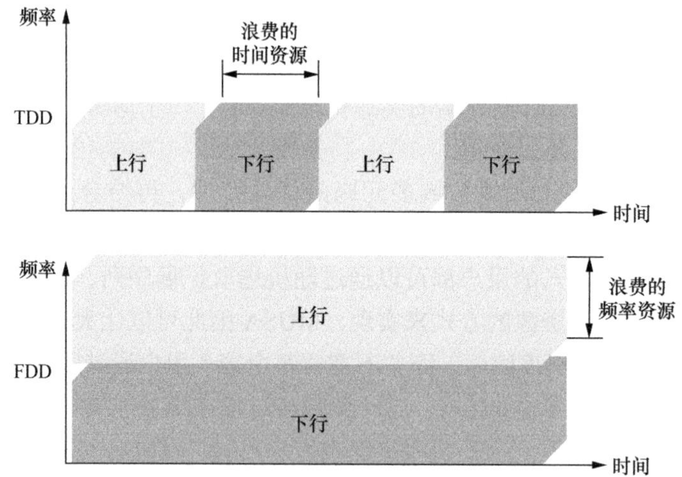

图 4-35 双工方式

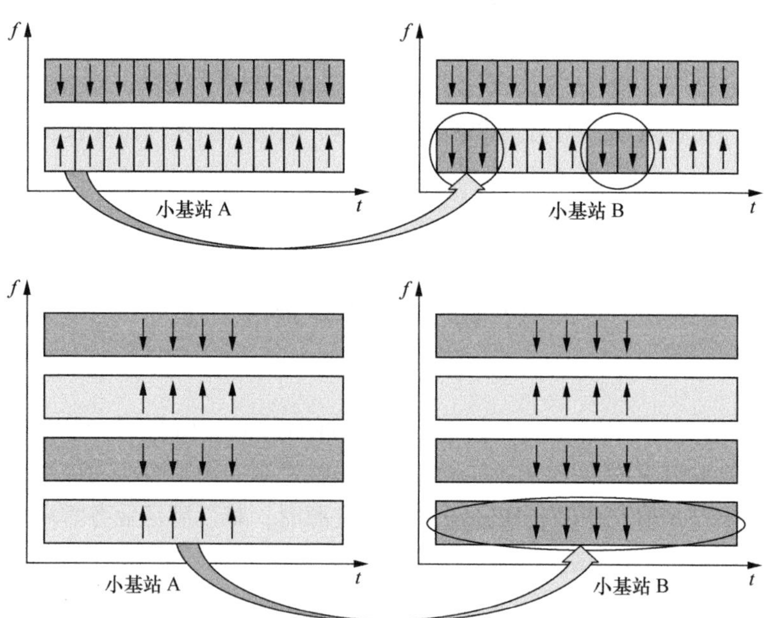

图 4-36 时频域灵活资源分配

灵活双工的技术难点在于不同设备上下行信号间的干扰。因此，根据上下行信号的对称性原则设计 5G 系统，将上下行信号统一，将上下行信号间干扰转化为同向信号干扰，应用干扰消除或者干扰协调技术处理信号干扰。而小区间上下行信号相互干扰，主要通过降低基站发射功率的方式，使得基站功率与终端达到对等水平。即将控制和管理功能与业务功能分离，宏站更多地承担用户管理和控制功能，小站或者微站承载业务流量。

灵活双工主要包括 FDD 演进、动态 TDD、灵活回传，以及增强型 D2D。

在传统的宏基站、微基站 FDD 协同组网下，上下行频率资源固定，不能改变。利用灵活双工，宏小区的上行空白帧可以用于微小区传输下行资源。即使宏小区没有空白帧，只要干扰允许，微小区也可以在上行资源上传输下行数据，如图 4-37 所示。

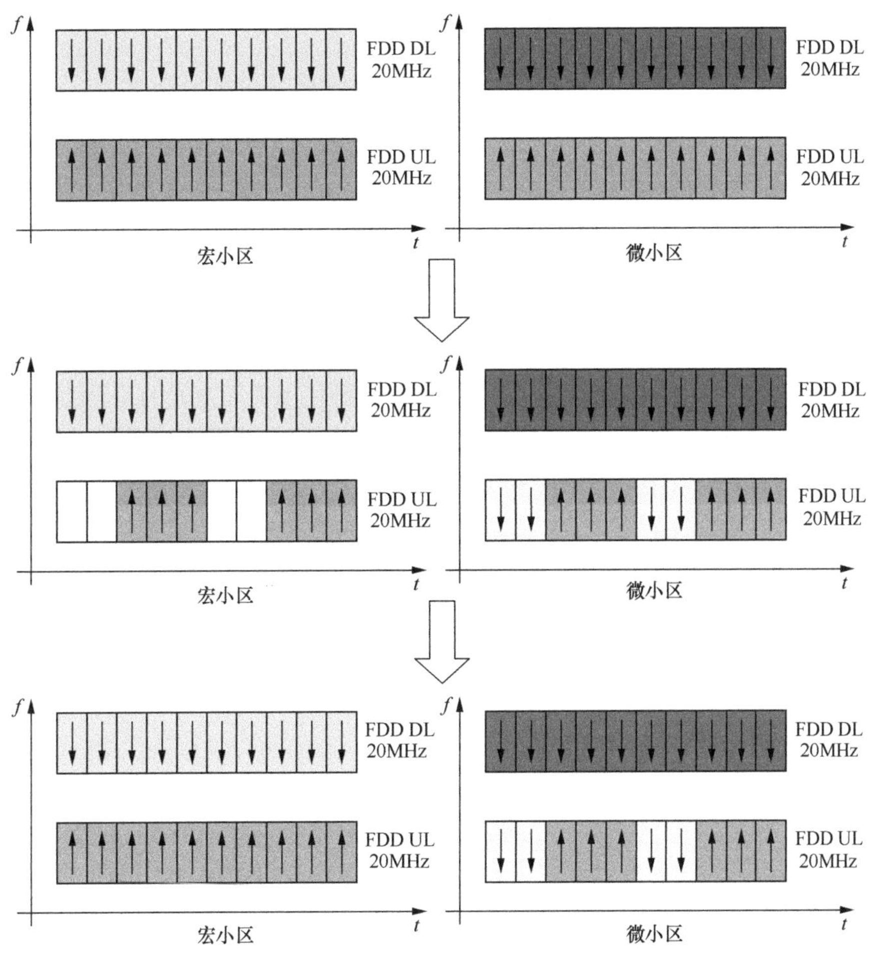

图 4-37　灵活双工改善下行传输

灵活双工的另一个特点是有利于进行干扰分析。在基站和终端部署了干扰消除接收机的条件下，可以大幅提升系统容量，如图 4-38 所示。动态 TDD 中，利用干扰消除可以提升系统性能。

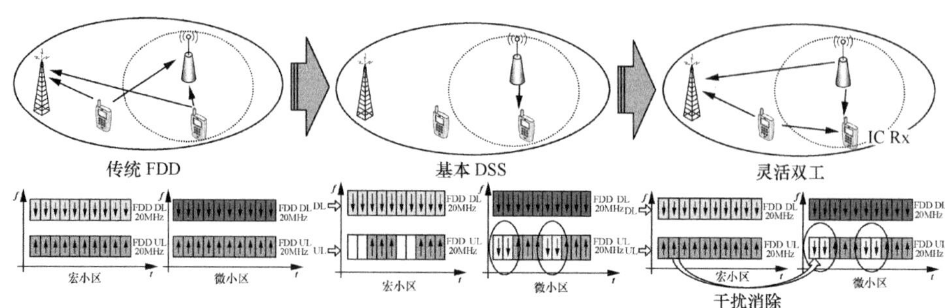

图 4-38 灵活双工干扰分析与消除

利用灵活双工，进一步增强无线回传技术的性能，如图 4-39 所示。

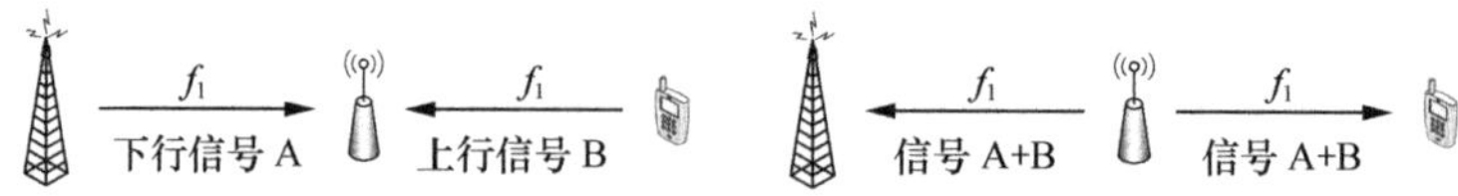

图 4-39 灵活双工微小区提升 2 倍性能

2. 全双工

提升 FDD、TDD 的频谱效率，消除频谱资源使用管理方式的差异性是未来移动通信技术发展的目标之一。基于自干扰抑制理论，从理论上说，全双工可以提升一倍的频谱效率，如图 4-40 所示。

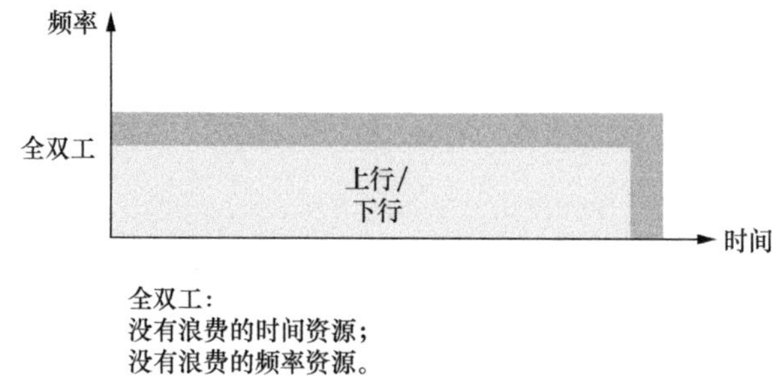

图 4-40 全双工

全双工的技术主要包括两方面：一是全双工系统的自干扰抑制技术，二是组网技术。

（1）自干扰抑制技术

全双工的核心问题是如何在接收机中有效抑制本地设备的自干扰。目前的抑制方法主要是在空域、射频域、数字域联合干扰抑制，如图 4-41 所示。空域自干扰抑制通过天线位置优化、波束陷零、高隔离度实现干扰隔离，射频自干扰抑制通过在接收端重构发射干扰信号实现干扰信号对消，数字自干扰抑制对残余干扰做进一步的重构以进行消除。

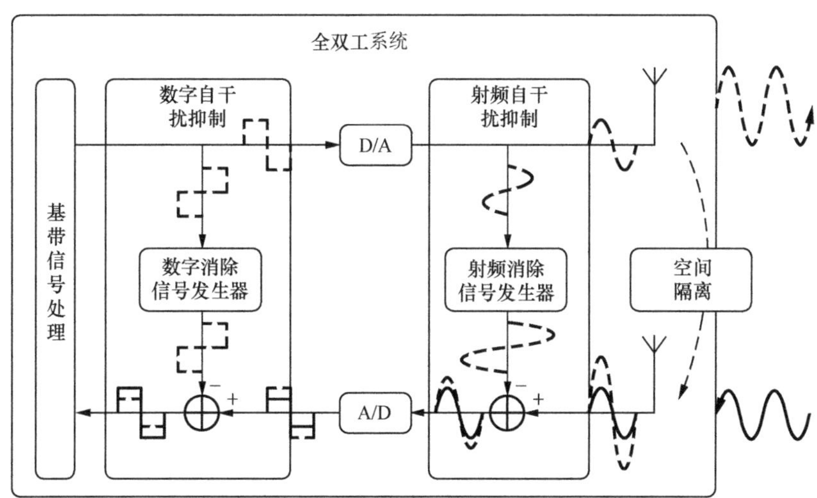

图 4-41　干扰抑制

由于全双工设备同时发射和接收信号，自身的发射信号会对自己的接收信号产生强干扰，通过多种自干扰抑制技术使得自身的发射信号远远低于自身的接收信号，即干扰抵消能力要达到一定的要求。表 4-8 给出了当前全双工系统自干扰抑制能力的水平，可见目前已基本达到可用的水平。虽然自干扰可以得到解决，但是全双工依然无法解决其他信号发射点的干扰和对其他用户的干扰问题。全双工可能会造成更加严重的网络干扰问题，是全双工组网需要特别注意的问题。

表 4-8　自干扰抑制能力

	加州大学	莱斯大学	斯坦福大学（2012 年）	斯坦福大学（2013 年）	斯坦福大学（2014 年）	电子科技大学（中国）（2012 年）	电子科技大学（中国）（2013 年）
天线配置	1T1R	1T1R	1T1R	1T1R	3T3R	1T1R	2T2R
频率（GHz）	2.4	2.4	2.4	2.4	2.4	1.6 ～ 4.0	2.5 ～ 2.7
信号宽带（MHz）	30	10	10	80	20	20	20
发射天线功率（dBm）	10	10	10	20	20	10	23
空域自干扰抑制能力（dB）	0	20	20	15	15	20	45

续表

	加州大学	莱斯大学	斯坦福大学（2012 年）	斯坦福大学（2013 年）	斯坦福大学（2014 年）	电子科技大学（中国）（2012 年）	电子科技大学（中国）（2013 年）
射频域自干扰抑制能力(dB)	47	35	45	63	65	55	35
数字域自干扰抑制能力(dB)	—	26	30	35	35	31	27
总自干扰抑制能力（dB）	47	55	90 ～ 95	105 ～ 110	105	91	107

（2）组网技术

全双工改变了收发控制的自由度，改变了传统的网络频谱使用模式，将会带来多址方式、资源管理的革新，同时也需要与之匹配的网络架构，如图 4-42 所示。业界普遍关注的研究方向包括：

- 全双工基站和半双工终端混合组网架构；
- 终端互干扰协调策略；
- 网络资源管理；
- 全双工帧结构。

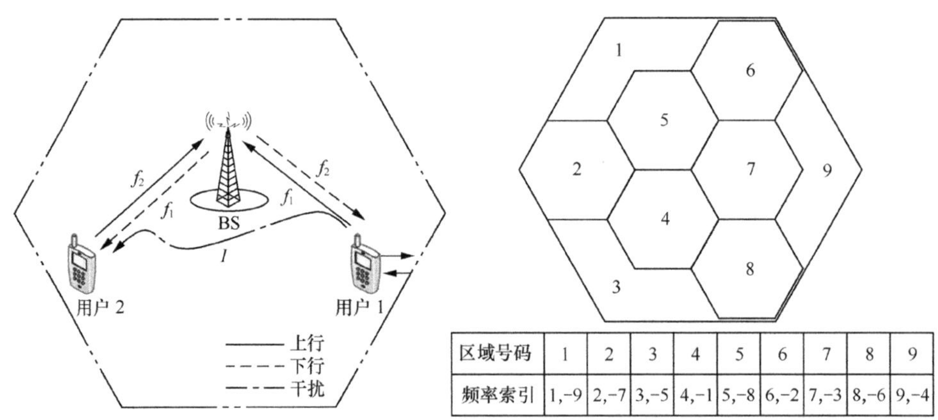

区域号码	1	2	3	4	5	6	7	8	9
频率索引	1,−9	2,−7	3,−5	4,−1	5,−8	6,−2	7,−3	8,−6	9,−4

图 4-42　组网

① 全双工蜂窝系统。基站处于全双工模式下，假定全双工天线发射端和接收端处的自干扰可以完全消除，基于随机几何分布的多小区场景分析，在比较理想的条件下，依然会造成较大的干扰，如图 4-43 所示，因此需要一种优化的多小区资源分配方案。

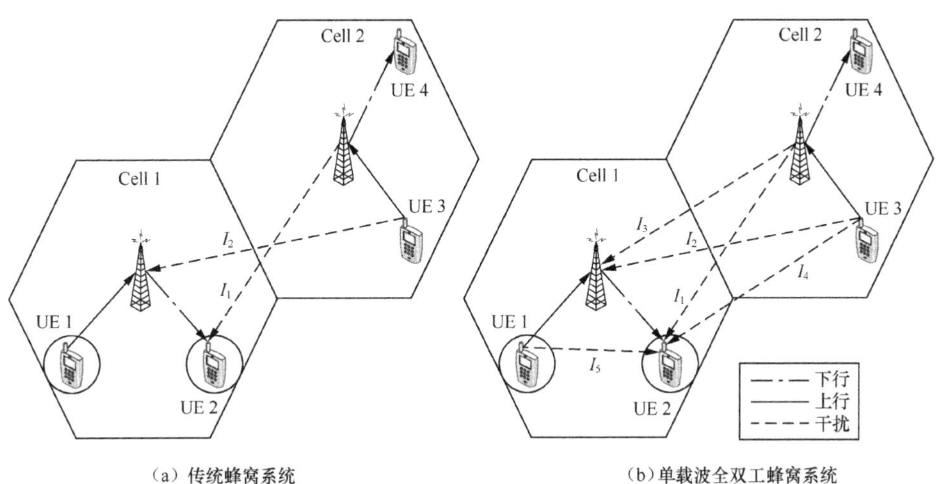

（a）传统蜂窝系统　　（b）单载波全双工蜂窝系统

图 4-43　蜂窝系统上下行干扰

② 分布式全双工系统。通过优化系统调度挖掘系统性能提升的潜力。在子载波分配时，考虑了上下行双工问题，并考虑了资源分配时的公平性问题，如图 4-44 所示。

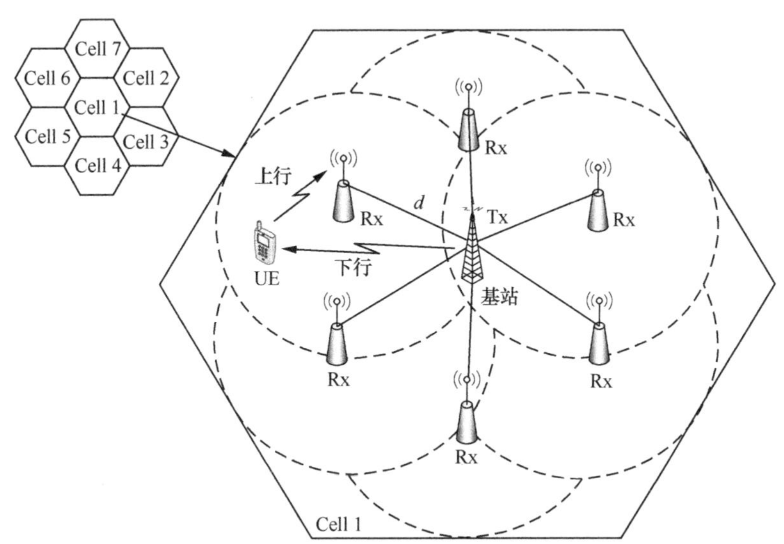

图 4-44　分布式全双工系统

③ 全双工协作通信。收发端处于半双工模式，中继节点处于全双工模式，即为单向全双工中继，如图 4-45 所示。此模式下中继可以节约时频资源，只需一半资源即可实现中继转发功能。中继的工作模式可以是译码转发、直接放大

转发等模式。

收发端和中继均工作于全双工模式，如图 4-46 所示。

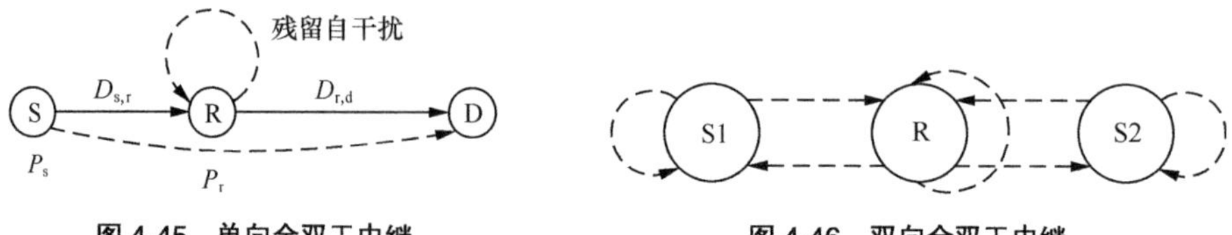

图 4-45　单向全双工中继　　　　图 4-46　双向全双工中继

4.6　多载波技术

为满足 5G 的要求，是沿用 LTE 的 OFDM 方式，还是使用新的多址方式，需要深入比较和研究。OFDM 已经是主流无线通信（如 LTE 和 Wi-Fi）系统所采用的信号形式，其主要优点有：

- 简单自然的方式克服了频率选择性衰落；
- 高效率的计算执行（IFFT/FFT），简单的频域均衡方法即可与 MIMO 方便结合，但是频率偏移校正和同步对 OFDM 至关重要。

除了上述优点，OFDM 的缺点也很明显：

- OFDM 矩形脉冲存在很大的带外频谱泄漏，带外干扰大；
- 对时间、频率同步要求高，OFDM 系统要求在全网范围内信号同步和正交，同步开销大；
- OFDM 系统频率的带外滚降速度较慢，保护带较宽；
- 需要连续载波；
- 峰均比高。

OFDM 的主要应用场景为移动宽带，在一些场景下的应用存在挑战。

- 频谱共享、认知无线电、碎片频谱的场景。同构频谱共享和碎片频谱的充分利用，是提高频谱利用率的最有效方法。动态利用频谱资源，关键问题是系统间共存和抗干扰能力。灵活、充分利用碎片频谱，关键问题是有效抑制带外频谱泄漏。
- 触摸互联网（Tactile Internet）、机器型通信（MTC）、短促接入的场景。极低时延业务；突发、短帧传输；低成本终端具有较大的频率偏差，对正交不利。

- 多点协作通信场景。多个点信号发射和接收难度较大。

为了更好地支撑 5G 各种应用场景和多样性的业务需求，基础波形需要满足如下条件：

- 更好地支持新业务，不仅仅是移动宽带业务，还需要支持物联网业务；
- 具备良好的扩展性，通过简单配置或修改即可适应新业务；
- 与其他技术具有良好的兼容性，能够与多天线技术、编码技术等相结合。

围绕业务需求，业界提出了多种对 OFDM 的改进技术：一类是依赖滤波技术，通过滤波减小子带或者子载波的频谱泄漏，放松对时频同步的要求，克服 OFDM 的主要缺点；另一类主要是进一步提高频谱效率。

4.6.1　OFDM 改进

围绕新的业务需求，业界提出了多种新型多载波技术，主要包括 F-OFDM（子带滤波的正交频分复用）、UFMC（通信滤波多载波）、FBMC（滤波器组多载波）、GFDM（广义频分复用）等。这些技术主要使用滤波技术来降低频谱泄漏，提高频谱效率。

（1）F-OFDM

F-OFDM 能为不同业务提供不同的子载波带宽和循环前缀（CP）配置，以满足不同业务的时频资源需求，如图 4-47 所示。通过优化滤波器的设计，可以把不同带宽子载波之间的保护频带最低做到一个子载波带宽。F-OFDM 使用了时域冲击响应较长的滤波器，子带内部采用了与 OFDM 一致的信号处理方法，可以很好地兼容 OFDM。同时，根据不同的业务特征需求，灵活地配置子载波带宽。

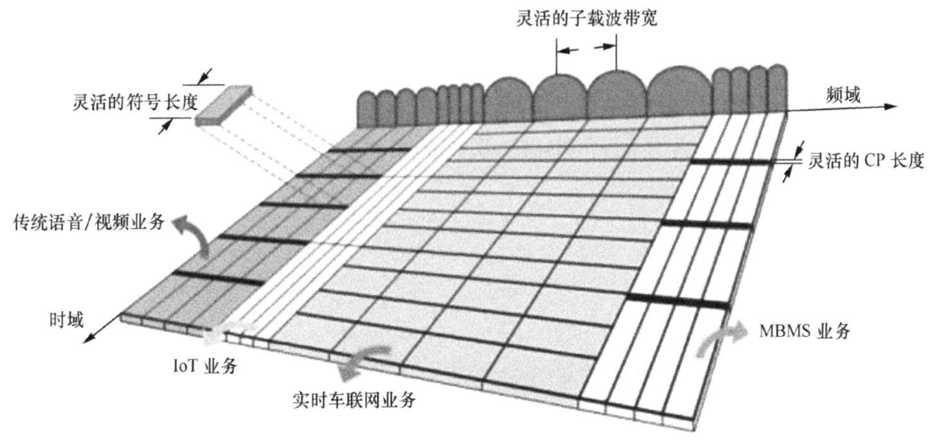

图 4-47　F-OFDM 时频资源分配

（2）UFMC

与 F-OFDM 不同，UFMC 使用冲击响应较短的滤波器，且放弃了 OFDM 中的 CP 方案。UFMC 采用子带滤波，而非子载波滤波和全频段滤波，因而具有更加灵活的特性。子带滤波的滤波器长度也更小，保护带宽需求更小，具有比 OFDM 更高的效率。UFMC 子载波间正交，非常适合接收端子载波失去正交性的情况。UFMC 的发射接收机结构如图 4-48 所示。

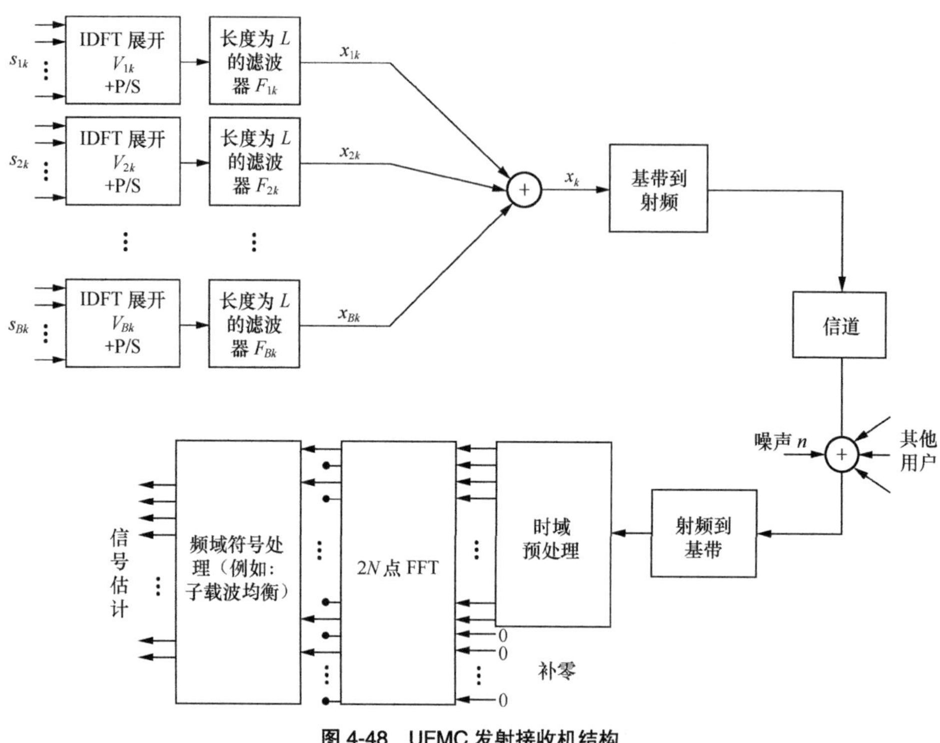

图 4-48　UFMC 发射接收机结构

由于放弃了 CP 的设计，可以利用额外的符号开销来设计子带滤波器，而且这些子带滤波器的长度要短于 FBMC 系统的子载波级滤波器，这一特性更加适合短时突发业务。

发射信号可以表示为：

$$\underset{[(N+L-1)\times 1]}{\boldsymbol{x}_k} = \sum_{i=1}^{B} \underset{[(N+L-1)\times N]}{\boldsymbol{F}_{ik}} \underset{[N\times n_i]}{\boldsymbol{V}_{ik}} \underset{[n_i\times 1]}{\boldsymbol{s}_{ik}}$$

其中，$\boldsymbol{x}_k$ 是用户 k 的多载波符号发送向量，L 为滤波器长度，N 为 FFT 长度；对于每个子带而言，QAM 复符号 $\boldsymbol{s}_{ik}$ 通过 IDFT 矩阵 $\boldsymbol{V}_{ik}$ 转换到时域；$\boldsymbol{F}_{ik}$ 是托普利兹矩阵，执行线性卷积功能。

在接收端，UFMC 使用多载波符号间隔内的 $N+L-1$ 个样本，补充 $N-L+1$ 个"0"进行 $2N$ 点 FFT 处理。间隔一个输出被丢弃，余下 N 个输出包含解调子载波。利用已知的 OFDM 信息处理这 N 个复符号。UFMC 可以直接利用 QAM 以及已知的 MIMO 处理技术。进行 FFT 之前，接收的时域信号可以通过时窗 w_m 进行加权，时窗实际上是一个升余弦整形过程，对应图 4-49 中的区域 A、B 和 C。

$$w_m=\begin{cases}\frac{1}{2}\left(1-\cos\left(\frac{m}{L/2-1}\right)\pi\right), & m\in[0,L/2-1]\\ 1, & m\in[L/2,L/2+N]\\ \frac{1}{2}\left(1+\cos\frac{m-N-L/2+1}{L/2-1}\pi\right), & m\in[L/2+N+1,L+N-1]\end{cases}$$

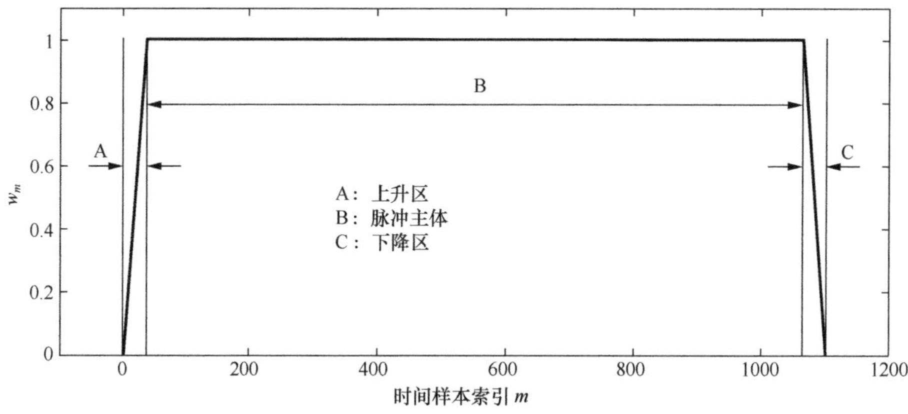

图 4-49 时窗（N=1024，L=80）

UFMC 与交织多址（IDMA）相结合，使得 UFMC 系统具备了支持多层传输的能力。对于用户 k，其数据 d_k 进行编码，包含 c_k 个比特。每个用户拥有独立的交织器 Π_k。M-QAM 调制符号 r_k 被分割到每子带输入向量 $\boldsymbol{S}_{i,k}$，得到：

$$Y_n=H_{k,n}F_{k,n}r_{k,n}+\sum_{l\neq k}H_{l,n}F_{l,n}r_{l,n}+z$$

其中，$r_{k,n}$ 表示用户 k 在子载波 n 经过交织后的 QAM 符号；$H_{k,n}$ 表示信道转换函数；$F_{k,n}$ 表示子带滤波频域响应；z 表示 AWGN，功率谱密度为 N_0。

发送符号 $r_{k,n}$ 的第 m 比特通过对数似然比为：

$$L\left(r_{k,n}^{(m)}\right)=\ln\left[\frac{\sum_{a\in\lambda_m^0}\mathrm{e}^{-\frac{\left|\overline{Y}-H_{k,n}F_{k,n}a\right|^2}{N_1+N_0}}}{\sum_{a\in\lambda_m^1}\mathrm{e}^{-\frac{\left|\overline{Y}-H_{k,n}F_{k,n}a\right|^2}{N_1+N_0}}}\right]$$

其中，λ_m^0和λ_m^1表示 QAM 的备选星座点子集；N_I 表示其他 IDMA 用户的干扰方差。进一步可以得到：

$$\begin{aligned}\overline{Y} &= Y - \sum_{l \neq k} H_{l,n} F_{l,n} E\left[r_{l,n}\right] \\ &= Y - \sum_{l \neq k} H_{l,n} F_{l,n} Q\left(L_{l,1}, \cdots, L_{l,M}\right)\end{aligned}$$

其中，Q ( ) 表示符号基于对数似然比的 QAM 映射。通过若干次 IDMA 迭代，就可以将用户多层信号成功地分离出来，如图 4-50 所示。

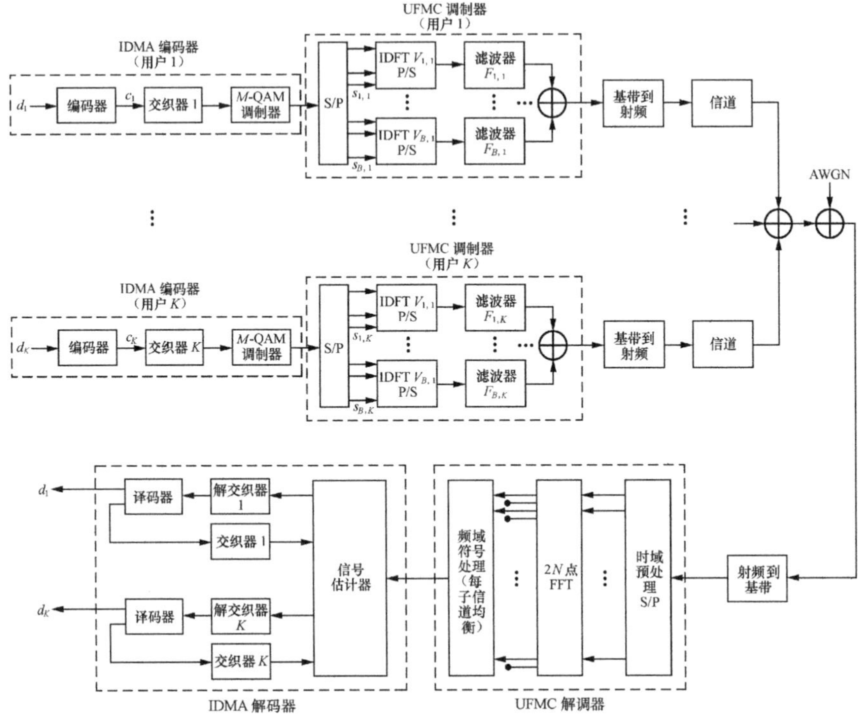

图 4-50　UFMC-IDMA 收发机结构

FDMA 中，每个用户分配相对较窄的带宽 F/K，考虑 FEC 的码率 R_c、帧长 r、调制阶数 M_F，每用户可获得的吞吐量为 $R_\mathrm{c}M_F\left(TF/K\right)$。而在 IDMA 中，所有用户允许共享竞争带宽 F。增加的多载波资源可以有多种不同的使用方式，如降低 FEC 码率为 R_c/K 或者降低调制阶数为 M_I 或使用重复码率 R_r，则每用户可获得的速率为$\left(R_\mathrm{c}/K\right)M_\mathrm{I}R_\mathrm{r}\left(FT\right)$。由此可见，IDMA 拥有调整不同参数的能力，如图 4-51 所示。

此外，UFMC 还能够极大地降低带外辐射。与传统 OFDM 相比，其带外辐射要明显低得多，如图 4-52 所示。

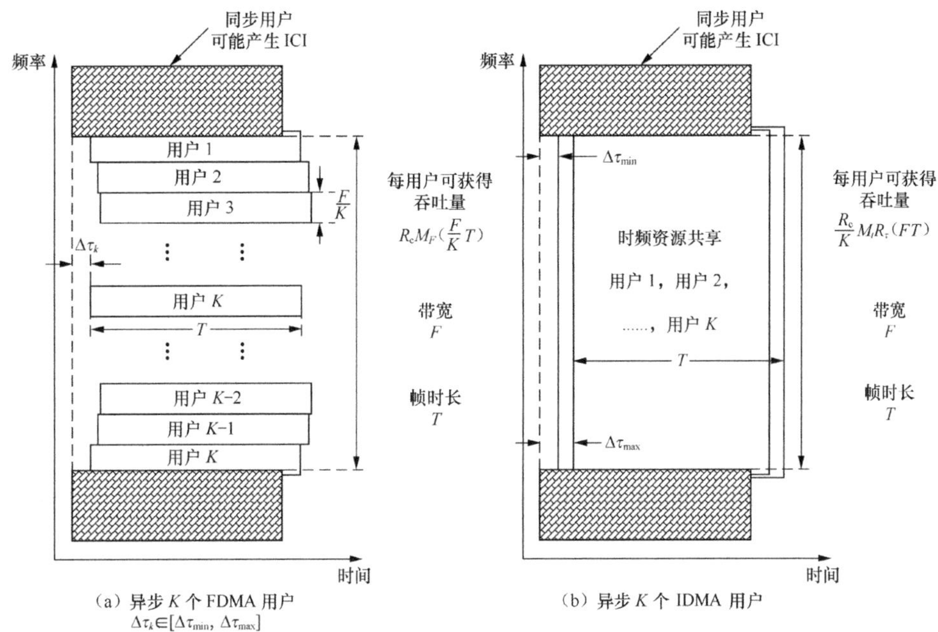

图 4-51　FDMA 和 IDMA 性能对比

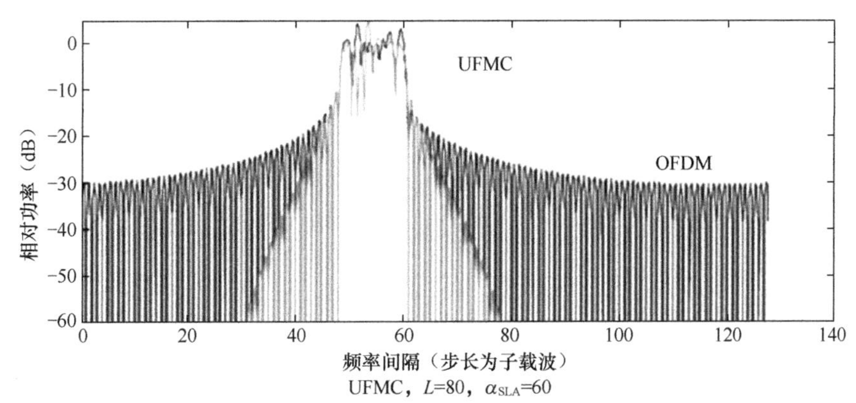

图 4-52　UFMC 带外泄漏

UFMC 还具有灵活的单载波支持能力，并且支持单载波和多载波的混合结构，如图 4-53 和图 4-54 所示，其基本思想是包含滤波的信号调制。基于业务特征，可用的子带时隙可专用于不同的传输类型。例如，对于能效要求高的通信设备（如 MTC 设备），可以使用单载波信号格式，因为具有较低的 PAPR 和更高的放大器效率。UFMC 具有的调制结构如图 4-53 和图 4-54 所示，嵌入滤波器功能通过动态替换滤波器即可实现。此外，单载波还可以通过 DFT 预编码方式来实现，如同 LTE 中的 SC-OFDM。

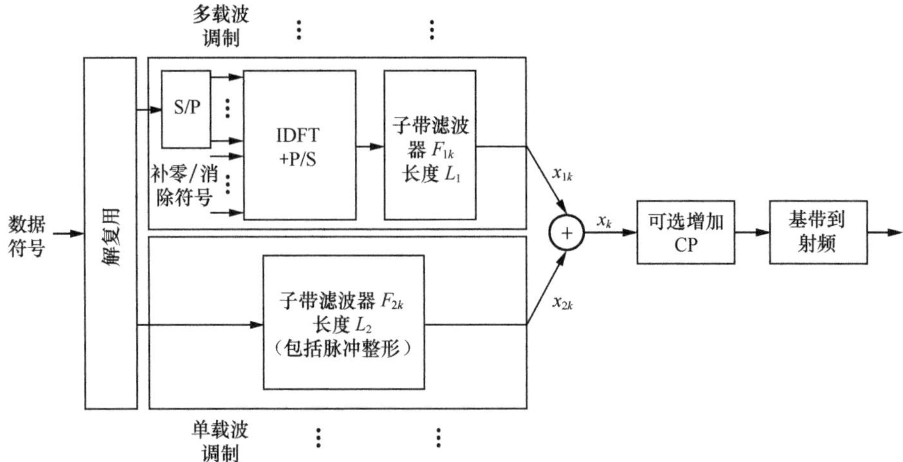

图 4-53　混合单载波 / 多载波发射机（单载波采用纯粹单载波波形）

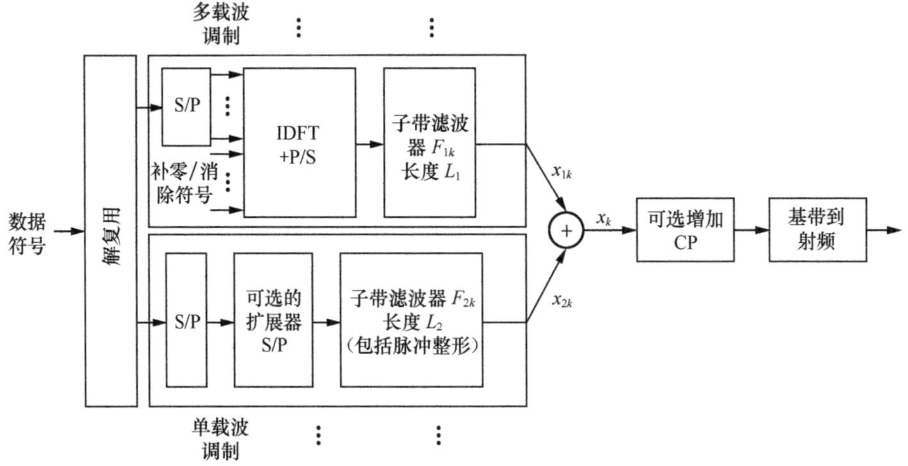

图 4-54　混合单载波 / 多载波发射机（单载波采用载波扩展）

（3）FBMC

FBMC 是基于子载波的滤波，其在数字域非正交，且不需要 CP，系统开销更低。由于采用子载波滤波的方式，频域响应需要非常紧凑，这样才能使滤波器时域的长度较长，具有较长的斜坡上升和下降电平区域。

一个多载波系统可以描述为一个综合分析的滤波器组合，如发送复用结构等。综合滤波器组包括并行的发送滤波器和接收匹配滤波器组，如图 4-55 所示。p_{Tx} 和 p_{Rx} 分别表示发送和接收特征滤波器。数据信号可以定义为：

$$s_k(t)=\sum_{n=-\infty}^{\infty} s_k[n]\delta(t-nT)$$

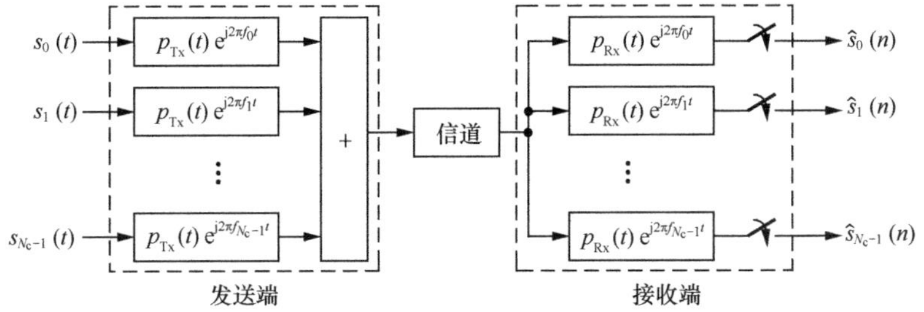

图 4-55　FBMC

特征滤波器的设计使用频域采样技术，因为利用此技术可以降低滤波器系数的数目。即特征滤波器系数可以用一个闭式表达，只需通过少量调整设计参数即可。

FBMC 发射机可以如图 4-56 所示，滤波的操作是在频域完成的。$d_m \in C^{1\times N_c}$ 是第 m 个 FBMC 符号。$X_m = d_m \hat{G} \in C^{1\times KN_c}$ 是第 m 个 FBMC 符号滤波后的数据向量。$\hat{G} \in C^{N_c\times KN_c}$ 是滤波器向量矩阵。$x_m \in C^{1\times KN_c}$ 是第 m 个 FBMC 数据向量的时域信号形式。

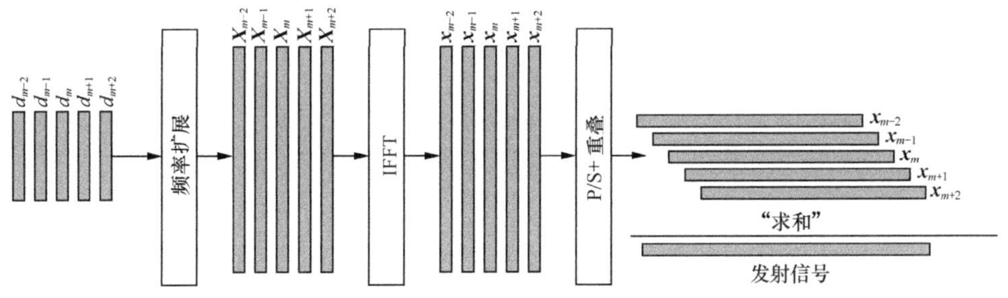

图 4-56　FBMC 发射机频域滤波

FBMC 具有灵活的多用户异步接收机制，部分频谱就能够利用 FBMC 的优势，在不需要提前获得 FFT 时间对齐信息的条件下高效地进行频域解调。接收机体系结构如图 4-57 所示。一个异步大小为 KN 的 FFT 处理 $N/2$ 个样本点来产生 KN 个数据点，这些数据被存储在内存单元中，FFT 窗口的位置没有与用户接收到的多载波符号对齐。在进行 FBMC 特征滤波前会进行每一个子载波单抽头均衡，然后进行因子 K 的下采样处理和 OQAM 反转变换处理。

（4）GFDM

GFDM 调制方案通过灵活的分块结构和子载波滤波以及一系列可配置参数，

能够满足不同场景的需求，即通过不同的配置满足不同的差错速率性能要求。图 4-58 是其与传统的调制方式的典型差异，GFDM 可以对时间和频率进行更为细致的划分。

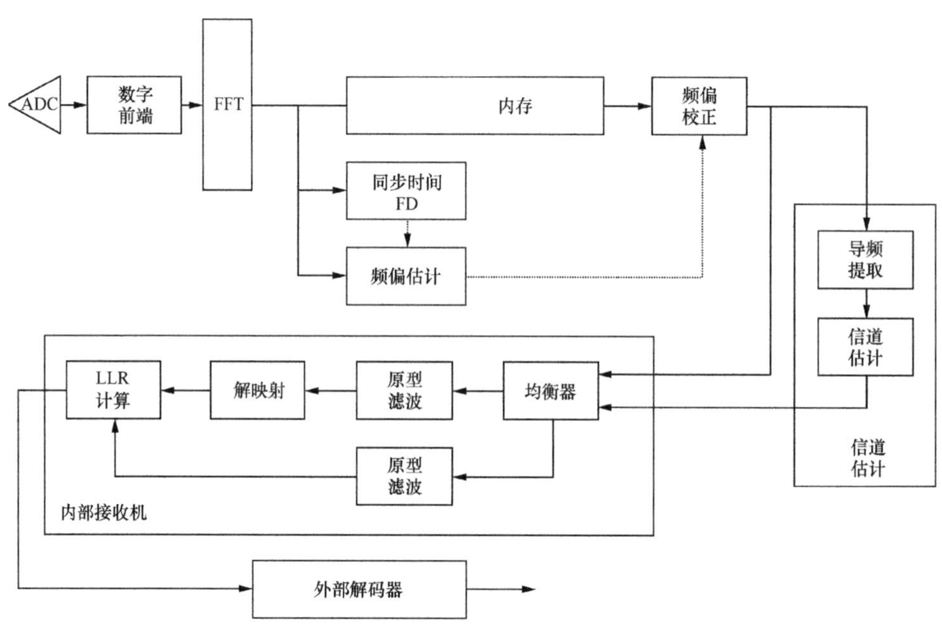

图 4-57 FBMC 接收机

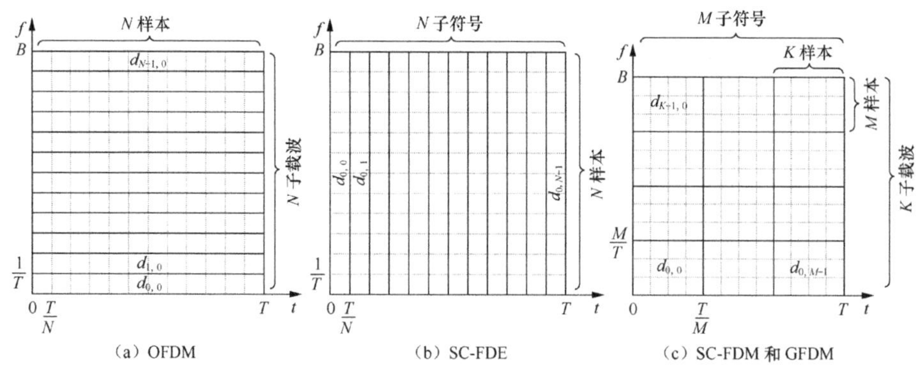

图 4-58 时频资源划分

二进制比特数据经过编码及调制映射后，得到 GFDM 输入数据向量 $\boldsymbol{d}=\left(\boldsymbol{d}_0^{\mathrm{T}},\cdots,\boldsymbol{d}_{K-1}^{\mathrm{T}}\right)^{\mathrm{T}}$，其中 $\boldsymbol{d}_k=\left(\boldsymbol{d}_{k,0},\cdots,\boldsymbol{d}_{K,M-1}\right)^{\mathrm{T}}$，其单个单元表示第 m 个子符号的第 k 个子载波。在GFDM调制器中，每个发送数据$\boldsymbol{d}_{k,m}$对应的脉冲整形为：

$$g_{k,m}[n]=g\left[(n-mk)\bmod N\right]\mathrm{e}^{-\mathrm{i}2\pi k\frac{n}{k}}$$

所有发送符号的重叠样本为：

$$x[n]=\sum_{k=0}^{k-1}\sum_{m=0}^{M-1}g_{k,m}[n]d_{k,m},\ n=0,\cdots,N-1$$

矩阵表示为 $\boldsymbol{x}=\boldsymbol{A}\boldsymbol{d}$，其中 $\boldsymbol{A}=(\boldsymbol{g}_{0,0},\cdots,\boldsymbol{g}_{K-1,M-1})$，为一个 $KM\times KM$ 的矩阵。最后在数据样本之后增加循环前缀得到发送数据$\tilde{S}$。

整个信号传输模型可以表示为：

$$\tilde{\boldsymbol{y}}=\tilde{\boldsymbol{H}}\tilde{\boldsymbol{x}}+\tilde{\boldsymbol{w}}$$

利用 CP 可以简化为 $\boldsymbol{y}=\boldsymbol{H}\boldsymbol{x}+\boldsymbol{w}=\boldsymbol{H}\boldsymbol{A}\boldsymbol{d}+\boldsymbol{w}$，通过信道均衡得到：

$$\boldsymbol{z}=\boldsymbol{H}^{-1}\boldsymbol{H}\boldsymbol{A}\boldsymbol{d}+\boldsymbol{H}^{-1}\boldsymbol{w}=\boldsymbol{A}\boldsymbol{d}+\overline{\boldsymbol{w}}$$

线性解调信号为$\hat{\boldsymbol{d}}=\boldsymbol{B}\boldsymbol{z}$，接收矩阵 $\boldsymbol{B}$ 可以为一个匹配滤波器，或者迫零滤波接收矩阵，或者 MMSE 矩阵。接收机流程如图 4-59 所示。

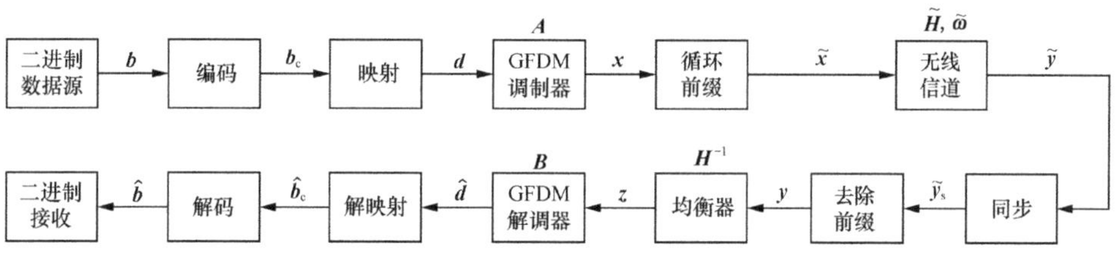

图 4-59　发射接收机

当 M=1，$\boldsymbol{A}$ 和 $\boldsymbol{B}$ 为傅里叶变换矩阵时，GFDM 就会变成传统的 OFDM 系统。当 K=1，脉冲整形函数为 Dirichlet 脉冲时，GFDM 就变成了 SC-FDM 系统。GFDM 的关键特性是将时间频率资源划分为 K 个子载波和 M 个子符号，并允许工程方法根据需求来调整频谱的使用。

脉冲整形滤波器的选择强烈影响着 GFDM 信号的频谱特性和符号差错率。为了利用脉冲整形降低带外辐射，如下两种技术需要配合 GFDM 使用，如图 4-60 所示，不同方法的带外辐射抑制能力不同。

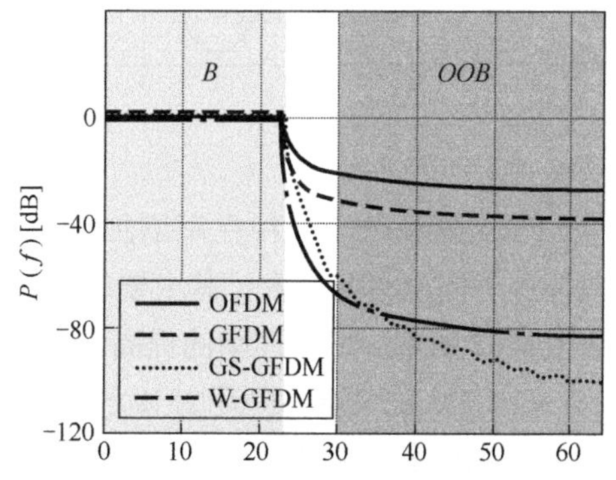

图 4-60　GFDM 带外泄漏抑制性能

① 插入保护符号（GS）：当使用无符号间干扰的发送滤波器和长度为

rK 的 CP 时，将第 0 个和第 $M-r$ 个子符号设置为固定值（例如 0）时，可以降低带外辐射，此 GFDM 称之为 GS-GFDM。

② 聚拢块边界：由于插入 CP 会导致发送数据量的减少，通过在发送端乘以一个窗口函数可以提供一个平滑的带外衰减，此 GFDM 称为 W-GFDM。但是此方法会导致噪声的放大，可以通过均方根块窗口消除噪声，需要发送端和接收端进行匹配滤波处理。

4.6.2 超奈奎斯特（FTN）技术

超奈奎斯特技术是通过将样点符号间隔设置得比无符号间串扰的抽样间隔小一些，在时域、频域或者两者的混合上使得传输调制覆盖更加紧密，这样相同时间内可以传输更多的样点，进而提升频谱效率。但是，FTN 技术人为引入了符号间串扰，所以对信道的时延扩展和多普勒频移更为敏感，如图 4-61 所示。接收机检测需要将这些考虑在内，可能会被限制在时延扩展低的场景，或者低速移动的场景中。同时，FTN 技术对于全覆盖、高速移动的支持不如 OFDM 技术，而且 FTN 接收机比较复杂。FTN 技术是一种纯粹的物理层技术。

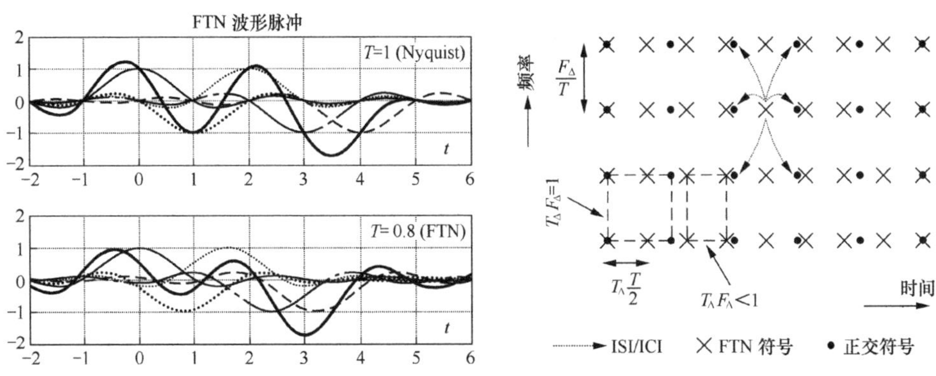

图 4-61　FTN 原理

FTN 技术作为一种在不增加带宽、不降低 BER 性能的条件下，理论上可以提升一倍速率的技术，其主要的限制在于干扰，主要依赖所使用的调制方式，如图 4-62 所示。随着速率的提高，误码率也在提升。FTN 的主要技术功能如下：

- FTN 技术能够提升 25% 的速率；
- 采用多载波调制时吞吐量增益更高。

FTN 技术在 5G 中的应用还需确定如下一些关键问题。如不能解决这些问题，FTN 技术就只能在低速、低干扰的场景下应用。

- 移动性和时延扩展对 FTN 技术性能的影响；
- 与传统的 MCS 的比较；
- 与 MIMO 技术的结合；
- 在多载波中应用的峰均比的问题。

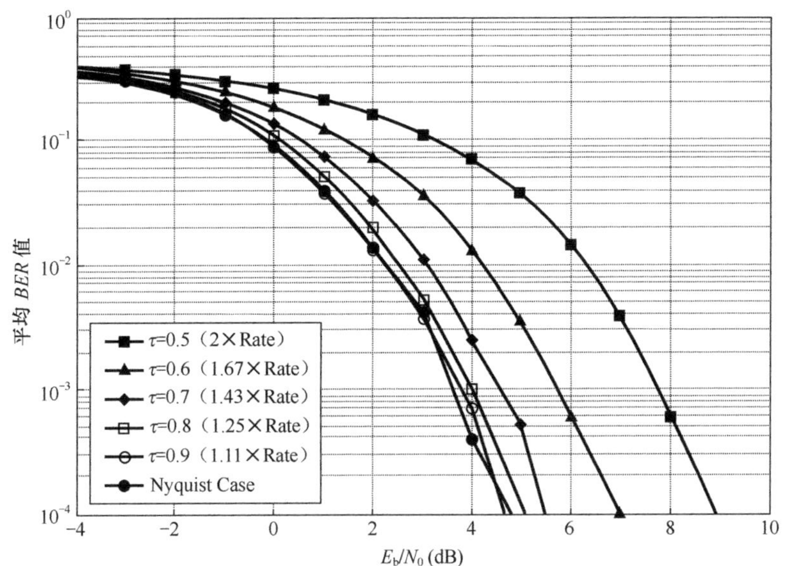

图 4-62　不同采样率的 FTN 性能

FTN 技术可能会作为 OFDM/OQAM 等调制方式的补充，基于不同的信道条件可选择开启或者关闭。OFDM/OQAM/FTN 发送链路如图 4-63 所示。在此方案中，FTN 技术合并到 OFDM/OQAM 调制方案中。接收端使用 MMSE IC-LE 方案迭代抑制 FTN 技术和信道带来的干扰。干扰消除分为两步：一是 ICI 消除，二是 ISI 消除。

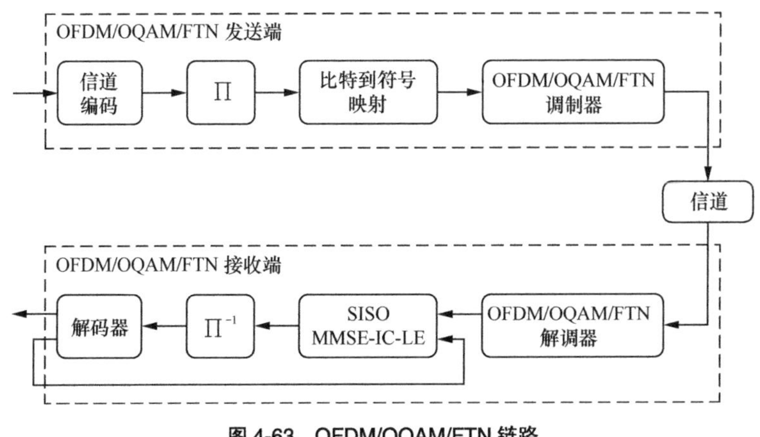

图 4-63　OFDM/OQAM/FTN 链路

图 4-64 所示为 SISO MMSE IC-LE 内部结构，其中 ICI 和 ISI 使用反馈进行预测然后分别消除。

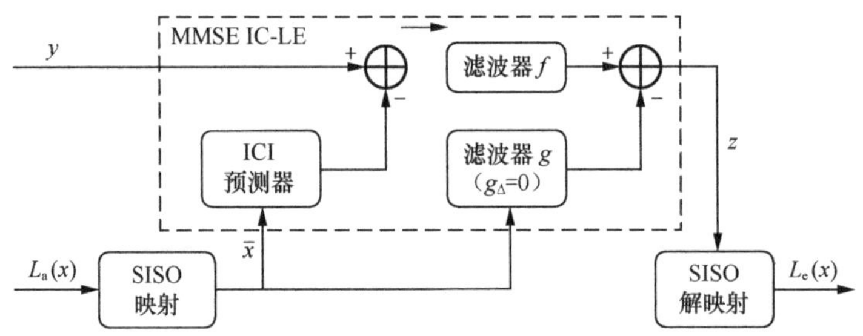

图 4-64　SISO MMSE IC-LE 内部结构

4.7　多 RAT 资源协调

5G 网络必然是一个异构网络，程度只会越来越高。5G 设备不仅需要支持新的 5G 标准，还需要支持 3G、不同版本的 LTE（包括 LTE-U）、不同类型的 Wi-Fi，甚至连 D2D 也要支持。这些使得 BS/UE 使用哪个标准、哪个频段成了一个复杂的网络问题，因此需要多个无线接入网资源的协作来提高整个系统的效率，如图 4-65 所示。

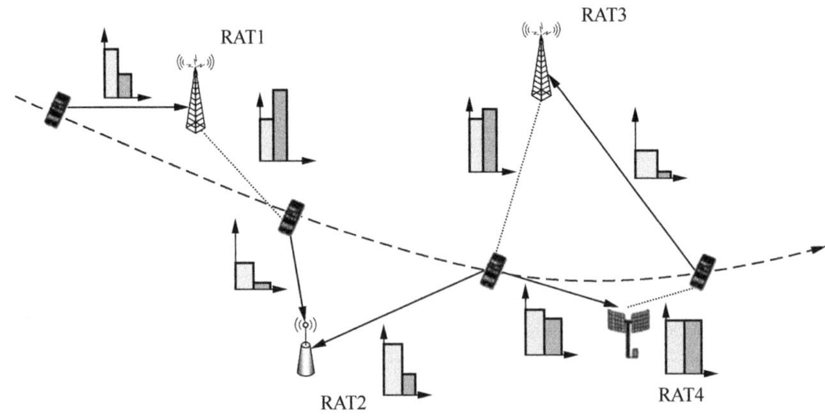

图 4-65　多 RAT 资源协调

小区的关联方法和准则有多种，利用速率偏移而非功率偏移进行小区关联可能会具有更加良好的性能表现。

除了关联问题之外，还有资源分配问题。特别是与毫米波技术结合后，这些问题的复杂度会进一步提高。毫米波技术可能会在超密网络中使用。超密网络需要解决网络密度和速率的结合问题。

另外，还需要考虑负载均衡问题，用于协调不同标准技术资源间的平衡，以提高用户体验。

4.8　调制编码技术

5G 中调制编码技术的方向主要有两个：一是降低能耗的方向，二是进一步改进调制编码技术。技术的发展具有两面性：一方面要提升执行效率、降低能耗；另一方面需要考虑新的调制编码方案，其中新的调制编码技术主要包含链路级调制编码、链路自适应、网络编码。

4.8.1　链路级调制编码

采用新的调制编码技术可进一步提升链路的性能，如多元域编码比传统二元解码在相近的复杂度条件下具有更好的性能。通过新的比特映射技术可以使信号的统计分布更加接近高斯分布，也可以通过波形编码技术使得信号分布接近高斯分布。将编码和调制联合起来进行处理也是一个发展方向。

1. 多元域编码

多元域编码的目标是在与二元编码解码复杂度相近的条件下获得更好的性能。目前多元域 LDPC 码、重复累积码是比较有前途的编码方式。除了编码本身之外，多元域星座映射也是对性能起到关键影响的过程。

对 LDPC 码的定义都是在二元域基础上进行的，MaKcay 对上述二元域的 LDPC 码又进行了推广。如果定义中的域不限于二元域就可以得到多元域 GF(q)上的 LDPC 码。多元域上的 LDPC 码具有较二进制 LDPC 码更好的性能，而且实践表明，在越大的域上构造的 LDPC 码，解码性能就越好，比如在 GF(16)上构造的正则码性能已经和 Turbo 码相差无几。多元域 LDPC 码之所以拥有如此优异的性能，是因为它有比二元域 LDPC 码更重的列重，同时还有和二元域 LDPC 码相似的二分图结构。

2. 重叠时分复用（OVTDM）

波形编码传输的基本思想是通过使用一组不同的波形来表达不同的信息，它是利用符号的数据加权移位重叠产生编码约束关系，使编码输出自然呈现与信道匹配的复高斯分布，不需要调制映射，如图 4-66 所示。仿真结果表明，采用 OVTDM 可以非常简单地实现频谱效率达 10bit/s/Hz 以上的系统，其所需信噪比比相同频谱效率的 *M*QAM（1024QAM）在误码率相同时低至少 10dB。平坦衰落信道不需要分集，误码率相同时所需的信噪比就比相同频谱效率使用四重分集的 *M*QAM 系统低至少 20dB。多径衰落信道不需要其他技术（如 Rake 接收机）就能获得隐分集效果。时分和空分混合重叠复用很容易实现频谱效率达 20bit/s/Hz 的系统，而且对 HPA（高线性功放）的线性度要求很低，甚至可以工作在饱和状态。从系统实现复杂度来看，不比 *M*QAM 复杂，而且更容易实现。

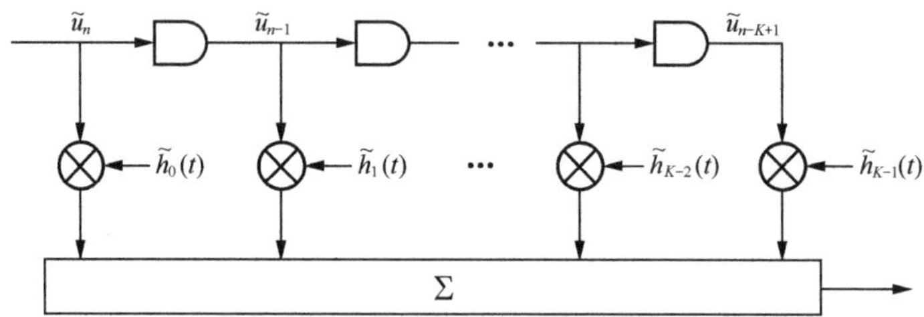

图 4-66　移位重叠 OVTDM 的复数卷积编码模型

显然，当复用波形为实数时，对于独立的二元（+1，–1）数据流，*K* 重重叠 OVTDM 的输出只有 *K*+1 种电平，频谱效率为 *K* 比特 / 符号。输出任何时刻都将呈现 *K* 阶二项式分布，当 *K* 足够大以后，OVTDM 的输出将逼近实高斯分布。同样，在复用波形为实数时，对于独立的四元 QPSK（+1，–1，+j，–j）复数据流，*K* 重重叠 OVTDM 的输出只有 $(K+1)^2$ 种电平，其中 I、Q 两信道各有 *K*+1 种电平，频谱效率为 2*K* 比特 / 符号。任何时刻的 OVTDM 的输出将逼近两个正交的实高斯分布，总输出就逼近了复高斯分布。从输入数据符号与输出符号的对应关系来看，OVTDM 的确破坏了它们之间的一一对应关系，若采用逐符号检测，肯定差错概率极大。但从编码输入数据序列与输出序列来看，OVTDM 的输入与输出之间完全是一一对应的。在编码约束长度 *K* 之内，二元 BPSK（+1，–1）输入数据序列有 2^K 种，其 OVTDM 编码输出序列也有 2^K 种，它们之间完全是一一对应关系。

OVTDM 采用的不是电平而是波形分割，属于波形编码。它不需要选择编码矩阵与调制映射星座图，只需要选择复用波形，通过数据加权复用波形的移位重叠，利用波形分割来获取编码增益与频谱效率。所有决定系统性能的因素都由复用波形决定。

将实数二元数据流分别在相互正交的 I、Q 信道上变换成多元实数数据流，而多元实数数据流经过 OVTDM 移位重叠复用以后将呈现多项式分布。当重叠数量足够高以后，输出的多项式分布将逼近高斯分布。I、Q 信道输出的总体就逼近了复高斯分布。

另一个与传统编码的不同点是 OVTDM 属于波形编码，需要一并考虑信道特性，而传统编码一般不需考虑信道特性。时间扩散只会造成复用波形的附加重叠，增加的重叠对系统频谱效率没有影响，反而会改善系统性能，因为一来编码约束长度增加了，二来在随机时变信道中额外重叠又会产生分集增益，对改善系统性能有利。OVTDM 属于毫无编码剩余的编码，而传统编码离不开剩余（其编码效率一定低于 OVTDM）。

串行级联 OVTDM 由两级重叠编码组成，第一级是没有相互移位的纯粹重叠 OVTDM，称之为 P-OVTDM（Pure-OVTDM），其重叠重数为 K_1，复用波形为宽度为 $\boldsymbol{T}=K_1T_b$ 的矩形波。第二级是图 4-67 中跨越收发两端虚线框内的结构，是移位重叠 OVTDM，称之为 S-OVTDM（Shift-OVTDM），可简称为 OVTDM，其移位间隔为 K_1T_b，重叠重数为K_2^λ，复用波形为实 $h(t)$，持续期为：

$$T_\lambda = \lambda K_1 K_2 T_b \left(\lambda \geqslant 1\right)$$

其中，T_b 为数据比特宽度。

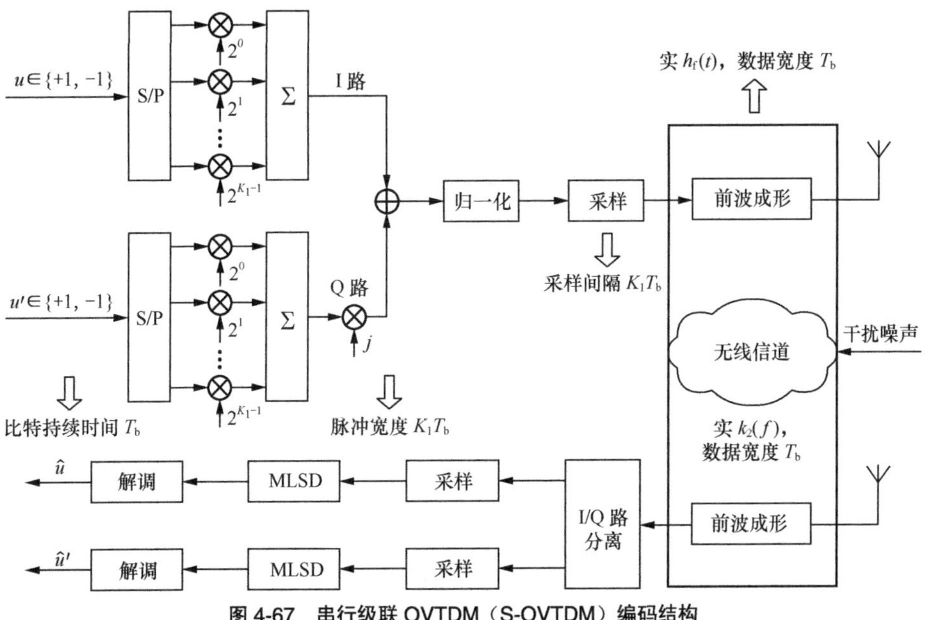

图 4-67　串行级联 OVTDM（S-OVTDM）编码结构

在工程上，$h(t)$ 成形滤波器的输入“冲击”是数字信号所需的输入脉冲宽度。

由于 S-OVTDM 要求实数复用波形 $h(t)$，所以必须由线性相位的有限冲击响应数字 FIR 滤波器来实现，形成精度由输入“冲击”的脉宽决定。“冲击”越窄，形成的精确度越高。等效于码率为 1、约束长度为K_2^λ的卷积波形编码，其 I、Q 分量均可以简单地以图 4-68 所示的移位重叠结构来表示。

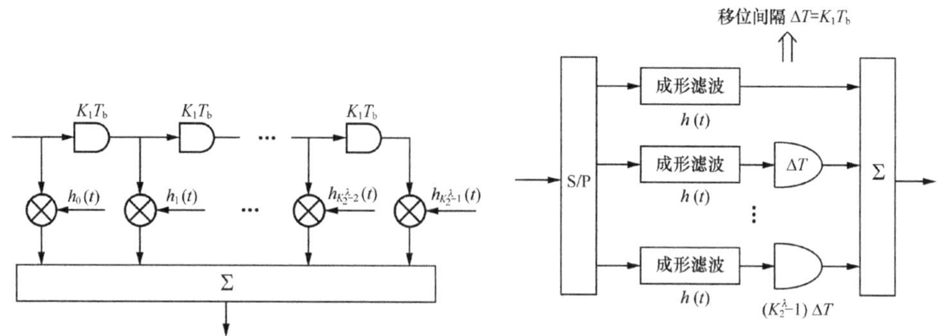

（a）S-OVTDM 的等效抽头时延线（卷积编码）模型　　（b）S-OVTDM 的等效波形移位重叠模型

图 4-68　S-OVTDM 模型

4.8.2　网络编码

1. 原理

传统的通信网络传送数据的方式是存储—转发，即除了数据的发送节点和接收节点以外的节点只负责路由，而不对数据内容做任何处理，中间节点扮演着转发器的角色。长期以来，人们普遍认为，在中间节点上对传输的数据进行加工不会产生任何收益。然而，R. Ahlswede 等人于 2000 年提出的网络编码理论彻底推翻了这种传统观点。网络编码是一种融合了路由和编码的信息交换技术，它的核心思想是在网络中的各个节点上对各条信道上收到的信息进行线性或者非线性的处理，然后转发给下游节点，中间节点扮演着编码器或信号处理器的角色。根据图论中的最大流—最小割定理，数据的发送方和接收方通信的最大速率不能超过双方之间的最大流值（或最小割值），如果采用传统多播路由的方法，一般不能达到该上界。R. Ahlswede 等人以蝴蝶网络的研究为例，指出通过网络编码，可以达到多播路由传输的最大流界，从而提高了信息的传输效率。

网络编码的工作原理是把不同的信息转化成位数更小的“痕迹”，然后在目标节点进行演绎还原，这样就不必反复传输或复制全部信息了。痕迹可以在多个中间节点间的多条路径上反复传递，然后再被送往最终的目的端点。它不需要额外的容量和路由——只需把信息的痕迹转换成位流即可，而这种转换，现有的网络基础设施是可以支持的。

网络编码主要是将链路编码与用户配对、路由选择、资源调度等相结合。网络编码与部署场景密切相关，具体方案需要与具体场景相匹配，针对特定场景进行特定优化。

网络编码提出的初衷是使多播传输达到理论上的最大传输容量，从而能取得较路由多播更好的网络吞吐量。但随着研究的深入，网络编码其他方面的优点也体现出来，如均衡网络负载、提高带宽利用率等。如果将网络编码与其他应用相结合，则能提升该应用系统的相关性能。

2. 优点

（1）提高吞吐量

提高吞吐量是网络编码最主要的优点。无论是均匀链路还是非均匀链路，网络编码均能够获得更高的多播容量，而且节点平均度数越大，网络编码在网络吞吐量上的优势越明显。从理论上可证明：如果 Ω 为信源节点的符号空间，$|V|$ 为通信网络中的节点数目，则对于每条链路都是单位容量的通信网络，基于网络编码的多播的吞吐量是路由多播的 $\Omega\log|V|$ 倍。

（2）均衡网络负载

网络编码多播可有效利用除多播树路径以外的其他网络链路，可将网络流量分布于更广泛的网络上，从而均衡网络负载。图 4-69（a）所示的通信网络，其各链路容量为 2；图 4-69（b）表示的是基于多播树的路由多播，为使各个信宿节点达到最大传输容量，该多播使用 SU、UX、UY、SW 和 WZ 共 5 条链路，且每条链路上传输的可行流为 2；图 4-69（c）表示的是基于网络编码的多播，假定信源节点 S 对发送至链路 SV 的信息进行模 2 加操作，则链路 SV、VY 和 VZ 上传输的信息均为 $b_1 \oplus b_2$，最终信宿 X、Y 和 Z 均能同时收到 a 和 b。容易看出，图 4-69（c）所示的网络编码多播所用的传输链路为 9 条，比图 4-69（b）中的多播树传输要多 4 条，即利用了更广泛的通信链路，因此均衡了网络负载。网络编码的这种特性有助于解决网络拥塞等问题。

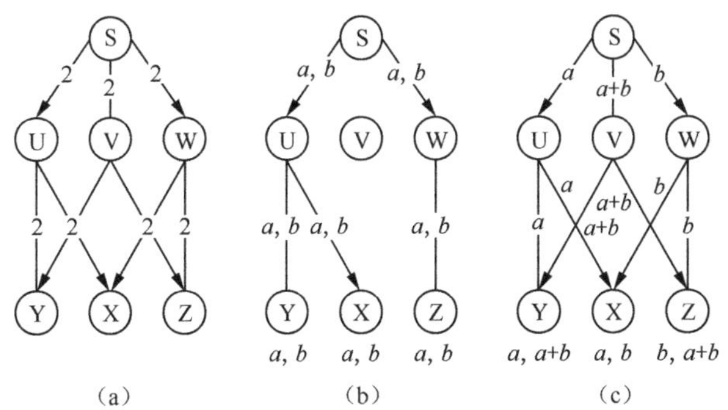

图 4-69　单源三接收网络

（3）提高带宽利用率

提高网络带宽利用率是网络编码的另一个显著的优点。在图 4-69（b）所示的路由多播中，为了使信宿 X、Y 和 Z 能够同时收到 2 个单位的信息，共使用了 5 条通信链路，每条链路传输可行流为 2，因此其消耗的总带宽为 5×2=10。在图 4-69（c）所示的网络编码多播中，共使用了 9 条链路，每条链路传输可行流为 1，其消耗的总带宽为 9×1= 9，因此带宽消耗节省了 10%，提高了网络带宽利用率。

3. 应用

网络编码虽然起源于多播传输，主要是为解决多播传输中的最大流问题，但是随着研究的不断深入，网络编码与其他技术的结合也越来越受到人们的关注。下面将以无线网络、应用层多播为例，总结网络编码的几种典型应用。

（1）无线网络

由于无线链路的不可靠性和物理层广播特性，应用网络编码可以解决传统路由、跨层设计等技术无法解决的问题。具体来说，网络编码在无线网络中可以提高网络的吞吐量，尤其是多播吞吐量；可以减少数据分组的传播次数，降低无线发送能耗；采用随机网络编码，即使网络部分节点或链路失效，最终在目的节点仍然能恢复原始数据，增强网络的容错性和鲁棒性；不需要复杂的加密算法，采用网络编码就可以提高网络的安全性等。基于上述特点，网络编码可在无线自组织网络（Wireless Ad Hoc Network）、无线传感器网络（Wireless Sensor Network）和无线网状网（Wireless Mesh Network）中得到应用。

（2）应用层多播

虽然网络层多播（Network Layer Multicast）被认为是提供一对多或者多对多服务的最佳方式，但是由于技术上和非技术上的原因导致网络层多播并没有在目前的 Internet 上得到广泛的实现。因此，出现了一种替代的解决方案就是：把多播服务从网络层转移到应用层作为应用层服务来实现，即应用层多播（Application Layer Multicast）。网络层多播中的信息流由路由器转发，而在应用层多播中则由端主机转发，端主机具有一定的计算能力，这为网络编码提供了良好的应用环境。而且应用层多播利用的覆盖网络的拓扑不如物理层那样固定，可以按需变化，这也恰好可以利用网络编码对动态网络适应性强的优势。

网络编码也可用于传输的差错控制。在现有通信网络中，差错控制的方式是逐条链路进行纠错，因此某条链路的对错与其他链路无关，当这条链路出错时，别的链路不能帮助最终的信宿节点去纠正该错误。网络编码是针对网络系统进行的操作，因此通过选择合适的信源空间，可以纠正网络中几条链路上同时发生的错误，这种差错控制方式称为基于网络编码的差错控制。Cai 和 Yeung 提出了一种以网络编码为基础的新的纠错思想：当网络在某一时刻有几条链路上的信息发生错误时，只要错误链路数没有超出纠错范围，最终信宿节点就可以通过解码纠正错误。

此外，通过网络编码可以预防链路失效对网络链接的影响，从而提高网络多播传输的鲁棒性。

4.8.3　链路自适应

在蜂窝移动通信系统中，一个非常重要的特征是无线信道的时变特性，其中无线信道的时变特性包括传播损耗、快衰落、慢衰落以及干扰的变化等因素带来的影响。由于无线信道的变化性，接收端接收到的信号质量也是一个随着无线信道变化的量，如何有效利用信道的变化性，如何在有限的带宽上最大限度地提高数据传输速率，从而最大限度地提高频带利用效率，逐渐成为移动通信的研究热点。而链路自适应技术正是由于在提高数据传输速率和频谱利用率方面有很强的优势，成为目前和未来移动通信系统的关键技术之一。

通常情况下，链路自适应主要包含以下几种技术。

① 自适应调制与编码技术。根据无线信道的变化调整系统传输的调制方式和编码速率，在信道条件比较好的时候，提高调制等级以及信道编码速率；在信道条件比较差的时候，降低调制等级以及信道编码速率。

② 功率控制技术。根据无线信道的变化调整系统发射的功率，在信道条件比较好的时候，降低发射功率；在信道条件比较差的时候，提高发射功率。

③ 混合自动重传请求。通过调整数据传输的冗余信息，在接收端获得重传 / 合并增益，实现对信道的小动态范围的、精确的、快速的自适应。

④ 信道选择性调度技术。根据无线信道测量的结果，选择信道条件比较好的时频资源进行数据的传输。

链路自适应技术作为一种可有效提高无线通信传输速率、支持多种业务不同 QoS 需求以及提高无线通信系统的频谱利用率的手段，在各种移动通信系统中都得到了广泛的应用。

移动通信系统的需求变化范围较大，使得系统参数的数量急剧增加。这些参数的动态范围和种类也日趋增多，如编码速率和码块大小、调制方式、天线分集增益、交织规则等。链路自适应的范围从物理层、链路层扩展到网络层，如图 4-70 所示。

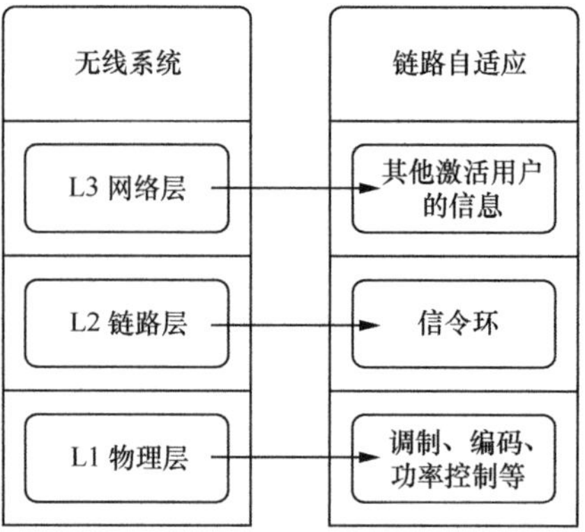

图 4-70　涉及多层的链路自适应

第 5 章
5G 网络架构与组网技术

5G 网络需要架构创新，并构建优质、灵活、智能和友好的综合网络服务平台，从而满足 2020 年及未来的移动互联网和物联网的业务要求。5G 网络是以信息技术与通信技术的深度融合为基础，在全新型的基础设施平台和网络架构两个方面相互促进并不断发展的。

5G 网络的发展需要在满足未来新业务和新场景需求的同时，充分考虑与现有 4G 网络演进路径的兼容。网络架构和平台技术的发展会表现为由局部变化到全网变革的分步骤发展态势，通信技术与信息技术的融合也将从核心网向无线接入网逐步延伸，最终形成网络架构的整体改变。

5.1 概　　述

与 4G 相比，5G 的网络架构将向更加扁平化的方向发展，控制和转发进一步分离，网络可以根据业务的需求灵活动态地进行组网，从而使网络的整体效率得到进一步提升，其主要特征如下。

（1）网络性能更优质

5G 网络将可以提供超高的接入速率、超低的时延、超高可靠性的用户体验，从而可以满足超高流量密度、超高连接数密度、超高移动性的接入要求，同时将为网络带来超过百倍的能效提升、超过百倍的比特成本降低以及数倍的频谱效率的提升。

（2）网络功能更灵活

5G 网络以用户体验为中心，能够支持多样的移动互联网和物联网业务需求。在接入网方面，5G 将支持基站的即插即用和自组织组网，从而实现易部署、易维护的轻量化接入网拓扑；在核心网方面，网络功能在演进分组核心网（EPC）的基础上进一步简化与重构，从而可以提供高效灵活的网络控制与转发功能。

（3）网络运营更智能

5G 网络将全面提升智能感知和决策能力，通过对地理位置、用户行为、终端状态和网络上下文等各种特性的实时感知和分析，制定决策方案，从而可以实现数据驱动的精细化网络功能部署、资源动态伸缩和自动化运营。

（4）网络生态更友好

5G 将以更友好、更开放的网络面向新产业生态和垂直行业。通过网络能力开放，向第三方提供灵活的业务部署环境，实现与第三方应用的友好互动。5G 网络能够提供按需定制服务和网络创新环境，从而可以不断提升网络服务价值。

5.2　网络架构面临的挑战

5.2.1　极致性能指标带来全面挑战

首先，为了满足移动互联网用户 4K/8K 高清视频、虚拟现实（VR）、增强现实（AR）等业务体验需求，5G 系统在设计之初，就提出了随时随地提供 100Mbit/s ～ 1Gbit/s 的体验速率要求，甚至在 500km/h 的高速移动场景中，也要具备基本服务能力和必要的业务连续性。

其次，为了支持移动互联网设备大带宽接入要求，5G 系统需要满足 Tbit/(s·km^2) 的流量密度要求；为了满足物联网场景设备低功耗、大连接的接入要求，5G 系统需要满足 10^6/km^2 的连接密度要求。而现有的网络流量中心汇聚和单一控制机制在高吞吐量和大连接场景下容易导致流量过载和信令拥塞。

最后，为了支持自动驾驶和工业控制等低时延、高可靠性能要求的业务，5G 系统还需要在保障高可靠性的前提下，满足端到端毫秒级的时延要求。

5.2.2　网络与业务融合触发全新机遇

丰富的 5G 应用场景对网络功能要求各异：从突发事件到周期事件的网络资源分配，从自动驾驶到低速移动终端的移动性管理，从工业控制到抄表业务的时延要求等。面对众多的业务场景，5G 提出的网络与业务相融合，按需服务，为信息产业的各环节提供了新的发展机遇。

基于 5G 网络“最后一公里”的位置优势，互联网应用服务提供商能够提供更具有差异性的用户体验。

基于 5G 网络“端到端全覆盖”的基础设施优势，以垂直行业为代表的物联网业务需求方可以获得更强大且更灵活的业务部署环境。依托强大的网管系统，垂直行业能够获得对网内终端和设备更丰富的监控和管理手段，全面掌控业务运行状况；利用功能高度可定制化和资源动态可调度的5G基础设施能力，第三方业务需求方可以快捷构建数据安全隔离的资源弹性伸缩的专用信息服务平台，从而降低开发门槛。

对于移动网络运营商而言，5G网络有助于进一步开源节流。开源方面，5G网络突破当前封闭固化的网络服务框架，全面开放基础设施、组网转发和控制逻辑等网络能力，构建综合化信息服务使能平台，为运营商引入新的服务增长点；节流方面，按需提供的网络功能和基础设施资源有助于更好地节能增效，降低单位流量的建设与运营成本。

5.3 新一代网络架构

5.3.1 5G网络架构需求

1. 5G网络设计原则

为了应对未来客户业务需求和场景对网络提出的挑战，满足网络优质、灵活、智能、友好的发展趋势，5G网络将通过基础设施平台和网络结构两方面的技术创新及协同发展，最终实现网络变革。

目前的电信基础设施平台是基于局域专用硬件实现的，5G网络将通过引入互联网和虚拟化技术，设计基于通用硬件实现的新型基础设施平台，从而解决现有基础实施平台成本高、资源配置能力不强、业务上线周期长等一系列问题。

在网络架构方面，5G将基于控制转发分离和控制功能重构等技术设计新型网络架构，提高接入网在面向复杂场景下的整体接入性能。简化核心网结构，提供灵活高效的控制转发功能，支持高智能运营，开放网络能力，提升全网整体服务水平。

2. 新型基础设施平台

实现5G新型设施平台的基础是网络功能虚拟化（NFV）和软件定义网络（SDN）技术。

NFV使网元功能与物理实体解耦，通过采用通用硬件取代专用硬件，可以方便快捷地把网元功能部署在网络中任意位置，同时通过对通用硬件资源实现按需分配和动态延伸，以达到最优的资源利用率的目的。

SDN技术实现控制功能和转发功能的分离。控制功能的抽离和聚合，有利于

通过网络控制平面从全局视角来感知和调度网络资源，实现网络连接的可编程。

NFV 和 SDN 技术在移动网络的引入与发展，将推动 5G 网络架构的革新，借鉴控制转发分离技术对网络功能进行分组，使得网络逻辑功能更加聚合，逻辑功能平面更加清晰。网络功能可以按需编排，运营商能根据不同场景和业务特征要求，灵活组合功能模块，按需定制网络资源和业务逻辑，增强网络弹性和自适应性。

3. 5G 网络逻辑架构

为了满足未来业务与运营需求，5G 接入网与核心网的功能需要进一步增强。接入网和核心网的逻辑功能界面将更加清晰，但是部署方式将更加灵活。

5G 接入网是一个可以满足多场景、以用户为中心的多层异构网。通过宏站和微站相结合，统一容纳多种空口接入技术，可以有效提升小区边缘协同处理效率，提高无线和回传资源利用率，从而使 5G 无线接入网由孤立的接入“盲”管道转向支持对接入和多连接、分布式和集中式、自回传和自组织的复杂网络拓扑，同时向具备无线资源管理职能化管控和共享能力的方向发展。

5G 核心网需支持低时延、大容量和高速率的各种业务。能够更高效地实现对差异化业务需求的按需编排功能。核心网转发平面将进一步简化下沉，同时将业务存储和计算能力从网络中心下移到网络边缘，以支持高流量和低时延的业务要求，以及灵活均衡的流量负载调度功能。

未来的 5G 网络架构将包含接入、控制和转发 3 个功能平面。控制平面主要负责全局控制策略的生成，接入平面和转发平面主要负责策略执行。

（1）接入平面功能特性

为满足 5G 多样化的无线接入场景和高性能指标的要求，接入平面需要增强的基站协同和灵活的资源调度与共享能力。通过综合利用分布式和集中式组网机制，实现不同层次和动态灵活的接入控制，有效解决小区间干扰，提升移动性管理能力。接入平面通过用户和业务的感知与处理技术，按需定义接入网拓扑和协议栈，提供定制化部署和服务，保证业务性能。接入平面可以支持无线网状网、动态自组织网和统一多无线接入技术（RAT）融合等新型组网技术。

（2）控制平面功能特性

控制平面功能包括控制逻辑、按需编排和网络能力开放。

控制逻辑方面，通过对网元控制功能的抽离与重构，将分散的控制功能集中，形成独立的接入统一控制、移动性管理、连接管理等功能模块，模块间可根据业务需求进行灵活的组合，适配不同场景和网络环境的信令控制要求。

控制平面需要发挥虚拟化平台的能力，实现网络按需编排功能。通过网络分片技术按需构建专用和隔离的服务网络，提升网络的灵活性和可伸缩性。

在网络控制平面方面引入能力开放层，通过应用程序编程接口对网络功能进行高效抽象、屏蔽底层网络的技术细节，实现运营商基础设施、管理能力和增值业务等网络能力向第三方应用的友好开放。

（3）转发平面功能特性

转发平面将网关中的会话控制功能分离，网关位置下沉，实现分布式部署。在控制平面的集中调度下，转发平面通过灵活的网关锚点、移动边缘内容与计算等技术实现端到端海量业务数据流高容量、低时延、均负载的传输，提升网内分组数据的承载效率与用户业务体验。

5.3.2 网络架构设计

5G 网络架构设计主要包括系统设计和组网设计两部分，设计时需要考虑如下两方面。

系统设计重点考虑逻辑功能实现以及不同功能之间的信息交互过程，构建功能平面划分更合理的统一的端到端网络逻辑架构。

组网设计聚焦设备平台和网络部署的实现方案，以充分发挥基于 SDN/NFV 技术在组网灵活性和安全性方面的潜力。

（1）5G 系统设计

5G 网络逻辑视图一般采用“三朵云”架构，具体由 3 个功能平面构成，分别为接入平面、控制平面和转发平面，具体如图 5-1 所示。

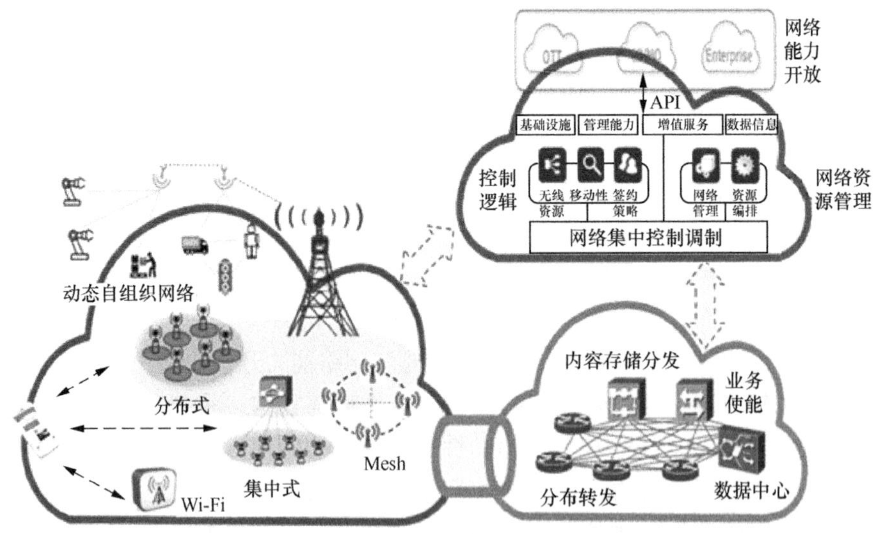

图 5-1 5G 网络逻辑视图

其中：

① 接入平面引入了多点协作技术、多连接机制和多制式融合技术，构建更灵活的接入网拓扑；

② 控制平面基于可重构的、集中的网络控制功能，提供按需的接入、移动性和会话管理，支持精细化资源管控和全面能力开放；

③ 转发平面具备分布式的数据转发和处理功能，提供更动态的锚点设置，以及更丰富的业务链处理能力。

在整体逻辑架构的基础上，5G网络采用模块化功能设计模式，并通过“功能组件”组合，构建满足不同场景需求的专用逻辑网络。

5G网络以控制功能为核心，以网络接入和转发功能为基础资源，向上提供管理编排和网络开放服务，形成三层网络功能视图，具体如下。

① 管理编排层由用户数据、管理编排和能力开放三部分组成。用户数据功能存储用户签约、业务策略和网络状态等信息；管理编排功能基于网络功能虚拟化技术，实现网络功能的按需编排和网络切片的按需组建；能力开放功能提供对网络信息的统一收集和封装，并通过API开放给第三方。

② 网络控制层实现网络控制功能重构及模块化，其主要的功能模块包括：无线资源集中分配、多接入统一管控、移动性管理、会话管理、安全管理和流量疏导等。

③ 网络资源层包括接入侧功能和网络侧功能。接入侧包括中心单元（CU）和分布单元（DU）两级功能单元，CU主要提供接入侧业务汇聚功能，DU主要为终端提供数据接入点，包含射频和部分信号处理功能；网络侧重点实现数据转发、流量优化和内容服务等功能。

（2）5G组网设计

5G基础设施平台将采用基于通用硬件架构的数据中心，以支持5G网络的高性能转发要求和电信级的管理要求，并以网络切片为实例，实现移动网络的定制化部署。

引入SDN/NFV技术后，5G硬件平台支持虚拟化资源的动态配置和高效调度，在广域网层面，NFV编排器可实现跨数据中心的功能部署和资源调度，SDN控制器负责不同层级数据中心之间的广域互联。城域网以下可部署单个中心之间的广域互联。城域网以下可部署单个数据中心，中心内部使用统一的NFVI基础设施层，实现软硬件解耦，利用SDN控制器实现数据中心内部的资源调度。

NFV/SDN技术在接入网平台的应用是业界聚焦探索的重要方向。利用平台虚拟化技术，可以在同一基站平台上同时承载多个不同类型的无线接入方案，并能完成接入网逻辑实体的实时动态的功能迁移和资源伸缩。利用网络虚拟化技术，可以实现 RAN 内部各功能实体的动态无缝连接，便于配置客户所需的接入网边缘业务模式。另外，针对 RAN 侧加速器资源配置和虚拟化平台间高速大带宽信息交互能力的特殊要求，虚拟化管理与编排技术需要进行相应的扩展。

SDN/NFV 技术融合将提升 5G 进一步组大网的能力：NFV 技术实现底层物理资源到虚拟化资源的映射，构建虚拟机（VM），加载网络逻辑功能（VNF）；虚拟化系统实现对虚拟化基础设施平台的统一管理和资源的动态重配置；SDN 技术则实现虚拟机间的逻辑连接，构建承载信令和数据流的通路。最终实现接入网和核心网功能单元的动态连接，配置端到端业务链，实现灵活组网。

借助模块化的功能设计和高效的 NFV/SDN 平台，在 5G 组网实现中，上述组网功能元素部署位置无须与实际地理位置严格绑定，而是可以根据每个运营商的网络规划、业务需求、流量优化、用户体验和传输成本等因素综合考虑，对不同层级的功能加以灵活整合，实现多数据中心和跨地理区域的功能部署。

5.3.3 HetNet 与 C-RAN 架构

1. HetNet 架构

随着智能终端的普及，丰富的业务驱动着移动宽带（MBB）的蓬勃发展，网络流量呈爆发式增长。就热点地区而言，2016 年的总流量超过 2012 年的 30 倍。同时，MBB 对数据吞吐率也提出了更高的要求。因此，满足热点区域的容量和数据速率需求将是未来 MBB 网络发展的关键。

通过对现有宏站扩容，如采用提升频谱效率的特性（MIMO 等）、增加载频、扇区分裂等技术及手段，可以进一步提升网络容量。在站点可获得的区域，可以通过对已有宏站进行补点，从而加密站点布局，带来用户体验的进一步提升。在宏站无法扩容时，还可以采用小基站来提升网络容量。因此，为满足未来容量增长需求，改变网络结构，构建多频段、多制式、多形态的分层立体 HetNet 网络，将成为未来网络发展的必由之路。

在 HetNet 网络部署之前，运营企业首先需要识别出话务热点区域。对于大面积的高话务区域，可以通过增加宏站载波或者宏站小区分裂等方式来解决容量需求；对于小面积的话务热点区域，可以采用部署小基站的方式来解决容量需求。当前宏网络扩容的技术已经基本成熟，而 HetNet 网络面临的主要是小基站引入后带来的新问题。

通常小基站的引入将为已有网络的关键性能指标（KPI）带来一定影响，但可以通过合适的宏微协同方案，在提升网络容量和用户体验的基础上，最大

限度地降低对已有网络 KPI 的影响。当网络中话务热点较多时，需要部署大量的小基站吸收网络话务。同时，灵活的站点回传，集成供电、天馈、一体化站点等方案可以降低对小基站站点的要求和部署成本。当海量小基站部署后，HetNet 网络中的宏站和小基站单元需要统一的运维管理，其易部署、易维护的特性，将进一步降低网络运维成本。

（1）精准热点发现

为了保证小基站有效地分流宏网络话务，运营企业必须保证小基站部署在热点区域，同时通过采集现网用户设备的话务信息、位置信息以及栅格地图信息获取现网话务分布地图。

考虑到小基站的覆盖范围，建议话务分布地图的精度达到 50m 以上，以方便获取网络的热点位置，从而可以确定需要部署的小基站的地点。当小基站完成部署后，通过对比分析小基站部署前后的话务分布地图，可以评估小基站部署的效果，并给出下一步小基站的优化建议。

（2）一体化小基站

随着环保及大众防辐射意识的增强，基站站址越来越难以获取。据分析，未来运营商将更多地考虑路灯杆、挂墙等多种方式部署基站，因此安装简单及站点简洁，成为未来小基站大规模部署的基本要求。

根据部署场景的要求，小基站可以集成传输、供电、防雷等功能，也可以将传输、供电、防雷功能拉远，小基站单独部署。小基站的外观可采用方形、球形等多种形态，可以方便地与周围环境融合。

（3）灵活的基站回传

对于小基站部署而言，传输最具挑战性，原因在于小基站部署灵活，大多数小基站站点尚不具备传输条件，传输解决方案需要具备灵活、低成本、易部署、高 QoS 等特点。

小基站最后一公里解决方案包括有线回传和无线回传。当站点具备有线回传时，优先选择有线回传。有线回传主要包括光纤、以太网线、双绞线、电缆。

光纤作为基站传输的主流方式，建议优先选择。光纤可以直接选择 P2P 光纤到站，也可以采用 xPON 实现光纤到站，同时在站点部署 ONU。

无线回传部署灵活，但是可靠性较有线回传低。无线回传解决方案主要包括微波、蜂窝网络、Wi-Fi 等。常规频段微波（6 ～ 42GHz）适用于大多数场景下的无线回传，V-Band（60GHz）和 E-Band 微波（80GHz）是高频段微波，具有大容量、频谱费用低廉和适合密集部署的特点，在短距，高带宽小基站部署场景下有较高的成本优势。在有 2.6/3.5GHz TDD 频谱、非视距（NLOS，Non Line Of Sight）、一点到多点（P2MP，Point-to-Multipoint）的情况下，可考虑

LTE 回传方式，也可采用 Sub-6GHz 频段微波实现非视距回传。在以数据业务为主的低成本部署场景中，可采用 Wi-Fi 回传。

（4）SON 特性

为了满足 MBB 的需要，据预测，在未来 5 年内，小基站的数量有可能会超过宏站。易部署、易运维等 SON 特性是降低未来海量小基站端到端成本的关键。

首先，小基站能够自动感知周围无线环境，自动完成频点、扰码、邻区、功率等无线参数的规划和配置。

其次，与宏站相比，小基站开站更加容易，只需安装人员在现场打开电源即可，无须任何配置工作。

最后，小基站能够自动感知周围无线环境的变化，如周边增加新基站时，会自动进行网络优化，如自动调整扰码、邻区、功率、切换参数等，保证网络 KPI 目标的达成。

（5）宏微协同

运营商可以通过 HetNet 来逐渐提升网络容量，满足用户对 MBB 流量不断增加的需求。当话务热点只是一些零星的区域时，通过少量增加小基站即可满足用户的容量需求。这时，宏基站和小基站可以采用同频部署。为了控制同频部署下宏基站与小基站之间干扰，需要在宏基站和小基站之间采用协同方案。在 Cloud BB 架构下，宏基站与小基站通过紧密的协同，可以进一步提升 HetNet 网络容量和用户体验。当话务热点增多时，需要在宏站覆盖范围内，部署更多数量的小基站，以便获取更大的系统容量。

（6）AAS 有源天线技术

MIMO 作为无线网络提升频谱效率以及单站点容量的关键技术，已经在网络建设中规模商用。MIMO 存在多种方式，其基本要求包括基站收发多通道化、天线阵列化，特别是高阶多输入多输出（HO-MIMO，Higher-Order Multiple-Input Multiple-Output），要求系统能够根据空口信道情况自适应选择收发模式和天线端口。

对于小基站来说，不同的 MIMO 技术带来的容量增长潜力非常可观。小基站的无线环境客观上能更有效发挥 MIMO 技术的容量潜力，结合小基站的站点体积诉求，导致运营商对 AAS 小基站产品的商用需求更为迫切。

AAS 小基站为未来网络 SON 提供了硬件支撑。结合 SON 功能后，小基站可以根据网络状况进行自适应的覆盖调整，进一步提升运维效率，降低运维成本，实现高效分流。

（7）下一代室内解决方案

据预测，由于 70% ～ 80% 的 MBB 业务流量发生在室内，因此运营商需要

重点解决室内容量问题。对于小型热点区域，可以采用小基站室外覆盖室内、室内直接部署 Pico 等方案。对于大型建筑的室内覆盖场景，运营商通常采用分布式天线系统（DAS，Distributed Antenna System）。DAS 可以提供比较好的覆盖及 KPI，但 DAS 的部署很困难，容量增长能力有限，未来关键技术能力（如 MIMO 等）演进受限。同时，DAS 室内无法管控、难定位等问题，降低了用户满意度，增加了 TCO。

随着室内热点容量的不断增长，下一代室内解决方案将可能在分布式基站的基础上，通过引入远端射频单元，简化部署难度。同时，通过软件对远端单元进行配置，可以实现容量的灵活扩容。更重要的是，下一代室内解决方案全程可管可控，在集中维护中心就可以实现对所有远端单元的故障定位和修复。

综上所述，MBB 时代对未来蜂窝网络在容量和用户体验上提出了前所未有的要求，HetNet 网络是满足这些要求的必由之路：通过采用高精度的话务分布地图，将小基站精准部署在话务热点，是保证小基站分流宏站容量的前提；通过合适的宏微协同方案，在提升网络容量和用户体验的基础上，最大限度降低对已有网络 KPI 的影响；一体化小基站集成了灵活的站点回传、供电、天馈、防雷等方案，能够最大限度地降低对小基站站点的要求和部署成本；室内是未来 MBB 业务发生的重点区域，下一代室内解决方案，在部署灵活性、容量平滑演进、远端故障定位及修复上优势明显。

2. C-RAN 架构

随着网络规模的扩大和业务的增长，无线接入网建设正面临着新的挑战：网络建设及扩容速度跟不上数据业务的增长速度，造成网络质量下降，影响用户感受；站址密度增大，天线林立，基站选址越来越困难；话务“潮汐”效应明显，无线资源得不到充分利用；为了满足不断增长的无线宽带业务需求，不断增加基站数量，大量的基站导致高额的能耗。原有的无线接入网已经无法解决上述挑战，因此需要引入新的无线接入网网络架构，以适应新的环境。

在这种背景下，2010 年 4 月，中国移动正式发布了面向绿色演进的新型无线网络架构 C-RAN 白皮书，阐述了对未来集中式基带处理网络架构技术发展的愿景。它有 4 个目标：

① 降低能源消耗，减少资本支出和运营支出；

② 提高频谱效率，增加用户带宽；

③ 开放平台，支持多标准和平滑演进；

④ 更好地支持移动互联网服务。

C-RAN 技术直接从网络结构入手，以基带集中处理方式共享处理资源，减少能源消耗，提高基础设施利用率。随着研究的进展，C-RAN 技术的概念不断

被充实，并被赋予新的内涵。

（1）C-RAN 技术的概念

C-RAN 架构主要包括 3 个组成部分：由远端无线射频单元（RRU）和天线组成的分布式无线网络；由高带宽、低时延的光传输网络连接远端无线射频单元；由高性能通用处理器和实时虚拟技术组成的集中式基带处理池。C-RAN 的网络架构如图 5-2 所示。

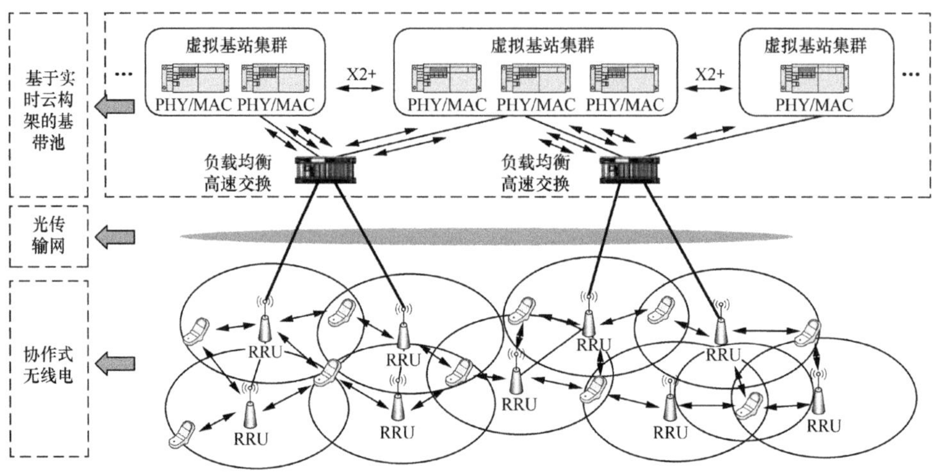

图 5-2 C-RAN 架构

分布式的远端无线射频单元提供了一个高容量、广覆盖的无线网络。由于这些单元灵巧轻便，便于安装维护，可以降低系统 CAPEX 和 OPEX，因此可以大范围、高密度地使用。高带宽、低时延的光传输网络需要将所有的基带处理单元和远端射频单元连接起来。

基带池由通用高性能处理器构成，通过实时虚拟技术连接在一起，集合成异常强大的处理能力来为每个虚拟基站提供所需的处理性能需求。集中式的基带处理大大减少了机房需求，并使资源聚合和大范围协作式无线收发技术成为可能。

（2）C-RAN 中“C”的四重含义

C-RAN 中的“C”目前实际上有四重含义，即基于集中化处理（Centralized Processing）、协作式无线电（Collaborative Radio）和实时云计算构架（Real-time Cloud Infrastructure）的绿色无线接入网构架（Clean System）。

这 4 个“C”非常形象、具体地介绍了 C-RAN 的特点。通过有效地减少机房的数量，从而降低耗电量，减少机房空间的占用，节约租金等方面的成本，

采用虚拟化、集中化和协作化的技术，达到资源的有效共享。通过一系列技术的提升，降低成本，提升整个服务网络的效率，包括网络的管理维护、网络运营的灵活性等，确保运营持续高效地发展。在基站层面，主要采用集中化和虚拟化的技术，把基站集中起来，构建一个大的基站资源池，同时采用虚拟化集群，这样多个基站群之间可以进行资源的共享和调度，有效地减少机房的设备，节省资源，提升资源利用率。现在高速的数据业务发展是一个必然的趋势，所以可以用传输网保障带宽的要求。采用无线电这样的技术，可以在网络中采用多个射频单元协作方式，同时为多个终端提供服务。

（3）C-RAN 的关键技术及其特点

① 低成本的光网络传输技术。

在基带单元（BBU）和射频单元（RRU）之间传输的是高速的基带数字信号，基带数字信号的传输带宽要求主要由无线系统带宽、天线配置、信号采样速率决定。除此以外，工程上还必须考虑 RRU 的级联问题，级联级数增多，传输带宽将成倍增加。

基带数字信号传输还有较严格的传输时延、抖动和测量方面的要求。通常用户平面的数据往返时间不能超过 5μs。时延校准方面，每条链路或多跳连接的往返时延测量精度应满足 ±16.276ns。

可靠性方面，为确保任一光纤单点故障条件下整个系统仍能工作，BBU 与 RRU 之间的传输链路应采用光纤环网保护，通过不同管道的主、备光纤，实现链路的实时备份。

C-RAN 要实现低成本的光网络传输技术，因此 BBU 和 RRU 之间 CPRI/Ir/OBRI 接口的高速光模块的实现方案将成为影响这个系统经济性的重要环节。当前可行的部署方案有光纤直驱模式、WDM 传输模式和基于 UniPon 等多种传输模式。

② 基带池互联技术。

集中化基带池互联技术需要建立一个高容量、低时延的交换矩阵。如何实现交换矩阵中各 BBU 间的互联是基带池互联技术需要解决的首要问题。另一方面，还应控制技术实现的成本。目前有一种思路是采用分布式的光网络，将 BBU 合并成一个较大的基带池。

基带池互联技术还需要开发专用的系统协议支持多个 BBU 资源间的高速、低时延调度、互通，实现业务负载的动态均衡。

③ 协作式无线信号处理技术。

无线信号协作处理技术可以有效抑制蜂窝系统的小区间干扰，提高系统的频谱效率。目前，多点协作技术在学术界已进行了较为广泛的研究。多点协作算法需要在系统增益、回传链路的容量需求和调度复杂度之间做平衡。

在该技术研究中目前主要考虑两种方式：联合接收 / 发送，协作式调度 / 协作式波束赋形。

无线信号协作处理技术目前距离实际使用仍有一定差距，一些重要技术问题目前仍在 3GPP 中进行研究和讨论。要实现无线信号协作处理技术的实际运用，还要解决如下问题：

- 如何实现高效的联合处理机制；
- 下行链路信道状态信息的反馈机制；
- 多小区用户配对和联合调度；
- 多小区协作式无线资源和功率分配算法。

④ 基站虚拟化技术。

基站虚拟化技术的基础是高性能、低功耗的计算平台和软件无线电技术。在网络的视角中，基站不再是一个个独立的物理实体，而是基带池中某一段或几段抽象的处理资源。网络根据实际的业务负载，动态地将基带池的某一部分资源分配给对应的小区。

计算平台实现方面主要有两种思路：信号处理器（DSP）方案和通用处理器（GPP）方案。

基站虚拟化最终的目标是形成实时数据信号处理的基带云。一个或多个基带云中的处理资源由一个统一的虚拟操作系统调度和分配。基带云智能识别无线信号类型，并分配相应的处理资源，最终实现全网硬件资源的虚拟化管理。

⑤ 分布式服务网络技术。

分布式服务网络（DSN）技术的设想来自互联网目前已经存在的内容分发网络（CDN），通过网络边缘内容存储，减少不必要的重复内容传送，以控制网络的整体流量和时延。C-RAN 寄希望于分布式服务网络技术与云化的 RAN 架构相结合，将无线侧产生的大量移动互联网流量移出核心网，以某种最优方案在 RAN 中实现经济有效的内容传送，达到为核心网和传输网智能减负的目的。

分布式服务网络技术的实现需要网络能够智能识别边缘服务中的目标应用和服务类别，并根据服务的优先级加以区别处理。

5.3.4 网络扁平化

移动通信最初的网络结构只是为语音业务而设计的，这一时期，运营商 70% 的业务收入都源于语音服务。随着通信技术的不断更新和社会的不断进步，传统简单的语音业务已远不能满足人们的需求。特别是近几年来互联网在全世

界范围内迅速普及，各类新业务和新应用不断涌现，未来互联网业务将延续其蓬勃发展的趋势，无论是在有线网络还是移动网络中，互联网数据业务都已经成为网络所承载流量的主要部分。

因此，未来网络的架构应充分考虑互联网业务的特点。互联网业务具有广播的特点，大部分的内容都存储在互联网中的各个大型服务器上，用户通过网络访问这些服务器，根据需求选取相应的内容。大量用户访问内容相同的庞大数据，现有移动通信网络架构下的核心网、基站回传链路等汇聚节点已经成为流量瓶颈。为解决这种问题，需要改变传统移动通信的网络架构，内容和交换应该向网络边缘转移，采用分布式的流量分配机制使信息更靠近用户，这样有利于减小汇聚节点的流量压力，消除网络流量瓶颈。

结合网络架构的改变和设备功能形态的发展，未来移动通信网络将由“众多功能强大的基站”和“一个大型服务器”组成。其中，基站负责用户的接入和通信，基站设备将具备更强大的功能：一是小型化，可以安装在各种场景，与周围环境更好地融合；二是功能强大，集中了信息交换、通信安全、用户和计费管理等功能于一体。而服务器负责协调所有基站的配置，网络架构将进一步扁平化：一是去除传统的汇聚节点，无线基站直接接入高速互联网分组交换的骨干网络；二是相互连接，所有的基站通过 IP 地址实现相互的寻址和连接通信。

5.3.5　网格化组网

网格化组网的思路是根据工业区、商业区、高小区、住宅区等将城市划分为若干个网格，网络规划时，每一个网格内至少应建设 1 ～ 2 个汇聚机房，基站设备采用分布式组网方式，将网格内新增的基带单元（BBU）集中放置于汇聚机房组成基带池，基带资源互联互通成高容量、低时延、灵活拓扑、低成本的互联架构。用光纤拉远的方式将 RRU 建设于本网格内需要覆盖的位置。

网格化组网的系统架构主要是由远端射频单元（RRU）与天线组成的分布式无线网络、具备高带宽和低时延的光传输网络连接远端 RRU、近端集中放置的 BBU 三大部分组成。与传统建设模式相比，网格化组网的优势主要体现在以下方面。

（1）降低运营商的资本支出和运维成本

网格化组网将基站资源集中放置于汇聚机房，站址只保留天面，可以有效减少站址机房建设和租赁带来的成本压力。

（2）降低网络能耗

网格化组网可以极大地减少机房数量，相关配套也随之减少，特别是空调的减少对于网络的节能降耗作用明显。

（3）负载均衡和干扰协调

无线网络可以根据网格内无线业务负载的变化进行自适应均衡处理，同时能对网格内的无线资源进行联合调度和干扰协调，从而提高无线利用率和网络性能指标。

（4）缩短基站建设工期

网格化组网方式灵活，可有效解决基站选址难题，从而缩短建设工期，实现快速运营。

5.3.6 SON

为了减少人为干预以降低运营成本，在 4G 标准化阶段移动运营商主导提出了 SON 这一概念，它将在未来的 5G 中大规模应用。移动运营商理想中的网络可以实现自配置、自运作以及自优化，从而可以在没有技术专家协助的情况下快速安装基站和快速配置基站运行所需参数，可以快速且自动发现邻区，在网络出现故障后自动实现重配置，以及自动优化空口上的无线参数等。

利用 SON 技术，网络可以实现如下功能。

① 自配置：通过自动连接和自动配置，新基站可以自动整合到网络中，自动建立与核心网之间和与相邻基站之间的连接以及自动配置。

② 自优化：在用户终端（UE）和基站（eNode B）测量的协助下，在本地 eNode B 层面上和 / 或网络管理层面上自动调整优化网络。

③ 自愈合：实现自动检测、定位和去除故障。

④ 自规划：在容量扩展、业务检测或优化结果等触发下，动态地重新进行网络规划并执行。

为了在 4G 中实现 SON 功能，3GPP 在 SA（业务与系统方面）工作组之下设置了 SON 工作子组对 SON 功能进行研究和标准化。目前在 4G 网络中确定了的 SON 标准主要有以下几个。

① eNode B 自启动。按照相关标准，一个新 eNode B 在进入网络时可以自动建立 eNode B 和网元管理之间的 IP 连接，可以自动下载软件，自动下载无线参数和传输配置相关的数据，也可以支持 X2 和 S1 接口的自动建立。在完成建立后，eNode B 可以自检工作状态并给网管中心报告检查结果。

② 自动邻区关系（ANR）管理。可以实现 LTE 小区间、LTE 小区和 2G/3G 小区间的邻区关系的自动建立，帮助运营商减少对传统手动邻区配置的依赖。

③ PCI 自配置与自优化。对于 PCI 自配置与自优化，3GPP 并未给出具体

的解决方案，取决于厂商的实现。PCI 自动分配可以采用集中式方案由网管根据站址分布、小区物理参数和地域特征参数来进行统一计算，一旦网元自启动，可直接将可用 PCI 分配到小区。PCI 的冲突和混淆可以在网络运行中由 UE 上报、通过邻区 X2 接口报告发现冲突或者通过其他方式获取。一旦出现混淆，网元上报通知给网管系统，由网管系统集中安排 PCI 优化的计算和配置。PCI 自配置与自优化技术较为成熟，几乎所有提供商用基站产品的设备商都可以实现，只存在性能上的差异。

④ 自优化。自优化主要包括移动负载均衡（MLB）、随机接入信道（RACH）优化和移动健壮性优化（MRO）功能。通过自优化，每个基站可以根据当前的负载和性能统计情况，进行参数调整，优化系统性能。基站的自优化需要在 OAM 的控制下进行，基于对网络性能测量及数据收集，OAM 可以在必要的时候，启动或终止网络自优化操作；同时，基站对参数的调整也必须在 OAM 允许的取值范围内进行。

⑤ 自治愈。自治愈技术是指 OAM 持续监测通信网络，一旦发现可以自动解决的故障，就启动对相关必要信息的收集，如错误数据、告警、跟踪数据、性能测量、测试结果等，并进行故障分析，根据分析结果触发恢复动作。自治愈功能同时也将监测恢复动作的执行结果，并根据执行结果进行下一步操作，如有必要可以撤销恢复动作。目前 4G 规范对两种自治愈触发场景进行了标准化：一种是由于软硬件异常告警触发的自治愈；另一种是小区退服触发的自治愈。相应地，一些可用的自动恢复方法有：根据告警信息定位故障，通过软件复位或切换到备份硬件等方式进行故障恢复；调整相邻小区的覆盖，补偿退服小区的网络覆盖等。

5.3.7　无线 Mesh 网络

无线 Mesh 网络由 Mesh Routers（路由器）和 Mesh Clients（客户端）组成，其中 Mesh Routers 构成骨干网络，负责为 Mesh Clients 提供多跳的无线连接，因此也称为“多跳（Multi-Hop）”网络，它是一种与传统无线网络完全不同的新型无线网络技术，主要应用在 5G 网络连续广域覆盖和超密集组网场景中，是重要的无线组网候选技术之一，其组网方案如图 5-3 所示。

无线 Mesh 网络能够构建快速、高效的基站间无线传输网络，提高基站间的协调能力和效率，降低基站间进行数据传输与信令交互的时延，提供更加动态、灵活的回传选择，进一步支持在多场景下的基站即插即用，实现易部署、易维护、用户体验轻快和一致的轻型网络。

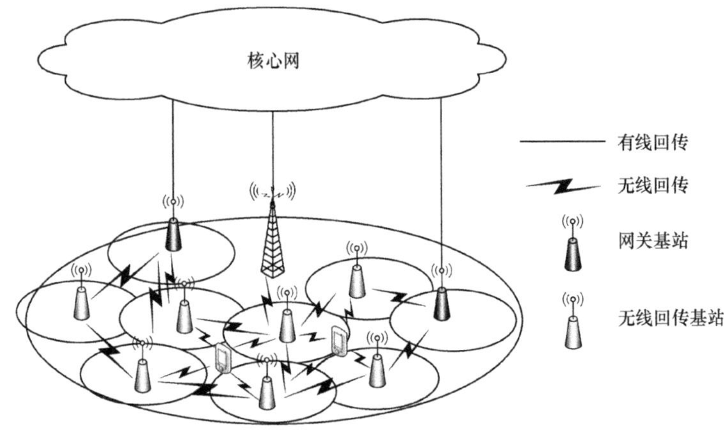

图 5-3　无线 Mesh 组网

5G 中的无线 Mesh 技术包括以下几个方面。

① 无线 Mesh 网络中无线回传链路与无线接入链路的联合设计与联合优化，例如：基于容量和能效的接入与回传资源协调性优化等；

② 无线 Mesh 网络回传网络拓扑管理与路径优化；

③ 无线 Mesh 网络回传网络资源管理；

④ 无线 Mesh 网络协议架构与接口研究，包括控制面与用户面。

5.3.8　按需组网

多样化的业务场景对 5G 网络提出了多样化的性能要求和功能要求。5G 核心网应具备面向业务场景的适配能力，同时能够针对每种 5G 业务场景提供恰到好处的网络控制功能和性能保证，从而实现按需组网的目标，网络切片技术是按需组网的一种实现方式。

网络切片是利用虚拟化技术将网络物理基础设施资源根据场景需求虚拟化为多个相互独立的平行的虚拟网络切片。每个网络切片按照业务场景的需要和话务模型进行网络功能的定制剪裁和相应网络资源的编排管理。一个网络切片可以看作是一个实例化的 5G 核心网架构，在一个网络切片内，运营商可以进一步对虚拟资源进行灵活的分割，并根据需求创建子网络。

网络编排功能实现对网络切片的创建、管理和撤销，运营商首先根据业务场景需求生成网络切片模板，切片模板包括了该业务场景所需的网络功能模块、各网络功能模块之间的接口以及这些功能模块所需的网络资源，然后网络编排功能根据该切片模板申请网络资源，并在申请到的资源上进行实例化创建虚拟网络功能模块和接口，按需组网结构如图 5-4 所示。

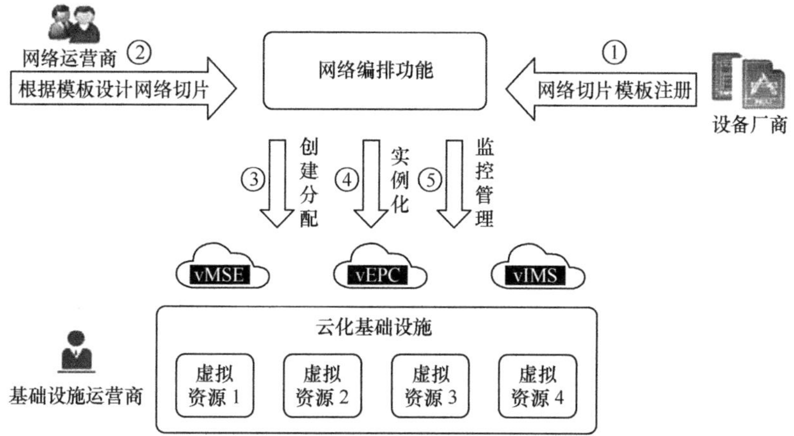

图 5-4　按需组网

网络编排功能模块能够对形成的网络切片进行监控管理，允许根据实际业务量，对上述网络资源的分配进行扩容、缩容动态调整，并在生命周期到期后撤销网络切片，网络切片划分和网络资源分配是否合理可以通过大数据驱动的网络优化来解决，从而实现自动化运维，及时响应业务和网络的变化，保障用户体验和提高网络资源利用率。

按需组网技术具有以下优点。

① 根据业务场景需求对网络功能进行定制剪裁和灵活组网，实现业务流程和数据路由的最优化；

② 根据业务模型对网络资源进行动态分配和调整，提高网络资源利用率；

③ 隔离不同业务场景所需的网络资源，提供网络资源保障，增强整体网络健壮性和可靠性。

需要注意的是，基于网络切片技术所实现的按需组网，改变了传统网络规划、部署和运营维护模式，对网络发展规划和网络运维提出了新的技术要求。

5.4　无线资源调度与共享

无线资源调度与共享技术是通过在 5G 无线接入网中采用分簇化集中控制、无线网络资源虚拟化和频谱共享技术实现对无线资源的高效控制和分配，从而满足各种典型应用场景和业务指标要求。

（1）分簇化集中控制

基于控制与承载相分离的思想，通过分簇化集中控制与管理功能模块，可以实现多小区联合的无线资源动态分配与智能管理。无线资源包括频谱资源、时域资源、码域资源、空域资源、功率资源等。通过综合考虑业务特征、终端属性、网络状况、用户喜好等多重因素，分簇化集中控制与管理功能将实现以用户为中心的无线资源动态调配与智能管理，形成跨多小区的数据自适应分流和动态负荷均衡，进而大幅度提升无线网络整体资源利用率，有效解决系统干扰问题，提升系统总体容量。在实际网络部署中，依据无线网络拓扑实际情况和无线资源管理的实际需求，分簇化集中控制与管理模块可以灵活地部署于不同的无线网络物理节点中。对于分布式基站部署场景，每个基站都有完整的用户面处理功能，基站可以根据站间传输条件进行灵活、精细的用户级协同传输，实现协作式的多点传输技术，有效提高系统频谱效率。

（2）无线网络资源虚拟化

通过对无线资源（时域、频域、空域、码域、功率域等）、无线接入网平台资源和传输资源的灵活共享与切片，构建适应不同应用场景需求的虚拟无线接入网络，进而满足差异化运营需求，提升业务部署的灵活性，提高无线网络资源利用率，降低网络建设和运维成本，不同的虚拟无线网络之间保持高度严格的资源隔离，可以采用不同的无线软件算法。

（3）频谱共享

在各种无线接入技术共存的情况下，根据不同的应用场景、业务负荷、用户体验和共存环境等，动态使用不同无线接入技术的频谱资源，达到不同系统的最优动态频谱配置和管理功能，从而实现更高的频谱效率以及干扰的自适应控制，控制节点可以独立地控制或者基于数据库提供的信息来控制频谱资源的共享与灵活调度，基于不同网络架构，实现同一个系统或不同系统间频谱共享，进行多优先级动态频谱分配与管理及干扰协调等。

| 5.5　M2M |

5.5.1　应用场景

M2M（Machine to Machine）或者机器型通信（MTC，Machine Type

Communication）是相对人和人（H2H，Human to Human）通信来说的一种通信方式，是指不在人的干涉下的一种通信方式。这种通信方式的应用范围非常广泛，如智能自动抄表、照明管理、交通管理、设备监测、环境监测、智能家居、安全防护、智能建筑、移动 POS 机、移动售货机、车队管理、车辆信息通信、货物管理等，是在没有人的干预下自动进行的通信。

5.5.2　关键技术

随着 M2M 终端以及业务的广泛应用，未来移动网络中连接的终端数量会大幅度提升，海量 M2M 终端的接入，会引起接入网或核心网过载和拥塞，这不但会影响普通移动用户的通信质量，而且会造成用户接入网络困难甚至无法接入，解决海量 M2M 终端接入的问题是 M2M 技术应用的关键，目前业界对于 M2M 的重点研究内容主要包括以下几个方面。

（1）分层调制技术

MTC 业务类型众多，不同类型业务的 QoS 要求也有很大差异。可以考虑将 MTC 信息分为基本信息和增强信息两类。当信道环境比较恶劣时，接收机可以获得基本信息以满足基本的通信需求，而当信道环境比较好时，接收机则可以获得基本信息和增强信息，在提高频谱效率的同时也能提供更好的服务体验。

（2）小数据分组编码技术

研究适应于小数据分组特点的编码技术方案。

（3）网络接入和拥塞控制技术

大量的 M2M 终端同时进行随机接入的时候，将会对网络产生巨大的冲击，致使网络资源不能满足需求，因此如何优化目前的网络，使之能适应 M2M 各种场景，是未来 M2M 需要解决的关键技术之一。目前的解决方案主要包括以下类型：接入控制方案、资源划分方案、随机接入回退（Backoff）方案、特定时隙接入方案等，另外还有针对核心网拥塞的无线侧解决方案。

（4）频谱自适应技术

未来在异构网络环境下，各种不同频段的无线接入技术汇聚在一起，终端会拥有多个频段，同样 MTC 广泛的应用和类型的多样性决定了它会有应用于各种不同类型的频谱资源，而终端通过频谱自适应技术，可以充分利用有限的频谱资源。

（5）多址技术

未来的移动通信系统中，M2M 终端业务一般具有小数据分组业务的特性，而基于 CDMA 的技术在支持海量 M2M 方面要比 OFDM 更具有天然的优势。

（6）异步通信技术

M2M 终端对能耗非常敏感，再考虑到 M2M 业务分组通常都比较小、突发性强的特点，因此像 H2H 终端那样要求 M2M 终端总是与网络保持同步状态下通信是不合适的。

（7）高效调度技术

为了减小系统开销，提高调度的灵活性，应针对适应 M2M 业务的自主传输技术、多帧 / 跨帧调度技术等开展相关研究。

|5.6 D2D|

5.6.1 应用场景

D2D 是指邻近的终端可以在近距离范围内通过直连链路进行数据传输的方式，它不需要通过中心节点（基站）进行转发。D2D 技术本身的短距离通信特点和直接通信方式，使其具有如下优势。

① 终端近距离直接通信方式可实现较高的数据速率、较低的时延和较低的功耗；

② 利用网络中广泛分布的用户终端以及 D2D 通信链路的短距离特点，可以实现频谱资源的有效利用，获得资源空分复用增益；

③ D2D 的直接通信方式能够适应如无线 P2P 等业务的本地数据共享需求，提供具有灵活适应能力的数据服务；

④ D2D 直接通信能够利用网络中数量庞大且分布广泛的通信终端以拓展网络的覆盖范围。

因此，在 5G 系统中，D2D 通信的关键技术必然将以传统的蜂窝通信不可比拟的优势，在实现大幅度的无线数据流量增长、功耗降低、实时性和可靠性增强等方面，起到不可忽视的作用。

D2D 技术是在系统控制下，运行终端之间通过复用小区资源直接进行通信的一种技术，这种技术无须基站转接而直接实现数据交换或服务提供。D2D 技术可以有效减轻蜂窝网络负担，减少移动终端的电池功耗，增加比特速率，提高网络基础设施的稳健性。

D2D 技术在实际应用过程中将面临以下主要困难。

（1）链路建立问题

在蜂窝通信融合 D2D 通信的系统中，首先需要解决的问题就是链路建立的问题。传统的 D2D 链路建立具有较大的时延，而且由于 D2D 信道探测是盲目的，而系统缺乏终端的位置信息，成功建立的概率较低，导致浪费较多的信令开销和无线资源。

（2）资源调度问题

何时启用 D2D 通信模式，D2D 通信如何与蜂窝通信共享资源，是采用正交的方式还是复用的方式，是复用系统的上行资源还是下行资源，这些问题都增加了 D2D 辅助通信系统资源调度的复杂性和对小区用户的干扰情况，直接影响到用户的使用体验感受。

（3）干扰抑制问题

为了解决多小区 D2D 通信的干扰抑制问题，在合理分配资源前需要对全局 CSI 有着准确的了解。目前的基站协作技术虽然可以实现这个功能，但是还存在着精确度与能耗等方面的问题。因此如何解决这些问题，更好地支持 D2D 通信技术，达到绿色通信的目的将会是未来研究的难点。

（4）实时性和可靠性问题

在 D2D 通信过程中，如何根据用户需求和服务类型满足实时性和可靠性也是应用难点。

对 D2D 进行扩展，即多用户间协同 / 合作通信（MUCC，Multiple Users Cooperative Communication），是指终端和基站之间可以通过其他终端进行转发的通信方式。每个终端都可以支持为多个其他的终端进行数据转发，同时也可以被多个其他终端所支持。D2D 技术可以在不更改现有网络部署的前提下提升频谱效率以及小区覆盖水平。D2D 技术的应用难点主要有以下几个方面。

① 安全性。发送给某个终端的数据需要通过其他终端进行转发，这就会涉及用户数据泄露的问题。

② 计费问题。经过某个终端转发的数据流量如何进行清晰的计费，也是影响 MUCC 技术应用的一个重要问题。

③ 多种通信方式支持。MUCC 应当支持多种通信方式，以便支持不同场景的应用，如 LTE、D2D、Wi-Fi Direct、蓝牙等。

结合目前无线通信技术的发展趋势，5G 网络中可考虑采用 D2D 通信技术的主要应用场景有以下几个。

（1）本地业务

本地业务一般可以理解为用户面的业务数据不经过网络侧（如核心网）而直接在本地传输。

本地业务的一个典型用例是社交应用，可将基于邻近特性的社交应用看作 D2D 技术最基本的应用场景之一。例如，用户通过 D2D 的发现功能寻找邻近区域的感兴趣用户；通过 D2D 通信功能，可以进行邻近用户之间数据的传输，如内容分享、互动游戏等。

本地业务还有一个基础的应用场景是本地数据传输。本地数据传输利用 D2D 的邻近特性及数据直通特性，在节省频谱资源的同时扩展移动通信应用场景，为运营商带来新的业务增长点。例如，基于邻近特性的本地广告服务可以精确定位目标用户，使得广告效益最大化：进入商场或位于商户附近的用户，即可接收到商户发送的商品广告、打折促销等信息；电影院可向位于其附近的用户推送影院排片计划、新片预告等信息。

除此之外，本地业务还有一个应用是蜂窝网络流量卸载（Offloading）。在高清视频等媒体业务日益普及的情况下，其大流量特性也给运营商核心网和频谱资源带来了巨大压力。基于 D2D 技术的本地媒体业务利用 D2D 通信的本地特性，节省了运营商的核心网及频谱资源。例如，在热点区域，运营商或内容提供商可以部署媒体服务器，时下热门媒体业务可存储在媒体服务器中，而媒体服务器则以 D2D 模式向有业务需求的用户提供媒体业务。或者用户可借助 D2D 从邻近的已获得媒体业务的用户终端处获得该媒体内容，以此缓解运营商蜂窝网络的下行传输压力。另外近距离用户之间的蜂窝通信也可以切换到 D2D 通信模式以实现对蜂窝网络流量的卸载。

（2）应急通信

当极端的自然灾害（如地震）发生时，传统通信网络基础设施往往也会受损，甚至发生网络拥塞或瘫痪，从而给救援工作带来很大障碍。D2D 通信技术的引入有可能解决这一问题。如通信网络基础设施被破坏，终端之间仍然能够采用基于 D2D 技术进行连接，从而建立无线通信网络，即基于多跳 D2D 组建 Ad hoc 网络，保证终端之间无线通信的畅通，为灾难救援提供保障。另外，受地形、建筑物等多种因素的影响，无线通信网络往往会存在盲点。通过一跳或多跳 D2D 技术，使位于覆盖盲区的用户可以连接到位于网络覆盖内的用户终端，借助该用户终端连接到无线通信网络。

（3）物联网增强

移动通信的发展目标之一，是建立一个包括各种类型终端的广泛的互联互通的网络，这也是当前在蜂窝通信框架内发展物联网的出发点之一。根据业界预测，到 2020 年时，全球范围内将会存在大约 500 亿部的蜂窝接入终端，而其中的大部分将是具有物联网特征的机器通信终端。如果 D2D 技术与物联网结合，则有可能产生和建立真正意义上的互联互通无线通信网络。

针对物联网增强的 D2D 通信的典型场景之一是车联网中的 V2V（Vehicle-to-Vehicle）通信。例如，在高速行车时，车辆的变道、减速等操作动作，可通过 D2D 通信的方式发出预警，车辆周围的其他车辆基于接收到的预警对驾驶员提出警示，甚至紧急情况下对车辆进行自主操控，以缩短行车中面临紧急状况时驾驶员的反应时间，降低交通事故发生率。另外，通过 D2D 发现技术，车辆可更可靠地发现和识别其附近的特定车辆，比如经过路口时的具有潜在危险的车辆、具有特定性质的需要特别关注的车辆（如载有危险品的车辆、校车）等。

基于终端直通的 D2D 由于在通信时延、邻近发现等方面的特性，使其应用于车联网车辆安全领域具有先天优势。

在万物互联的 5G 网络中，由于存在大量的物联网通信终端，网络的接入负荷将成为一个严峻的问题。基于 D2D 的网络接入有望解决这个问题。比如在巨量终端场景中，大量存在的低成本终端不是直接接入基站，而是通过 D2D 方式接入邻近的特殊终端，通过该特殊终端建立与蜂窝网络的连接。如果多个特殊终端在空间上具有一定的隔离度，则用于低成本终端接入的无线资源可以在多个特殊终端间重用，不但能缓解基站的接入压力，而且能够提高频谱效率。并且，相比于目前 4G 网络中微小区（Small Cell）架构，这种基于 D2D 的接入方式具有更高的灵活性和更低的成本。

例如，在智能家居应用中，可以由一台智能终端充当特殊终端；具有无线通信能力的家居设施（如家电等）均以 D2D 的方式接入该智能终端，而该智能终端则以传统蜂窝通信的方式接入基站。基于蜂窝网络的 D2D 通信的实现，有可能为智能家居行业的产业化发展带来实质性的突破。

（4）其他场景

5G 网络中的 D2D 应用还包括多用户 MIMO 增强、协作中继、虚拟 MIMO 等潜在场景。比如，传统多用户 MIMO 技术中，基站基于终端各自的信道反馈，确定预编码权值以构造零陷，消除多用户之间的干扰。引入 D2D 后，配对的多用户之间可以直接交互信道状态信息，使得终端能够向基站反馈联合的信道状态信息，提高多用户 MIMO 的性能。

另外，D2D 技术应用可协助解决新的无线通信场景的问题及需求，如在室内定位领域。当终端位于室内时，通常无法获得卫星信号，因此传统基于卫星定位的方式将无法工作。基于 D2D 的室内定位可以通过预部署的已知位置信息的终端或者位于室外的普通已定位终端确定待定位终端的位置，通过较低的成本实现 5G 网络中对室内定位的支持。

5.6.2 关键技术

针对前面描述的应用场景，涉及接入侧的 5G 网络 D2D 技术的潜在需求主要包括以下几个方面。

（1）D2D 发现技术

实现邻近 D2D 终端的检测及识别。对于多跳 D2D 网络，需要与路由技术结合考虑；同时考虑满足 5G 特定场景的需求，如超密集网络中的高效发现技术、车联网场景中的超低时延需求等。

（2）D2D 同步技术

一些特定场景（如覆盖外场景或者多跳 D2D 网络）会给系统的同步特性带来比较大的挑战。

（3）无线资源管理

未来的 D2D 可能会包括广播、组播、单播等各种通信模式以及多跳、中继等应用场景，因此调度及无线资源管理问题相对于传统蜂窝网络会有较大不同，也会更复杂。

（4）功率控制和干扰协调

相比传统的 Peer-to-Peer（P2P）技术，基于蜂窝网络的 D2D 通信的一个主要优势在于干扰可控。不过，蜂窝网络中的 D2D 技术势必会给蜂窝通信带来额外干扰。并且，在 5G 网络 D2D 中，考虑到多跳、非授权 LTE 频段（LTE-U）的应用、高频通信等特性，功率控制及干扰协调问题的研究会非常关键。

（5）通信模式切换

包含 D2D 模式与蜂窝模式的切换、基于蜂窝网络 D2D 与其他 P2P（如 Wi-Fi）通信模式的切换、授权频谱 D2D 通信与 LTE-U D2D 通信的切换等方式，先进的模式切换能够最大化无线通信系统的性能。

5.7 云网络

5.7.1 SDN

1. SDN 技术产生的背景

经过 30 多年的高速发展，互联网已经从最初满足简单 Internet 服务的“尽

力而为”网络，逐步发展成能够提供包含文本、语音、视频等多媒体业务的融合网络，其应用领域也逐步向社会生活的各个方面渗透，深刻改变着人们的生产和生活方式。然而，随着互联网业务的蓬勃发展，基于 IP 的简洁网络架构日益臃肿且越来越无法满足高效、灵活的业务承载需求，网络发展面临一系列问题。

（1）管理运维复杂

由于 IP 技术缺乏管理运维方面的设计，网络在部署一个全局业务策略时，需要逐一配置每台设备。这种管理模式很难随着网络规模的扩大和新业务的引入，实现对业务的高效管理和对故障的快速排除。

（2）网络创新困难

由于 IP 网络采用“垂直集成”的模式，控制平面和数据平面深度耦合，且在分布式网络控制机制下，任何一种新技术的引入都严重依赖现网设备，并且需要多个设备同步更新，使得新技术的部署周期较长（通常需要 3 ～ 5 年），严重制约网络的演进发展。

（3）设备日益臃肿

由于 IP 分组技术采用“打补丁”式的演进策略，随着设备支持的功能和业务越来越多，其实现的复杂度显著增加。

为了从根本上摆脱上述网络困境，业界一直在探索技术方案来提升网络的灵活性，其要义是打破网络的封闭架构，增强网络的灵活配置和可编程能力。经过多年的技术发展，SDN 技术应运而生。

2. SDN **技术的意义和价值**

SDN是由美国斯坦福大学Clean Slate研究组提出的一种新型网络创新架构，其核心技术 OpenFlow 通过将网络设备控制面与数据面分离开来，实现了网络流量的灵活控制，并通过开放和可编程接口实现“软件定义”。SDN 整体架构如图 5-5 所示。

从网络架构层次来看，SDN 典型的网络架构包括转发层（基础设施层）、控制层和应用层，该新型架构会对网络产生以下方面的影响。

（1）降低设备的复杂度

转发和控制相分离使得网络设备转发平面的能力要求趋于简化和统一，硬件组件趋于通用化便于不同厂商设备间的互通，有利于降低设备的复杂度以及硬件成本。

（2）提高网络利用率

集中的控制平面可以实现海量网络设备的集中管理，使得网络运维人员能够基于完整的网络全局视图实施网络规划，优化网络资源，提高网络利用率，降低运维成本。

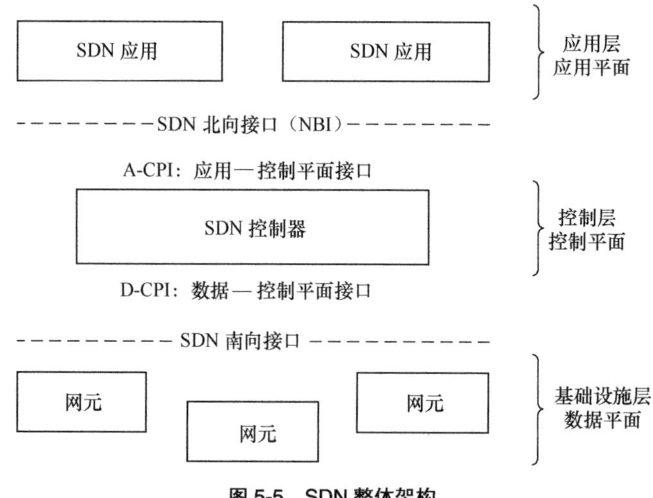

图 5-5　SDN 整体架构

（3）加速网络创新

一方面，SDN 通过控制平面可以方便地对网络设备实施各种策略，提升网络灵活性；另一方面，SDN 提供开放的北向接口，允许上层应用直接访问所需的网络资源和服务，使得网络可以差异化地满足上层应用需求，提供更灵活的网络服务，加快网络创新。

3. SDN 技术对网络架构的变革

SDN 技术是继 MPLS 技术之后在网络技术领域的一次重大技术变革，它从根本上对网络的架构产生了冲击，具体体现在以下几个方面。

（1）SDN 将打破原有的网络层次

基于集中式的控制，SDN 将提供跨域、跨层的网络实时控制，打破原有的网络分层、分域的部署限制。网络层次的打破将会进一步影响到设备形态的融合和重新组合。

（2）SDN 将改变现有网络的功能分布

随着诸多网络功能的虚拟化，在 SDN 控制器的调度下，网络业务功能点的部署将更加灵活。同时，在云计算等 IT 技术的支持下，复杂网络功能的集中部署也会进一步简化承载网络的功能分布。

（3）SDN 分层解耦为未来网络的开放可编程提供了更大的想象空间

随着 5G、物联网、虚拟网络运营商等新技术、新业务、新运营模式的兴起，对网络的可编程和可扩展能力提出了更高要求。SDN 技术发展需要从管理运营、控制选路、编址转发等多个层次上提供用户可定义和可编程的能力，实现完整意义的网络虚拟化。

4. SDN 技术带来网络发展的新机遇

SDN 技术倡导的转发与控制分离、集中控制、开放可编程的核心理念为网络发展带来了新的机遇。

（1）提高网络资源利用率

SDN 技术独立出来一个相对统一集中的网络控制平面，可以更有效地基于全局的网络视图进行网络规划，实施控制和管理，并通过软件编程实现策略部署的自动化，有效地降低网络的运维成本。

（2）促进云计算业务发展

SDN 技术有助于实现网络虚拟化，从而满足云计算业务对网络虚拟化的需求，对外提供“计算 + 存储 + 网络”的综合服务。

（3）提升端到端业务体验

SDN 集中控制和统一的策略部署能力使得端到端的业务保障成为可能。结合 SDN 的网络开放能力，网络可与上层应用更好地协同，增强网络的业务承载能力。

（4）降低网元设备的复杂度

SDN 技术降低了对转发平面网元设备的能力要求，设备硬件更趋于通用化和简单化。

引入 SDN 技术后，对于移动通信网，可以高效利用网络带宽，提升业务编排和网络服务虚拟化能力，具体体现在如下几个方面。

（1）移动网

GGSN、PGW 等网管功能的硬件接口标准化，控制功能软件化，灵活组合实现业务编排能力。

（2）承载网

提升带宽利用率，全局调度流量；按需给用户提供虚拟网络，构建端到端的虚拟网络。

（3）传输网

构建高带宽利用率的动态传输网络，具有即时提供宽带、网络参数自适应流量大小以及自适应传输距离等特点。

5.7.2　NFV

1. NFV 的发展

运营商的网络通常采用的是大量的专用硬件设备，同时这些设备的类型还在不断增加。为满足不断新增的网络服务，运营商还必须增加新的专有硬件设备，并为这些设备提供必需的存放空间以及电力供应；但随着能源成本的增加和资本投入的增长，专有硬件设备的集成和操作的复杂性增大，加之专业设计能力的缺乏，使得这种业务建设模式变得越来越困难。

另外，专有的硬件设备存在生命周期限制的问题，需要不断经历“规划—设计开发—整合—部署”的过程，而这个漫长的过程并不会为整个业务带来收益。更严重的是，随着技术和服务创新需求的发展，硬件设备的可使用生命周期变得越来越短，这影响了新的电信网络业务的运营收益，也限制了在一个越来越依靠网络连通世界的新业务格局下的技术创新。

网络功能虚拟化（NFV）的目标是面对和解决上述这些问题。NFV 采用虚拟化技术，将传统的电信设备与硬件解耦，可基于通用的计算、存储、网络设备实现电信网络功能，提升管理和维护效率，增强系统灵活性。

NFV 利用 IT 虚拟化技术，将现有的各类网络设备功能整合进标准的工业 IT 设备，如高密度服务器、交换机、存储（以上可以存放于数据中心）、网络节点以及最终用户处。这将使传统网络的传输功能可以运行在不同的 IT 工业标准服务器硬件上，并且使之可迁移、实例化，按需分布在不同位置，而无须做新设备的安装。

2. NFV 的特点

NFV 技术强调功能而非架构，通过高度重用商用云网络（控制面、数据面、管理面的分离）支持不同的网络功能需求。NFV 技术可有效提升业务支撑能力，缩短网络建设周期，主要特点表现在以下几个方面。

（1）业务发展

新业务、新服务能够快速加载：网元功能演变为软实体，新业务加载、版本更新可自动完成。

提供虚拟网络租赁等新业务：可将网元功能提供给第三方，并可根据需要动态调整容量大小。

（2）网络建设

缩短网络建设、扩容时间：网元功能与硬件解耦，可统一建设资源池，根据需要分配资源，快速加载业务软件。

采用通用硬件，降低建设成本：以高系统可靠性降低硬件可靠性要求，可与 IT 业共享硬件设备。同时由于多种业务共享相同的硬件设备，可扩大集中采购规模。

（3）网络维护

促进集中化：多种业务共享虚拟资源，便于集中部署；同时，集中化能够进一步发挥虚拟化的资源共享、快速部署、动态调整的优势。

可专业化运维：资源池可采用 IDC 管理模式，大幅提升管理效率；虚拟网

元管理人员更专注于业务管理，实现专业化管理。

NFV 技术的主要应用如下。

（1）通过 NFV 构建低成本的移动网络

NFV 驱动核心网和 Gi 业务的演进：通过硬件平台的通用化，软件实现功能，利用规模效应降低 CAPEX；通过智能管道管理功能，实现快速的网元部署 / 更新以及容量的按需调整功能，降低 OPEX。

（2）通过虚拟化优化系统结构

在部分虚拟化应用中，通过对原有系统结构做一定改造，发挥虚拟化的优势。在基站虚拟化中，可将基站拆分为射频单元（RRU）和基带单元（BBU）两部分，BBU 采用虚拟化技术；在家庭环境虚拟化中，可将传统的 RGW、STB 通过虚拟化部署到网络中，仅在家庭中保留解码和浏览器功能。

对于 NFV，目前还有很多技术上的障碍需要面对和解决。

① 要使虚拟网络设备具备高性能，并且具备在不同的硬件供应商及不同虚拟层之间的移植迁移能力。

② 实现与原有网管平台定制硬件设备的共存，同时能够有一个有效地升级至全虚拟化网络平台的办法，并能够使网络运营商的 OSS/BSS 业务系统在虚拟化平台继续使用。OSS/BSS 的开发将迁移到一种与网络功能虚拟化配合的在线开发模式，而且这正是 SDN 技术可以发挥作用的地方。

③ 管理和组织大量的虚拟化网络设备，要确保整体的安全性，避免被攻击或者错误的配置等。

④ 只有所有的功能能够实现自动化，网络功能虚拟化才能做到可扩展。

⑤ 确保具有合适的软硬件故障恢复级别。

⑥ 能够从各类不同的供应商中选择服务器、虚拟层、虚拟设备，并将其整合，且不会带来过多的整合成本，也不至于被绑定于单一供应商。

3. NFV 与 SDN 的关系

网络功能虚拟化（NFV）与软件定义网络（SDN）高度互补，但并不完全相互依赖。网络功能虚拟化可以无须 SDN 独立实施，不过，这两个概念及方案是可以配合使用的，并能获得潜在的叠加增值效应。网络功能虚拟化的目标可以仅依赖当前数据中心的技术来实现，而无须应用 SDN 的概念机制。但是，通过 SDN 模式实现的设备控制面与数据面的分离，能够提高网络虚拟化的性能，易于兼容现存系统，且有利于操作和维护。

网络功能虚拟化可以通过提供允许 SDN 软件运行的基础设施来支持 SDN，而且，网络功能虚拟化与 SDN 一样可以通过使用通用的商用服务器和交换机来实现。

5.7.3 网络能力开放

网络能力开放的目的在于实现面向第三方应用服务提供商提供所需的网络能力，其基础在于移动网络中各个网元所能提供的网络能力，包括用户位置信息、网元负载信息、网络状态信息和运营商组网资源等，而运营商网络需要将上述信息根据具体的需求适配，提供给第三方使用，网络能力开放的架构如图 5-6 所示。

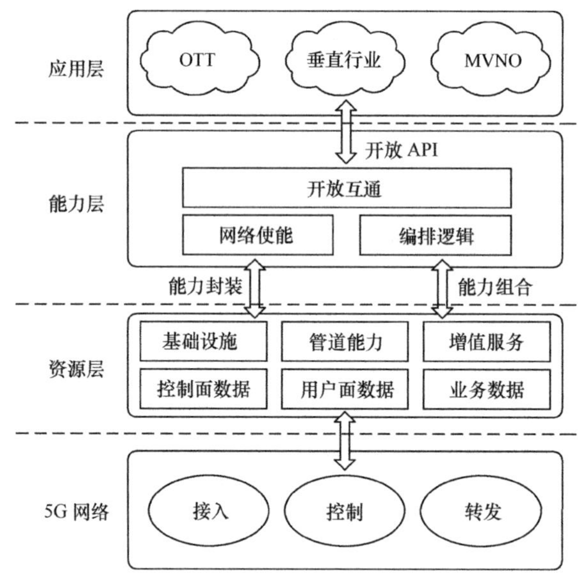

图 5-6　网络能力开放平台架构

网络能力开放架构分为以下 3 个层次。

（1）应用层

第三方平台和服务器位于最高层，是能力开放的需求方，利用能力层提供的 API 接口来明确所需的网络信息，调度管道资源，申请增值业务，构建专用的网络切片。

（2）能力层

网络能力层位于资源层与应用层之间，北向与应用层互通，南向与资源层连接，其功能主要包括对资源层网络信息的汇聚和分析，进行网络能力的封装和按需组合编排，并生成相应的开放 API。

（3）资源层

实现网络能力开放架构与 5G 网络的交互，完成对底层网络资源的抽象定义，整合上层信息感知需求，设定网络内部的监控设备位置，上报数据类型和事件门

限等策略，将上层制定的能力调用逻辑映射为对网络资源按需编排的控制信令。

能力层是 5G 网络能力开放的核心，可以通过服务总线的方式汇聚来自各个实体或虚拟网元的网络能力信息，并通过网络能力层使能单元对上述网络能力信息进行编排，进行大数据分析，用户画像等处理，最终封装成 API 供应用层调用，网络能力层功能包含 3 个方面。

（1）网络使能能力

通过能力封装和适配，实现第三方应用的需求与网络能力映射，对外开放基础网络层的控制面、用户面和业务数据信息、增值服务能力、管道控制能力以及基础设施（计算、存储、路由、物理设备等）。

（2）资源编排能力

根据第三方的能力开放业务需求，编排第三方应用所需要的新增网络功能，网元功能组件以及小型化的专用网络信息，包含所需要的计算、存储及网络资源信息。

（3）开放互通能力

导入第三方的需求及业务信息，向第三方提供开放的网络能力，实现和第三方应用的交互。

5.7.4　网络切片

网络切片是 NFV 应用于 5G 阶段的关键特征。一个网络切片将构成一个端到端的逻辑网络，按切片需求方的需求来灵活地提供一种或多种网络服务。

切片管理功能有机串联商务运营、虚拟化资源平台和网管系统，为不同切片需求方提供安全隔离、高度自控的专用逻辑网络。切片管理功能包含以下 3 个阶段。

① 商务设计阶段：切片需求方利用切片管理功能的模板和编排工具，设定切片的相关参数，包括网络拓扑、功能组件、交互协议、性能指标和硬件要求等。

② 实例编排阶段：切片管理功能将切片描述文件发送到 NFV MANO 功能实现切片的实例化，并通过与切片之间的接口下发网元功能配置，发起连通性测试，最终完成切片向运行态的迁移。

③ 运行管理阶段：在运行态下，切片所有者可通过切片管理功能对己方切片进行实时监控和动态维护，主要包括资源的动态伸缩，切片功能的增加、删除和更新，以及告警故障梳理等。

切片选择功能实现用户终端与网络切片间的接入映射。切片选择功能综合业务签约和功能特性等多种因素，为用户终端提供合适的切片接入选择。用户终端可以分别接入不同切片。用户同时接入多切片的场景形成以下两种切片架构实体。

① 独立架构：不同切片在逻辑资源和逻辑功能上完全隔离，只在物理资源上共享，每个切片包含完整的控制面和用户面功能。

② 共享架构：在多个切片间共享部分网络功能。考虑到终端实现的复杂度，可对移动性管理等终端粒度的控制面功能进行共享，而业务粒度的控制和转发功能则为各切片的独立功能，实现特定的服务。

5.7.5 移动边缘计算

移动边缘计算（MEC）改变了 4G 系统中网络与业务分离的状态，将业务平台下沉到网络边缘，是移动用户就近提供业务计算和数据缓存能力，实现网络从接入管道向信息化服务使能平台的关键跨越，是 5G 的代表性能力。MEC 的核心功能主要包括以下几个。

（1）应用和内容进管道

MEC 可与网关功能联合部署，构建灵活分布的服务体系。特别针对本地化、低时延和高带宽要求的业务（如移动办公、车联网、4K/8K 视频等），提供优化的服务运行环境。

（2）动态业务链功能

MEC 功能并不限于简单的就近缓存和业务服务器下沉，而且随着计算节点与转发节点的融合，在控制面功能的集中调度下，实现动态业务链（Service Chain）功能。

（3）控制平面辅助功能

MEC 可以和移动性管理、会话管理等控制功能相结合，进一步优化服务能力。例如，随用户移动实现应用服务器的迁移和业务链路径重选；获取网络负荷、应用 SLA 和用户等级等参数可对本地服务进行灵活的优化控制等。

移动边缘计算功能的部署方式非常灵活，既可以选择集中部署，与用户面设备耦合，提供增强型网关功能，也可以分布式部署在不同位置，通过集中调度实现服务能力。具体如图 5-7 所示。

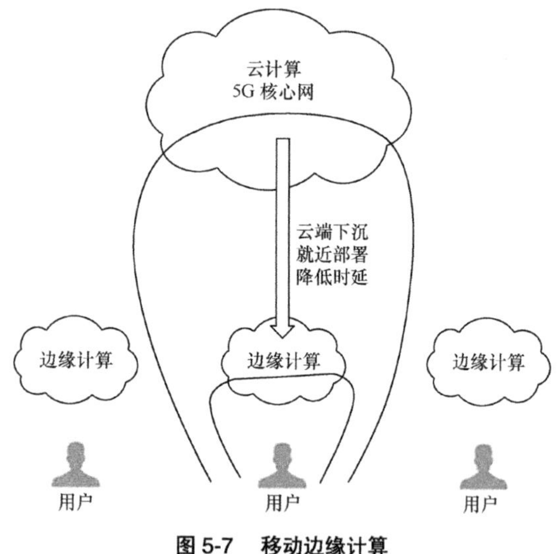

图 5-7 移动边缘计算

5.7.6　按需定制的移动网络

5G 网络的服务对象是海量丰富类型的终端和应用，其报文结构、会话类型、移动规律和安全性需求都不尽相同，网络须针对不同应用场景的服务需求，引入不同的功能设计。

（1）按需的会话管理

按需会话管理是指 5G 网络会话管理功能可以根据不同终端属性、用户类别和业务特征，灵活地配置连接类型、锚点位置和业务连续性能力等参数。

用户可以根据业务特征选择连接类型，例如，选择支持互联网业务的 IP 连接；利用信令面通道实现无连接的物联网小数据传输；或特定业务定制 Non-IP 的专用会话类型。

用户可以根据传输要求选择会话锚点的位置并设置转发路径。对于移动性和业务连续性要求高的业务，网络可以选择网络中心位置的锚点和隧道机制；对于实时性要求高的交互类业务，则可以选择锚点下沉，就近转发；对于转发路径动态性较强的业务，则可以引入 SDN 机制实现连接的灵活编程。

（2）按需的移动性管理

网络侧移动性管理包括在激活态维护会话的连接性和在空闲态保证用户的可达性。通过对激活和空闲两种状态下移动性功能的分级和组合，根据终端的移动模型和其所用业务特征，有针对性地为终端提供相应的移动性管理机制。

此外，网络还可以按照条件变化动态调整终端的移动性管理等级。例如，对一些垂直行业应用，在特定工作区域内可以为终端提供高移动性等级，来保证业务连续性和快速寻呼响应，在离开该区域后，网络动态将终端移动性要求调到低水平，提高节能效率。

（3）按需的安全功能

5G 为不同行业提供差异化业务，需要提供满足各项差异化安全要求的完整性安全性方案。例如，5G 安全需要为移动互联网场景提供高效、统一兼容的移动性安全管理机制；5G 安全需要为 IoT 场景提供更加灵活开放的认证架构和认证方式，支持新的终端身份管理能力；5G 安全需要为网络基础设施提供安全保障，为虚拟化组网、多租户多切片共享等新型网络环境提供安全隔离和防护功能。

（4）控制面按需重构

控制面重构重新定义控制面网络功能，实现网络功能模块化，降低网络功

能之间的交互复杂性，实现自动化的发现和连接，通过网络功能的按需配置和定制，满足业务的多样化需求。控制面按需重构具备以下功能特征。

① 接口中立：网络功能之间的接口和信息应该尽量重用，通过相同的接口消息向其他网络功能调用者提供服务，将多个耦合接口转变为单一接口，从而减少接口数量。网络功能之间的通信应该和网络功能的部署位置无关。

② 融合网络数据库：用户签约数据、网络配置数据和运营商策略等需要集中存储、便于网络功能组件之间实现数据实时共享。网络功能采用统一接口访问融合网络数据库，减少信令交互。

③ 控制面交互功能：负责实现与外部网元或者功能间的信息交互。收到外部信令后，该功能模块查找对应的网络功能，并将信令导向这组网络功能的入口，处理完成后的结果将通过交互功能单元回传到外部网元和功能。

④ 网络组件集中管理：负责网络功能部署后的网络功能注册、网络功能的发现和网络功能的转台检测等。

5.7.7 多接入融合

未来的 5G 网络将是多种无线接入技术（RAT）融合共存的网络，如何协同使用各种无线接入技术，提升网络整体运营效率和用户体验是多种无线接入技术融合所需解决的问题。多 RAT 之间可以通过集中的无线网络控制功能实现融合，或者 RAT 间存在接口实现分布式协同。统一的 RAT 融合技术包括以下 4 个方面。

（1）智能接入控制与管理

依据网络状态、无线环境、终端能力，结合智能业务感知及时将不同的业务映射到最合适的接入技术上，提升用户体验和网络效率。

（2）多 RAT 无线资源管理

依据业务类型、网络负荷、干扰水平等因素，对多网络的无线资源进行联合管理和优化，实现多技术间干扰协调，以及无线资源的共享及分配。

（3）协议与信令优化

增强接入网接口能力、构造更灵活的网络接口关系、支撑动态的网络功能分布。

（4）多制式多连接技术

终端同时接入多个不同制式的网络节点，实现多流并行传输，提高吞吐量，提升用户体验，实现业务在不同接入技术网络间的动态分流和汇聚。

5.8　超密网络

超密集组网将是满足未来移动数据流量需求的主要技术手段。超密集组网通过更加“密集化”的无线基础设施部署，可获得更高的频率复用效率，从而在局部热点区域实现百倍量级的系统容量提升。超密集组网的典型应用场景主要包括：办公室、密集住宅、密集街区、校园、大型集会场所、体育场、地铁、公寓等。随着小区部署密度的增加，超密集组网将面临许多新的技术挑战，如干扰、移动性、站址、传输资源以及部署成本等。为了满足典型应用场景的需求和技术挑战，实现易部署、易维护、用户体验轻快的轻型网络，接入和回传联合设计、干扰管理、小区虚拟化技术是超密集组网的重要研究方向。密集组网关键技术如图 5-8 所示。

图 5-8　密集组网关键技术

（1）接入和回传联合设计

接入和回传联合设计包括混合分层回传技术、多跳多路径的回传技术、自回传技术以及灵活回传技术等。混合分层回传是指在网络架构中将不同基站的分层标识、宏基站以及其他享有有线回传资源的小基站与一级回传层相连接，二级回传层的小基站以一跳形式与一级回传层基站相连接，三级及以下回传层的小基站与上一级回传层以一跳形式连接、以两跳/多跳形式与一级回传层相连接，将有线回传和无线回传相结合，提供一种轻快、即插即用的超密集小区组形式。多跳多路径的回传是指无线回传小基站与相邻小基站之间进行多跳路径的优化选择、多路径建立和多路径承载管理、动态路径选择、回传和接入链路的联合干扰管理和资源协调，可给系统容量带来较明显的增益。自回传技术是指回传链路和接入链路使用相同的无线传输技术。共用同一频带，通过时分或频分方式复用资源，自回传技术包括接入链路和回传链路的联合优化以及回传链路的链路增强两个方面。在接入链路和回传链路的联合优化方面，通过回传链路和接入链路之间自适应地调整资源分配，可提高资源的使用效率。在回传链路的链路增强方面，利用广播信道特性加上多址接入信道特性（BC plus MAC，Broadcast Channel plus Multiple Access Channel）机制，在不同空间上使用空分子信道发送和接收不同数据流，增加空域自由度，提升回传链路的链路容量；通过将多个中继节点或者终端协同形成一个虚拟 MIMO 网络进行收发数据，获得更高阶的自由度，并可协作抑制小区间干扰，从而进一步提升链路容量。灵活回传是提升超密集网络回传能力的高效、经济的解决方案，通过灵活地利用系统中任意可用的网络资源，灵活地调整网络拓扑和回传策略来匹配网络资源和业务负载，灵活地分配回传和接入链路网络资源来提升端到端传输效率，从而能够以较低的部署和运营成本满足网络的端到端业务质量要求。

（2）干扰管理和抑制策略

超密集组网能够有效提升系统容量，但 Small Cell 等更密集的部署及覆盖范围的重叠，带来了严重的干扰问题，当前干扰管理和抑制策略主要包括自适应 Small Cell 分簇、基于集中控制的多小区和干扰协作传输，和基于分簇的多小区频率资源协调技术。自适应 Small Cell 分簇通过调整每个子帧，以及每个 Small Cell 的开关状态并动态形成 Small Cell 分簇，关闭没有用户连接或者无须提供额外容量的 Small Cell，从而降低对邻近 Small Cell 的干扰。基于集中控制的多小区相干协作传输，通过合理选择周围小区进行联合协作传输，终端对来自多个小区的信号进行相干合并，避免干扰，对系统频谱效率有明显提升。基于分簇的多小区频率资源协调，按照整体干扰性能最优的原则，对密集小基站进行频率资源的划分，相同频率的小站为一簇，簇间为异频，可较好地提升边缘用户体验。

（3）小区虚拟化技术

小区虚拟化技术包括以用户为中心的虚拟化技术、虚拟层技术和软扇区技术。虚拟层技术和软扇区技术分别如图 5-9 和图 5-10 所示。

以用户为中心的虚拟化小区技术是指打破小区边界限制，提供无边界的无

线接入，围绕用户建立覆盖、提供服务，虚拟小区随着用户的移动快速更新，并保证虚拟小区与终端之间始终有较好的链路质量，使得用户在超密集部署区域中无论如何移动，均可以获得一致的高 QoS/QoE。虚拟层技术由密集部署的小基站构建虚拟层和实体层网络，其中虚拟层承载广播、寻呼等控制信令，负责移动性管理；实体层承载数据传输，用户在同一虚拟层内移动时，不会发生小区重选或切换，从而实现用户的轻快体验。软扇区技术由集中式设备通过波束赋形手段形成多个软扇区，可以降低大量站址、设备、传输带来的成本，同时可以提供虚拟软扇区和物理小区间统一的管理优化平台，降低运营商维护的复杂度，是一种易部署、易维护的轻型解决方案。

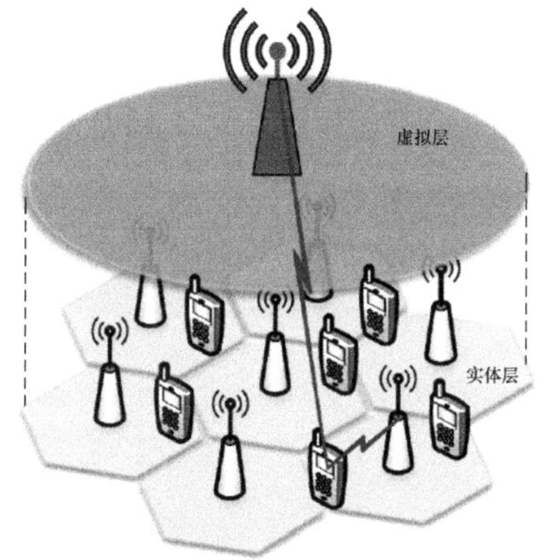

图 5-9　虚拟层技术

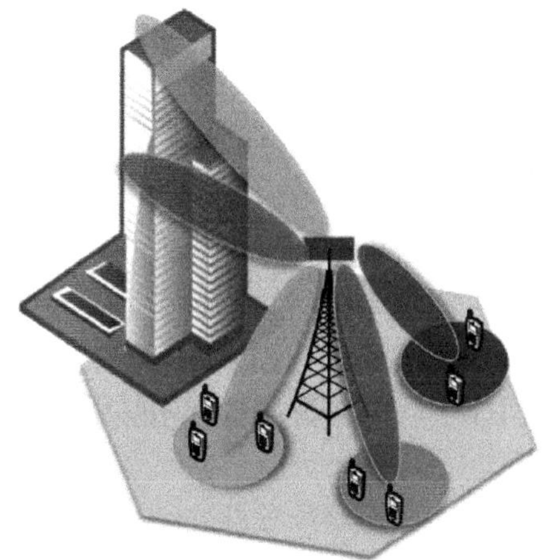

图 5-10　软扇区技术

5.9　低时延、高可靠通信

“低时延、高可靠性”是未来移动通信的关键性能指标，在物联网火热的今天，从传统的蜂窝网络、Wi-Fi 网络到新兴的高速铁路通信、工业实时通信、智能电网，它们对于低时延和高可靠性传输的要求都是显而易见的。

5G 是面向以物为主的通信，包括车联网、物联网、新型智能终端、智慧城市等，这些应用对 5G 网络的设计和性能要求与人和人的通信有很大的不同。例如 M2M 的消息交换要求非常低的数据速率，对时延不敏感，而工业自动化应用中低时延和高可靠性又是最关键的需求。

不同的物联网应用场景对网络的性能要求也不同，时延要求从 1ms 到数秒不等，每小区在线连接数量从数百到数百万不等，占空忙闲比从 0 到数天不等，而信令占比也从 1% 到 100% 不等。

目前产业链企业将这些多样的需求总结成了 3 类：吞吐量、时延和连接数。应对这些不同需求，5G 网络设计面临着包括更高速率支持虚拟现实等应用、无线网络达到光纤固网的水平并支持移动云服务、小于 1ms 的低时延支持车联网应用、海量连接永久在线、提供网络效率同时大幅降低网络能耗等现实挑战。为了应对这些挑战，5G 研究推进组总结了几大潜在技术，包括复杂密集天线阵列、多址接入、更先进的空口波形、超级基带计算能力等，并且现有编码调制方式、基站基带与射频架构、无线接入和回传的统一节点设计，以及终端的无线架构都必须进行大的突破，引入全面云化、软件定义的无线接入架构。

5.10 5G 网络安全

5.10.1 5G 安全架构挑战及需求

（1）新的业务场景

5G 网络不仅用于人与人之间的通信，还将用于人与物以及物与物之间的通信。目前，5G 业务大致可以分为三大场景：eMBB（增强移动宽带）、mMTC（海量机器类通信）和 uRLLC（超可靠、低时延通信）。5G 网络需要针对这 3 种业务场景的不同安全需求提供差异化安全保护机制。

eMBB 聚焦对带宽有极高需求的业务（例如高清视频、VR（虚拟现实）/AR（增强现实）等），以满足人们对数字化生活的需求。eMBB 广泛的应用场景将带来不同的安全需求，同一个应用场景中的不同业务的安全需求也有所不同，例如，VR/AR 等个人业务可能只要求对关键信息的传输进行加密，而对于行业应用可能要求对所有环境信息的传输进行加密。5G 网络可以通过扩展 LTE 安全机制来满足 eMBB 场景所需的安全需求。

对于对连接密度要求较高的场景（例如智慧城市、智能农业等），mMTC 能满足人们对数字化社会的需求。mMTC 场景中存在多种多样的物联网设备，如处于恶劣环境之中的物联网设备，以及技术简单且对电池寿命需求高的物联网设备等。面向物联网繁杂的应用种类和成百上千亿的连接，5G 网络需要考虑

其安全需求的多样性。如果采用单用户认证方案则成本高昂，而且容易造成信令风暴，因此在 5G 网络中，需降低物联网设备在认证和身份管理方面的成本，支撑物联网设备的低成本和高效率海量部署（如采用群组认证等）。针对计算能力低且对电池寿命需求高的物联网设备，5G 网络应该通过一些安全保护措施（如轻量级的安全算法、简单高效的安全协议等）来保证能源高效性。

uRLLC 聚焦对时延极其敏感的业务（例如自动驾驶 / 辅助驾驶、远程控制等），满足人们对数字化工业的需求。低时延和高可靠性是 uRLLC 业务的基本要求，如车联网业务在通信中如果受到安全威胁则可能会涉及生命安全，因此要求高级别的安全保护措施且不能额外增加通信时延。5G 超低时延的实现需要在端到端传输的各个环节进行一系列机制优化。从安全角度来看，降低时延需要优化业务接入过程中身份认证的时延、数据传输安全保护带来的时延，终端移动过程中安全上下文切换带来的时延，以及数据在网络节点中加解密处理带来的时延。

因此，面对多种应用场景和业务需求，5G 网络需要一个统一的、灵活的、可伸缩的 5G 网络安全架构来满足不同应用的不同安全级别的安全需求，即 5G 网络需要一个统一的认证框架，用以支持多种应用场景的网络接入认证；同时 5G 网络应支持伸缩性需求，如网络横向扩展时需要及时启动安全功能实例来满足增加的安全需求，网络收敛时需要及时终止部分安全功能实例来达到节能的目的。另外，5G 网络应支持按需的用户面数据保护，如根据三大业务类型的不同，或根据具体业务的安全需求，部署相应的安全保护机制，此类安全机制的选择，包括加密终结点的不同、加密算法的不同，以及密钥长度的不同等。

（2）新技术和新特征

为提高系统的灵活性和效率并降低成本，5G 网络架构将引入新的 IT 技术，如 SDN（软件定义网络）和 NFV（网络功能虚拟化）。新技术的引入也为 5G 网络安全带来了新的挑战。

5G 网络通过引入虚拟化技术实现了软件与硬件的解耦，NFV 技术的部署使得部分功能网元以虚拟功能网元的形式部署在云化的基础设施上，网络功能由软件实现，不再依赖专有通信硬件平台。5G 网络的这种虚拟化特点改变了传统网络对功能网元的保护很大程度上依赖对物理设备的安全隔离的现状，原先认为安全的物理环境已经变得不安全，实现虚拟化平台的可管可控的安全性要求成为 5G 安全的一个重要组成部分，例如安全认证的功能也可能放到物理环境安全当中，因此，5G 安全需要考虑 5G 基础设施的安全，从而保障 5G 业务在 NFV 环境下能够安全运行。另外，通过引入 SDN 技术，5G 网络中的数据传输效率提高了，实现了更好的资源配置，但同时也带来了新的安全需求，即 5G

环境下虚拟 SDN 控制网元和转发节点的安全隔离和管理，以及 SDN 流表的安全部署和正确执行。

为了更好地支持上述三大业务场景，5G 网络将建立网络切片，为不同业务提供差异化的安全服务，根据业务需求针对切片定制其安全保护机制，实现客户化的安全分级服务，同时网络切片也对安全提出了新的挑战，如切片之间的安全隔离，以及虚拟网络的安全部署和安全管理。

面向低时延业务场景，5G 核心网控制功能需要部署在接入网边缘或者与基站融合部署。数据网关和业务使能设备根据业务需要在全网中灵活部署，以减少对回传网络的压力，降低时延和提高用户体验速率，随着核心网功能下沉到接入网，5G 网络提供的安全保障能力也将随之下沉。

5G 网络的能力开放功能可以部署于网络控制功能之上，以便向第三方开放网络服务和管理功能。在 5G 网络中，能力开放不仅体现在整个网络能力的开放上，还体现在网络内部网元之间的能力开放上，与 4G 网络的点对点流程定义不同，5G 网络的各个网元都提供了服务的开放，不同网元之间通过 API 调用其开放的能力。因此 5G 网络安全需要核心网与外部第三方网元以及核心网内部网元之间支持更高更灵活的安全能力，实现业务签约、发布，及每用户每服务都有安全通道。

（3）多种接入方式和多种设备形态

由于未来应用场景的多元化，5G 网络需要支持多种接入技术，如 WLAN、4G、固定网络、5G 新无线接入技术，而不同的接入技术有不同的安全需求和接入认证机制；另外，一个用户可能持有多个终端，而一个终端可能同时支持多种接入方式，同一个终端在不同接入方式之间进行切换时或用户在使用不同终端进行同一个业务时，要求能进行快速认证以保持业务的延续性从而获得更好的用户体验。因此，5G 网络需要构建一个统一的认证框架来融合不同的接入认证方式，并优化现有的安全认证协议，以提高终端在异构网络间进行切换时的安全认证效率，同时还能确保同一业务在更换终端或更换接入方式时享有连续的业务安全保护。在 5G 应用场景中，有些终端设备能力强，可能配有 SIM/USIM 卡，并具有一定的计算和存储能力，有些终端设备没有配备 SIM/USIM 卡，其身份标识可能是 IP 地址、MAC 地址、数字证书等；而有些能力低的终端设备，甚至没有特定的硬件来安全存储身份标识及认证凭证，因此，5G 网络需要构建一个融合的、统一的身份管理系统，并能支持不同的认证方式、不同的身份标识及认证凭证。

（4）新的商业模式

5G 网络不仅要满足人们超高流量密度、超高连接数密度、超高移动性的需求，还要为垂直行业提供通信服务，因此在 5G 时代将会出现全新的网络模

式与通信服务模式。同样地，终端和网络设备的概念也将会发生改变，各类新型终端设备的出现将会产生多种具有不同态势的安全需求，在大连接物联网场景中，大量无人管理的机器与无线传感器将会接入 5G 网络，由成千上万个独立终端组成的诸多小的网络将会同时连接至 5G 网络，在这种情况下，现有的移动通信系统的简单的可信模式可能不能满足 5G 支撑的各类新兴的商业模式，需要对可信模式进行变革，以应对相关领域的扩展型需求。为了确保 5G 网络能够支撑各类新兴商业模式的需求，并确保足够的安全性，需要对安全架构进行全新的设计。

同时，5G 网络是能力开放的网络，可以向第三方或者垂直行业开放网络安全能力，如认证和授权能力，第三方或者垂直行业与运营商建立了信任关系，当用户允许接入 5G 网络时，也同时允许接入第三方业务。5G 网络的能力开放有利于构建以运营商为核心的开放业务生态，增强用户黏性，拓展新的业务收入来源。对于第三方业务来说，可以借助被广泛使用的运营商数字身份来推广业务，快速拓展用户。

（5）更高的隐私保护需求

5G 网络中业务和场景的多样性以及网络的开放性，使用户隐私信息从封闭的平台转移到开放的平台上，接触状态从线下变成线上，信息泄露的风险也因此增加。例如，在智能医疗系统中，病人病历、处方和治疗方案等隐私性信息在采集、存储和传输过程中存在泄露、被篡改的风险，而在智能交通中，车辆的位置和行驶轨迹等隐私信息也存在暴露和被非法跟踪使用的风险，因此 5G 网络有了更高的用户隐私保护需求。5G 网络是一个异构的网络，使用了多种接入技术，这些接入技术对隐私信息的保护程度不同。同时，5G 网络中的用户数据可能会穿越各种接入网络及不同厂商提供的网络功能实体，从而导致用户隐私数据散布在网络的各个角落，而数据挖掘技术还能让第三方从散布的隐私数据中分析出更多的用户隐私信息。因此，在 5G 网络中，必须全面考虑数据在各种接入技术以及不同运营网络中穿越时面临的隐私暴露风险，并制定周全的隐私保护策略，包括用户的各种身份、位置、接入的服务等。

4G 网络已经暴露出泄露用户身份标识漏洞，因此，5G 网络需要对 4G 网络的机制进行优化和补充，解决已有的 4G 网络的漏洞，通过加强的安全机制对用户身份标识进行隐私保护，杜绝出现泄露用户身份标识的情况。另外，由于 5G 接入网络包括 4G 接入网络，因此用户身份标识的保护需要兼容 4G 的认证信令，防御攻击者引导用户至 4G 接入方式，从而执行针对隐私性的降维攻击。同时，攻击者也可能会利用 UE 位置信息或者空口数据分组的连续性等特点进行 UE 追踪的攻击，因此 5G 隐私保护也需要应对此类位置隐私的安全威胁。

5.10.2　5G 安全总体目标

5G 时代，垂直行业与移动网络的深度融合带来了多种应用场景，包括海量资源受限的物联网设备同时接入、无人值守的物联网终端、车联网与自动驾驶、云端机器人、多种接入技术并存等；另外，IT 技术与通信技术的深度融合，带来了网络架构的变革，使得网络能够灵活地支撑多种应用场景。5G 安全应保护多种应用场景下的通信安全以及 5G 网络架构的安全。5G 网络的多种应用场景涉及不同类型的终端设备、多种接入方式和接入凭证、多种时延要求、隐私保护要求等，所以 5G 网络安全应在以下几个方面有所保证。

① 提供统一的认证框架，支持多种接入方式和接入凭证，从而保证所有终端设备安全地接入网络。

② 提供按需的安全保护，满足多种应用场景中的终端设备的生命周期要求、业务的时延要求。

③ 提供隐私保护，满足用户隐私保护以及相关法规的要求。5G 网络架构中的重要特征包括 NFV/SDN、切片以及能力开放，所以应保证 5G 安全。

④ NFV/SDN 引入移动网络的安全，包括虚拟机相关的安全、软件安全、数据安全、SDN 控制器安全等。

⑤ 切片的安全，包括切片安全隔离、切片的安全管理、UE 接入切片的安全、切片之间通信的安全等。

⑥ 能力开放的安全，既能保证开放的网络能力安全地提供给第三方，也能够保证网络的安全能力开放给第三方使用。

5.10.3　5G 安全架构

随着网络技术的演进，网络的安全架构也在不断变化中。2G 的安全架构是单向认证，即只有网络对用户的认证，而没有用户对网络的认证；3G 的安全架构则是网络和用户的双向认证，相比于 2G 的空口加密能力，3G 空口的信令还增加了完整性保护；4G 安全架构虽然仍采取双向认证，但是 4G 使用独立的密钥保护不同层面（接入层与非接入层）的多条数据流和信令流，核心网也是用网络域安全进行保护。

由于 5G 网络提出的高速率、低时延、处理海量终端要求，5G 安全架构需要从保护节点和密钥架构等方面进行演进。

（1）保护节点的演进

在 5G 时代，用户对数据传输的要求更高，不仅对上下行数据传输速率提

出了挑战，同时也对时延提出了“无感知”的苛刻要求。而在传统的 2G、3G、4G 网络中，用户设备与基站之间提供空口的安全保护机制，在移动时会频繁地更新密钥，而频繁地切换基站与更新密钥将会带来较大的时延，并导致用户实际传输速率无法得到进一步提高。在 5G 网络中，可考虑从数据保护节点进行改进，即将加解密的网络侧节点由基站设备向核心网设备延伸，利用核心网设备在会话过程中较少变动的特性，实现降低切换频率的目的，进而提升传输速率，在这种方式下，空口加密将转变为用户终端与核心网设备间的加密，原本用于空口加密的控制信令也将随之演进为用户终端与核心网设备间的控制信令。

此外，5G 时代将会融合各种通信网络，而目前 2G、3G、4G 以及 WLAN 等网络均拥有各自独立的安全保护体系，提供加密保护的节点也有所不同，如 2G、3G、4G 采用用户终端与基站间的空口保护，而 WLAN 则多数采用终端到核心网的接入网元 PDN 网关或者边界网元 ePDG 之间的安全保护。因此，终端必须不断地根据网络形态选择对应的保护节点，这为终端在各种网络间的漫游带来了极大的不便，因此可考虑在核心网中设立相应的安全边界节点，采用统一的认证机制解决这一问题。

（2）密钥架构优化

4G 网络架构的扁平化导致密钥架构从原来使用单一密钥提供保护，变成使用独立密钥对非接入层和接入层分别保护，所以保护信令和数据面的密钥个数也从原来的 2 个变成 5 个，密钥推演变得相对复杂，多个密钥的推演计算会带来一定的计算开销和时延，在 5G 场景下，需要对 4G 的密钥架构进行优化，使得 5G 的密钥架构具备轻量化的特点，满足 5G 对低成本和低时延的要求。

另外，5G 网络中可能会存在两类计算和处理能力差别很大的设备：一类是大量的物联网设备，这些设备的成本低，计算能力和处理能力不强，无法支持现在通用的密码算法和安全机制，因此除了上述的密钥架构之外，5G 还需要开发轻量级的密钥算法，使得 5G 场景下海量的低成本、低处理能力的物联网设备能够进行安全的通信；另一类是高处理能力的设备，随着芯片等技术的高速发展，设备的计算、存储能力将大大提高，也会很容易支持快速公私钥加解密，此时可以大范围使用证书来更简单、更方便地产生多样化的密钥，从而对具有高处理能力的设备之间的通信进行保护。

5.10.4 5G 安全关键技术

1. 5G 中的大数据安全

5G 的高速率、大带宽特性促使移动网络的数据量剧增，也使得大数据技术在移动网络中变得更加重要。大数据技术可以实现对移动网络中海量数据的分析，进而实现流量的精细化运营，精确感知安全态势等业务。如 5G 网络中的网络集中控制器具有全网的流量视图，通过使用大数据技术分析网络中流量最多的时间段和业务类型，可以对网络流量的精细化管理给出准确的对策。另外，对于移动网络中的攻击事件也可以利用大数据技术进行分析，描绘攻击视图有助于提前感知未知的安全攻击。

在大数据技术为移动网络带来诸多好处和便利的同时，也需要关注和解决大数据的安全问题，而随着人们对个人隐私保护越来越重视，隐私保护成了大数据首先要解决的重要问题。大量事实已经表明，大数据如得不到妥善处理，将会对用户的隐私造成极大的侵害。另外，针对大数据的安全问题，还需要进一步研究数据挖掘中的匿名保护、数据溯源、数据安全传输、安全存储、安全删除等技术。

2. 5G 云化、虚拟化、软件定义网络带来的安全问题

对 5G 系统的低成本和高效率的要求，使得云化、虚拟化、软件定义网络等技术被引入 5G 网络。随着这些技术的引入，原有私有、封闭、高成本的网络设备和网络形态变成标准、开放、低成本的网络设备和网络形态，同时，标准化和开放化的网络形态使得攻击者更容易发起攻击，并且云化、虚拟化、软件定义网络的集中化部署，将导致一旦网络上发生安全威胁，其传播速度会更快，波及范围会更广。所以，云化、虚拟化、软件定义网络的安全变得更加重要，其存在的安全问题主要有以下几个方面。

① 云化、虚拟化网络引入虚拟化技术，要重点考虑和解决虚拟化相关的问题，如虚拟资源的隔离、虚拟网络的安全域划分及边界防护等。

② 网络云化、虚拟化后，传统物理设备之间的通信变成了虚拟机之间的通信，需要考虑能否使用虚拟机之间的安全通信来优化传统物理设备之间的安全通信。

③ 引入 SDN 架构后，5G 网络中设备的控制面与转发面分离，5G 网络架构产生了应用层、控制层以及转发层。需要重点考虑各层的安全、各层之间连接所对应的协议安全（如南北协议安全和东西向的安全）以及控制器本身的安全等。

3. 移动智能终端的安全问题

5G 时代用户使用的业务将更加丰富多彩，使用业务的欲望也会更加强烈，移动智能终端的处理能力、计算能力会得到极大的提高，但同时黑客利用 5G 网络高速率、大数据、应用丰富等特点，能够更加有效地发起对移动智能终端的攻击，因此移动智能终端的安全在 5G 场景下会变得更加重要。

为保证移动智能终端的安全，除了采用常规的安装病毒软件进行病毒查杀之外，还需要有硬件级别的安全环境，保护用户的敏感信息（如加密关键数据的密钥）、敏感操作（如输入银行密码），并且能够从可信根启动，建立可信根→bootloader → OS →关键应用程序的可信链，保证智能终端的安全可信。

5.10.5　5G 网络新的安全能力

1. **统一的认证框架**

5G 支持多种接入技术（如 4G 接入、WLAN 接入以及 5G 接入），由于目前不同的接入网络使用不同的接入认证技术，并且为了更好地支持物联网设备接入 5G 网络，3GPP 还将允许垂直行业的设备和网络使用其特有的接入技术。为了使用户可以在不同接入网间实现无缝切换，5G 网络将采用一种统一的认证框架，实现灵活并且高效地支持各种应用场景下的双向身份鉴权，进而建立统一的密钥体系。

EAP（可扩展认证协议）认证框架是能满足 5G 统一认证需求的备选方案之一。它是一个能封装各种认证协议的统一框架，框架本身并不提供安全功能，认证期望取得的安全目标由所封装的认证协议来实现，它支持多种认证协议，如 EAP-PSK（预共享密钥）、EAP-TLS（传输层安全）、EAP-AKA（鉴权和密钥协商）等。

在 3GPP 目前所定义的 5G 网络架构中，认证服务器功能（AUSF）/ 认证凭证库和处理功能（ARPF）网元可完成传统 EAP 框架下的认证服务器功能，接入管理功能（AMF）网元可完成接入控制和移动性管理功能，5G 统一认证框架如图 5-11 所示。

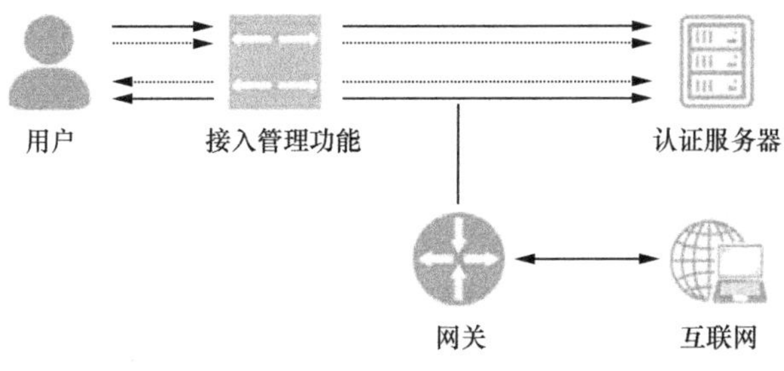

图 5-11　5G 统一认证框架

在 5G 统一认证框架中，各种接入方式均可在 EAP 框架下接入 5G 核心网：用户通过 WLAN 接入时可使用 EAP-AKA 认证，通过有线接入时可采用 IEEE

802.1x 认证，通过 5G 新空口接入时可使用 EAP-AKA 认证。不同的接入网使用在逻辑功能上统一的 AMF 和 AUSF/ARPF 提供认证服务，基于此，用户在不同的接入网间进行无缝切换成为可能。

5G 网络的安全架构明显有别于以前移动网络的安全架构。统一认证框架的引入不仅能降低运营商的投资和运营成本，也能为将来 5G 网络提供新业务时对用户的认证打下坚实的基础。

2. 多层次的切片安全

切片安全机制主要包含 3 个方面：UE 和切片间安全、切片内 NF（网络功能）与切片外 NF 间安全、切片内 NF 间安全。切片安全机制如图 5-12 所示。

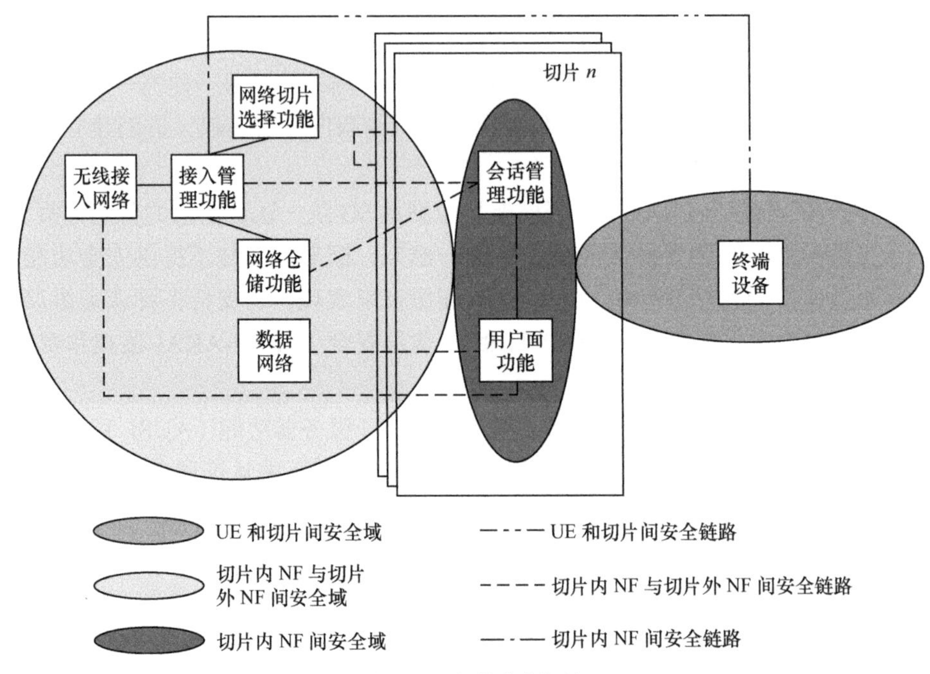

图 5-12　切片安全机制

（1）UE 和切片间安全

UE 和切片间安全通过接入策略控制来应对访问类的风险，由 AMF 对 UE 进行鉴权，从而保证接入网络的 UE 是合法的。另外，可以通过 PDU（分组数据单元）会话机制来防止 UE 的未授权访问，具体方式是：AMF 通过 UE 的 NSSAI（网络切片选择辅助信息）为 UE 选择正确的切片，UE 访问不同切片内的业务时，会建立不同的 PDU 会话，不同的网络切片不能共享 PDU 会话，同时，建立 PDU 会话的信令流程可以增加鉴权和加密过程。UE 的每一个切片的 PDU

会话都可以根据切片策略采用不同的安全机制。

当外部数据网络需要对 UE 进行第三方认证时，可以由切片内的会话管理功能（SMF）作为 EAP 认证器，为 UE 进行第三方认证。

（2）切片内 NF 与切片外 NF 间安全

由于安全风险等级不同，切片内 NF 与切片外 NF 间通信安全可以分为以下 3 种情况。

① 切片内 NF 与切片公用 NF 间的安全。

公用 NF 可以访问多个切片内的 NF，因此切片内的 NF 需要安全的机制控制来自公用 NF 的访问，防止公用 NF 非法访问某个切片内的 NF，以及非法的外部 NF 访问某个切片内的 NF。

网管平台通过白名单机制对各个 NF 进行授权，包括每个 NF 可以被哪些 NF 访问，每个 NF 可以访问哪些 NF。

切片内的 SMF 需要向网络仓储功能（NRF）注册，当 AMF 为 UE 选择切片时，询问 NRF，发现各个切片的 SMF，在 AMF 和 SMF 通信前，可以先进行相互认证，实现切片内 NF（如 SMF）与切片外公用 NF（如 AMF）间的相互可信。

同时，可以在 AMF 或 NRF 做频率监控或者部署防火墙防止 DoS/DDoS 攻击，防止恶意用户将切片公有 NF 的资源耗尽，而影响切片的正常运作。比如，在 AMF 做防御，进行频率监控，当检测到同一 UE 向同一 NRF 发送消息的频率过高时，则强制该 UE 下线，并限制其再次上线，进行接入控制，防止 UE 的 DoS 攻击；或者在 NRF 做频率监控，当发现大量 UE 同时上线，向同一 NRF 发送消息的频率过高，则强制这些 UE 下线，并限制其再次上线，进行接入控制，防止大范围的 DDoS 攻击。

② 切片内 NF 与外网设备间安全。

在切片内 NF 与外网设备间，部署虚拟防火墙或物理防火墙，保护切片内网与外网的安全。如果在切片内部署防火墙则可以使用虚拟防火墙，不同的切片按需编排；如果在切片外部署防火墙则可以使用物理防火墙，一个防火墙可以保障多个切片的安全。

③ 不同切片间 NF 的隔离。

不同的切片要尽可能保证隔离，各个切片内的 NF 之间也需要进行安全隔离，比如，部署时可以通过 VLAN/VxLAN 划分切片，基于 NFV 的隔离来实现切片的物理隔离和控制，保证每个切片都能获得相对独立的物理资源，保证一个切片异常后不会影响到其他切片。

（3）切片内 NF 间安全

切片内的 NF 在通信前，可以先进行认证，保证对方 NF 是可信 NF，然后可以通过建立安全隧道（如 IPSec）保证通信安全。

3. *差异化安全保护*

不同的业务会有不同的安全需求，例如，远程医疗需要高可靠性安全保护，而部分物联网业务需要轻量级的安全解决方案来进行安全保护。5G 网络支持多种业务并行发展，以满足个人用户、行业客户的多样性需求。从网络架构来看，基于原生云化架构的端到端切片可以满足这样的多样性需求。同样的，5G 安全设计也需支持业务多样性的差异化安全需求，即用户面的按需保护需求。

用户面的按需保护本质上是根据不同的业务对安全保护的不同需求部署不同的用户面保护机制。按需的保护主要有以下两类策略。

① 用户面数据保护的终结点。终结点可以为（无线）接入网或者核心网，即 UE 到接入网之间的用户面数据保护，或者 UE 至核心网的用户面数据保护。

② 业务数据的加密和 / 或完整性保护方式。如，不同的安全保护算法、密钥长度、密钥更新周期等。

通过和业务的交互，5G 系统获取不同业务的安全需求，运营商网络可以根据业务、网络、终端的安全需求和安全能力，按需制定不同业务的差异化数据保护策略。

基于业务的差异化用户面安全保护机制如图 5-13 所示。

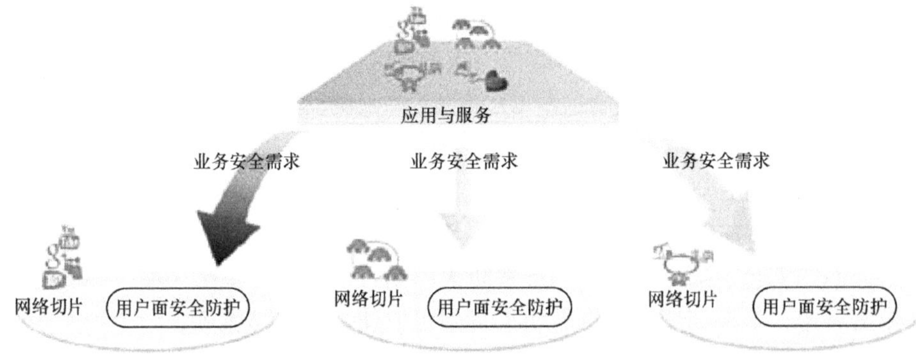

图 5-13　基于业务的差异化用户安全保护机制示意

图 5-12 中，根据应用与服务侧的业务安全需求，确定相应切片的安全保护机制，并部署相关切片的用户面安全防护。例如，考虑到 mMTC 中设备的轻量级特征，此切片内数据可以根据 mMTC 业务需求部署轻量级的用户面安全保护机制。另外，切片内还包含 UE 至核心网的会话传输模式，因此基于不同的会话做用户面数据保护，可以增加安全保护的灵活度。对于同一个用户终端，不

同的业务有不同的会话数据传输，5G网络也可以对不同的会话数据传输进行差异化的安全保护。

4. 开放的安全能力

5G网络安全能力可以通过API开放给第三方业务（如业务提供商、企业、垂直行业等），让第三方业务能便捷地使用移动网络的安全能力，从而让第三方业务提供商有更多的时间和精力专注于具体应用业务逻辑的开发，进而快速、灵活地部署各种新业务，以满足用户不断变化的需求；同时运营商通过API开放5G网络安全能力，让运营商的网络安全能力深入地渗透到第三方业务生态环境中，进而增强用户黏性，拓展运营商的业务收入来源。

开放的5G网络安全能力主要包括：基于网络接入认证向第三方提供业务层的访问认证，即如果业务层与网络层互信，用户在通过网络接入认证后可以直接访问第三方业务，简化用户访问业务认证的同时也提高了业务访问效率；基于终端智能卡的安全能力，拓展业务层的认证维度，增强业务认证的安全性。

5. 灵活多样的安全凭证管理

由于5G网络需要支持多种接入技术（如WLAN、4G、固定网络、5G新无线接入技术）以及多样的终端设备，而有些设备能力强，支持（U)SIM卡安全机制；有些设备能力较弱，仅支持轻量级的安全功能，所以存在多种安全凭证，如对称安全凭证和非对称安全凭证。因此，5G网络安全需要支持多种安全凭证的管理，包括对称安全凭证管理和非对称安全凭证管理。

（1）对称安全凭证管理

对称安全凭证管理机制便于运营商对用户进行集中化管理。例如，基于（U)SIM卡的数字身份管理是一种典型的对称安全凭证管理，其认证机制已得到业务提供者和用户的广泛信赖。

（2）非对称安全凭证管理

采用非对称安全凭证管理可以实现物联网场景下的身份管理和接入认证，缩短认证链条，实现快速安全接入，降低认证开销；同时缓解核心网压力，规避信令风暴以及认证节点高度集中带来的瓶颈风险。

面向物联网成百上千亿的连接，基于（U)SIM卡的单用户认证方案成本高昂，为了降低物联网设备在认证和身份管理方面的成本，可采用非对称安全凭证管理机制。

非对称安全凭证管理主要包括证书机制和IBC（基于身份标识密码系统）机制。其中，证书机制是应用较为成熟的非对称安全凭证管理机制，已广泛应用于金融和CA（证书中心）等业务，不过证书复杂度较高；而在IBC机制中，设备ID可以作为其公钥，在认证时不需要发送证书，具有传输效率高的优势。IBC

所对应的身份管理与网络 / 应用 ID 易于关联，可以灵活制订或修改身份管理策略。

非对称密钥体制具有天然的去中心化特点，无须在网络侧保存所有终端设备的密钥，无须部署永久在线的集中式身份管理节点。

网络认证节点可以采用去中心化部署方式，如下移至网络边缘，终端和网络的认证无须访问网络中心的用户身份数据库。去中心化部署方式如图 5-14 所示。

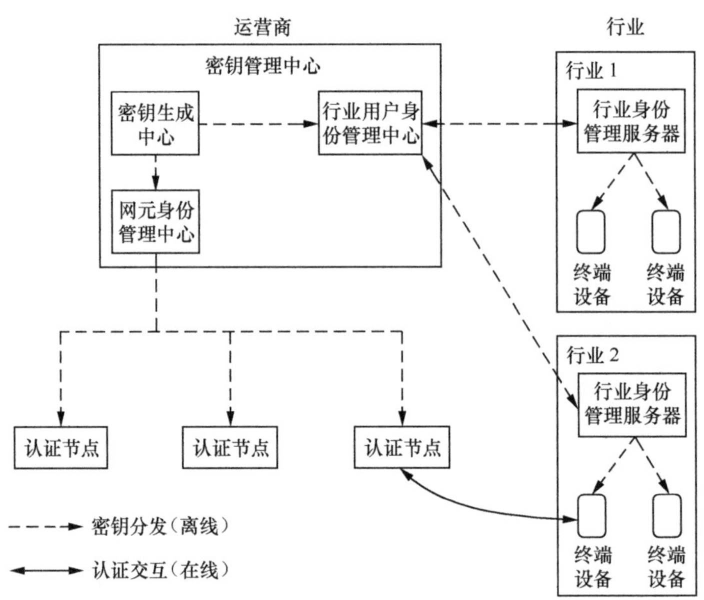

图 5-14　去中心化安全管理部署

6. *按需的用户隐私保护*

5G 网络涉及多种网络接入类型并兼容垂直行业应用，用户隐私信息可以在多种网络、服务、应用及网络设备中存储使用，因此，5G 网络需要支持安全、灵活、按需的隐私保护机制。

（1）隐私保护类型

5G 网络对用户隐私的保护可以分为以下几类。

① 身份标识保护。

用户身份是用户隐私的重要组成部分，5G 网络使用加密技术、匿名化技术等为临时身份标识、永久身份标识、设备身份标识、网络切片标识等身份标识提供保护。

② 位置信息保护。

5G 网络中海量的用户设备及其应用，会产生大量与用户位置相关的信息，如定位信息、轨迹信息等，5G网络使用加密等技术提供对位置信息的保护，并可防止通过位置信息分析和预测用户轨迹。

③ 服务信息保护。

相比于4G网络，5G网络中的服务将更加多样化，用户对使用服务产生的信息保护需求增强，用户服务信息主要包括用户使用的服务类型、服务内容等，5G网络使用机密性、完整性保护等技术对服务信息进行保护。

（2）隐私保护能力

在服务和网络应用中，不同的用户隐私类型保护需求不尽相同，因此需要网络提供灵活、按需的隐私保护能力。

① 提供差异化隐私保护能力。

5G网络能够针对不同的应用、不同的服务，灵活设定隐私保护范围和保护强度，提供差异化隐私保护能力。

② 提供用户偏好保护能力。

5G网络能够根据用户需求，为用户提供设置隐私保护偏好的能力，同时具备隐私保护的可配置、可视化能力。

③ 提供用户行为保护能力。

5G网络中业务和场景的多样性以及网络的开放性，使得用户隐私信息可能从封闭的平台转移到开放的平台上，因此需要对与用户行为相关的数据分析提供保护，防止从公开信息中挖掘和分析出用户隐私信息。

④ 隐私保护技术。

5G网络可提供多样化的技术手段对用户隐私进行保护，使用基于密码学的机密性保护、完整性保护、匿名化技术等对用户身份进行保护，使用基于密码学的机密性保护、完整性保护对位置信息、服务信息进行保护。

为了提供差异化隐私保护能力，网络通过安全策略可配置和可视化技术，以及可配置的隐私保护偏好技术，实现对隐私信息保护范围和保护强度的灵活选择；采用大数据分析相关的保护技术，实现对用户行为相关数据的安全保护。

第6章

5G频谱

无线电频率是承载无线业务、实现无线通信的基础，具有稀缺性、独享性和不可再生性，是一种无形的却又极其重要的战略资源。与4G相比，5G系统将会面对更高的数据传输速率，为了提供千倍于4G的容量，需要10倍于4G的频谱。根据预测，到2020年我国移动通信的频谱缺口约为1000MHz，频谱资源的不足已成为制约5G发展的关键因素之一。

开发利用更高频段、调整现有频谱划分、推动技术升级是应对5G频谱资源挑战的主要方向。本章在对频谱需求与现有资源分析的基础上，主要围绕这几个方向展开论述。更高的频段开发首先考虑6GHz以下频段，中期是应用毫米波通信，可见光通信则是远期的可选技术。调整频谱划分虽然见效最快，但会触及不同行业、部门的利益，因此进展迟缓。认知无线电、频谱共享等新技术的引入为解决频率需求矛盾提供了新思路，但技术的成熟同样也还有很长的路要走。

6.1 概　述

1873 年，英国科学家麦克斯韦综合前人的研究，建立了完整的电磁波理论。他断定电磁波是存在的，推导出电磁波与光具有同样的传播速度。现在所说的无线电，一般是电磁波的一个有限频带，按照国际电信联盟的规定，频段范围为 3kHz ～ 300GHz。随着无线电应用的不断拓展，300 ～ 3000GHz 频段也被列入了无线电的范畴。

无线电频谱在整个电磁频谱中的位置如图 6-1 所示。由于无线电的频谱范围非常宽，为研究方便，将其划分成 9 个频段（波段）。

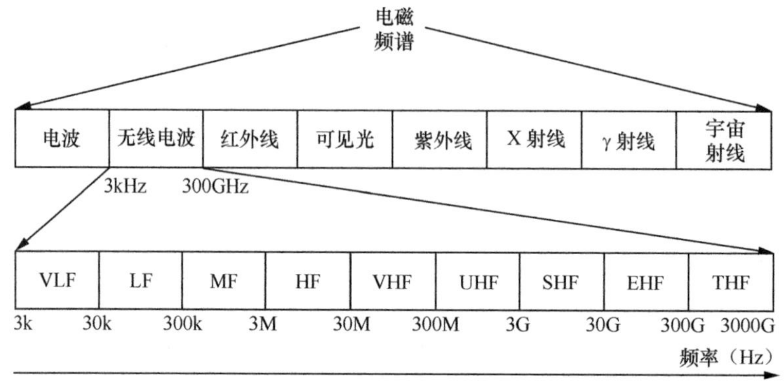

图 6-1　电磁频谱

谁是第一个无线电通信的应用者？我们可能无法知道，有些人说是马可尼。1898年，马可尼发送了第一封收费电报，标志着无线电通信进入实用阶段。

一百多年来，无线电技术不断进步，应用广泛普及，深刻影响和改变着人类的生活。当前，无线电技术的应用日益广泛深入，已经覆盖到通信、广播、电视、公安、交通、航空、航天、气象、渔业、科研和国防等多个行业。无线电的发展史，就是人们对电磁波的各个波段逐步进行研究、了解并运用的历史，各波段无线电的主要应用见表6-1。

表6-1 无线电频谱及其使用

波段（频段）	符号	波长范围	频率范围	主要应用
超长波（甚低频）	VLF	10 000 ～ 100 000m	3 ～ 30kHz	1. 海岸、潜艇通信 2. 海上导航
长波（低频）	LF	1000 ～ 10 000m	30 ～ 300kHz	1. 大气层内中等距离通信 2. 地下岩层通信 3. 海上导航
中波（中频）	MF	100 ～ 1000m	300 ～ 3000kHz	1. 广播 2. 海上导航
短波（高频）	HF	10 ～ 100m	3 ～ 30MHz	1. 远距离短波通信 2. 短波广播
超短波（甚高频）	VHF	1 ～ 10m	30 ～ 300MHz	1. 电离层散射通信（30 ～ 60MHz） 2. 流星余迹通信（30 ～ 100MHz） 3. 人造电离层通信（30 ～ 144MHz） 4. 对大气层内、外空间飞行体（飞机、导弹、卫星）的通信 5. 对大气层内电视、雷达、导航、移动通信
分米波（特高频）	UHF	0.1 ～ 1m	300 ～ 3000MHz	1. 移动通信（700 ～ 1000MHz） 2. 小容量（8 ～ 12路）微波接力通信（352 ～ 420MHz） 3. 中容量（120路）微波接力通信（1700 ～ 2400MHz）
厘米波（超高频）	SHF	1 ～ 10cm	3 ～ 30GHz	1. 大容量（2500路、6000路）微波接力通信（3600 ～ 4200MHz，5850 ～ 8500MHz） 2. 数字通信 3. 卫星通信 4. 波导通信
毫米波（极高频）	EHF	1 ～ 10mm	30 ～ 300GHz	穿入大气层时的通信
亚毫米波（至高频）	THF	0.1 ～ 1mm	300 ～ 3000GHz	

首先投入应用的是长波段，因为长波在地表激起的感应电流小、电波能量损失小，并且能够绕过障碍物。1901 年，马可尼用大功率电台和庞大的天线实现了跨大西洋的无线电通信。但长波天线设备庞大而昂贵，通信容量小，这促使人们继续探寻新的通信波段。20 世纪 20 年代，业余无线电爱好者发现短波能传播很远的距离。之后十年通过对电离层的研究发现，短波是借助于大气层中的电离层传播的，电离层如同一面镜子，它非常适合反射短波。短波电台经济又轻便，在无线通信和广播中得到了大量应用。但是电离层容易受气象条件、太阳活动及人类活动的影响，短波的通信质量和可靠性不高，此外容量也满足不了日益增长的需要。短波段带宽只有 27MHz，按每个短波电台占 4kHz 频带计算，仅能容纳 6000 多个电台，每个国家只能分得不足 50 个。如果是电视台的话，每个电视频道需要 8MHz，就更挤不下了。20 世纪 40 年代，微波技术的应用兴起。微波已接近光频，它沿直线传播，能穿过电离层不被反射，但是绕射能力差，所以微波需经中继站或通信卫星将它反射后传播到预定的远方。

宽带移动通信代表着无线电技术演进的最新成果，它将独立的、分散的无线电技术应用时代带入无处不在的、宽带的移动互联网时代，直至将来的万物互联。回顾移动通信的发展历程，可以发现，技术的进步也是频谱使用效率提升的过程。移动通信从 FDMA 到 TDMA、CDMA，再到 OFDMA 的演进，频谱使用效率越来越高。

另一方面，技术的发展也加剧了不同业务、不同部门间在无线电频谱使用上的冲突。公众移动通信技术在近几十年里取得了高速发展，国际移动通信系统（IMT）频谱资源不断拓展，对无线电业务的共存格局产生了深远影响，特别是对广播业务、定位业务、卫星业务的使用频率形成了冲击。在国内，广电、铁路、科研、国防等领域在无线电频率使用需求方面存在矛盾。

随着 5G 的到来，移动通信系统对无线电频谱日益增长的需求与有限的可用频谱之间的矛盾愈发突出。面对宽带移动通信的迅速发展给频谱资源管理带来的挑战，可从 3 个方面予以应对。

首先，开发利用更高频段。移动通信最早使用短波技术，近 50 年来发展到超短波与分米波。随着无线电技术应用的发展，各行各业对于无线电频谱资源的需求越来越大，所使用的频率带宽、信道带宽逐渐增加。如今，微电子技术的进步，让高频段频率用来支持通信成为可能。众所周知，GSM 网络使用 900MHz 频段和 1800MHz 频段，3G 网络主要使用 1.9GHz、2.1GHz 频段和 2.3GHz 频段，4G 网络主要使用 1800MHz 频段和 2.6GHz 频段。与此同时，Wi-Fi 等技术作为宽带无线接入的重要方式，是移动通信的有益补充。美国、日本、韩国等国家在规划 IMT 频率的同时，也规划了部分频率支持 Wi-Fi 技术。

我国正在规划 5GHz 频段上的频率用于宽带无线接入。

其次，调整现有业务的频谱划分。当前，以公众移动通信网络为代表的宽带移动通信的发展对无线电频谱的需求不断增加。在无线电频谱资源有限的情况下，需根据实际对原有业务的频谱划分进行调整，统筹协调各类无线电业务的频率使用。

最后，积极推动技术进步与应用升级。3G 和 4G 频率规划的思路之一是：对于前一代移动通信和其他较过时的、频谱使用效率不高的无线电通信技术和网络，应促进其升级换代到频谱使用效率更高的新一代移动通信。对于即将到来的 5G 频率规划，同样遵循这一原则：5G 网络使用频段内，不仅包括新开发的频段和其他部门清退出来的频段，还应积极促进技术的更新换代，以提高现有移动通信网络的频谱使用效率。

6.2　5G 频谱选择

6.2.1　5G 频谱需求

如果把移动通信系统的建设看成是开发商盖“房子”，那频谱的作用就是“土地”，只有有了土地，开发商才能盖好房子。随着移动通信行业的飞速发展，尤其是移动互联网业务的迅猛增长，日益增长的频谱需求和有限的频谱资源之间的矛盾成为制约通信运营商发展的主要因素之一。

分配和管理全球无线电频谱资源的国际机构是国际电信联盟（ITU），它是联合国机构中历史最长的一个国际组织，简称“国际电联”或“电联”。国际电联主管信息通信技术事务，负责制定全球电信标准，向发展中国家提供电信援助，促进全球电信发展。国际电联的无线电通信组（ITU-Radio communications sector，ITU-R）具体负责分配和管理全球无线电频谱与卫星轨道资源。在国内，负责频谱规划与管理的是工业和信息化部无线电管理局，其负责编制无线电频谱规划，以及无线电频率的划分、分配与指配。

ITU-R 在《为 IMT-2000 和 IMT-Advanced 的未来发展估计的频谱带宽需求》建议书（ITU-R M.2078：Estimated spectrum bandwidth requirements for the future development of IMT-2000 and IMT-Advanced）中指出，多媒体业务量的增长远比话音业务迅速，并将日益占据主导地位，这将导致从以电路交换为主到以分组传输为主的根本性改变。这种改变将为用户提供更有效的接收多媒体业务（包括电子邮件、文件传输、消息和分配业务）的能力。多媒体业务可以是对称的也可以是不对称的，可以是实时的也可以是非实时的，将占用很高的带宽，导致未来更高的数据速率需求，也必然会带来更高的频谱需求。

1. 3G 的频谱需求计算

3G 商用之前，国际电联已经充分认识到频谱资源对于快速发展的移动通信业务的重要性。1999 年 ITU-R 发布的《IMT-2000 地面部分频谱需求的计算方法》建议书（ITU-R M.1390：Methodology for the calculation of IMT-2000 terrestrial spectrum requirements）提出了对于 3G 地面频谱需求的计算方法，该方法充分考虑了环境、市场、业务、3G 系统技术能力的影响，同时考虑了电路域业务与分组域业务的需求。

根据该方法，频谱总需求可表示为：

$$F_{\text{Terrestrial}} = \beta \sum \alpha_{\text{es}} F_{\text{es}} = \beta \sum \alpha_{\text{es}} T_{\text{es}} / S_{\text{es}} \tag{6-1}$$

其中，

$F_{\text{Terrestrial}}$ 为陆地业务频谱总需求（单位：MHz）；

T_{es}为业务量 / 小区（单位：Mbit/s/ 小区）；

S_{es}为系统能力（单位：Mbit/s/MHz/ 小区）；

α_{es}为加权因子；

β为调整因子。

在式（6-1）中，变量的下标“e”与“s”分别表示环境（environment）与业务（service）的影响。

（1）环境因素

M.1390 方法考虑了两类环境，一类是地理环境，另一类是移动性环境，它们的组合构成了表 6-2 中的 12 个环境因素。

表 6-2 环境因素

	室内	步行	车速
密集城区（CBD）			
城区			
郊区			
农村			

（2）市场与业务因素

市场与业务因素考虑业务类型、人口密度、人口渗透率、用户话务模型等

影响。对于3G(IMT-2000),可能的业务选项包括:

- 语音;
- 简单消息;
- 电路域数据;
- 中速率多媒体业务;
- 高速率多媒体业务;
- 高速率交互式多媒体业务。

(3)系统能力

主要考虑3G系统单小区的业务承载能力。

(4)计算案例

在ITU-R M.1390附录示例中,对考虑了3个环境场景(密集市区—室内、市区—步行、市区—车速)的案例进行计算,预计2010年的频谱总需求为530.3MHz。

2. 3G后的频谱需求计算

(1)国际上的预测

2003年,ITU-R采纳了《IMT-2000和超IMT-2000系统未来发展的框架和总体目标》建议书(ITU-R M.1645:Framework and overall objectives of the future development of IMT-2000 and systems beyond IMT-2000)。该建议书认为,对无线通信需求增长给予的特殊考虑,会导致更高的数据速率以满足用户需求。

为了达到与IMT-2000和IMT-Advanced的未来发展有关的目标,需要更多的额外的频谱带宽。同时,随着移动与固定通信的融合、多网络环境的出现以及不同接入系统间无缝互联互通的出现,再使用M.1390那种简单的方式就不合适了。考虑到市场要求和网络部署情况,为了对频率需求进行估算,必须开发和应用新的模型,希望能够顾及对电信服务进行空间和时间上的关联。IMT-2000和IMT-Advanced未来发展的频谱计算方法应具有灵活性,并应技术中立和普遍适用。

为此,《IMT系统地面部分无线电方面的问题》建议书(ITU-R M.2074:Radio aspects for the terrestrial component of IMT-2000 and systems beyond IMT-2000)引入了无线电接入技术组(RATG)的概念,RATG划分如下。

- 第1组(RATG 1):IMT之前的系统、IMT-2000及其增强版。这一组包含蜂窝移动系统、IMT-2000系统以及它们的加强型。
- 第2组(RATG 2):如ITU-R M.1645建议书所描述的IMT-Advanced(例如,新的无线接入和新的游牧/本地无线接入),但不包括已在其他RATG中描述的系统。

- 第 3 组（RATG 3）：现有的无线电 LAN 及其增强型系统。
- 第 4 组（RATG 4）：数字移动广播系统及其增强型系统。

《国际移动电信地面部分的频谱需求的计算方法》建议书（ITU-R M.1768：Methodology for calculation of spectrum requirements for the terrestrial component of International Mobile Telecommunications）提出了用于计算 IMT 系统未来发展频谱需求的方法，考虑了实际网络实施以调整频谱需求，采用频谱效率值将容量需求转换成频谱需求，并计算了 IMT 系统未来发展的集总频谱需求。M.1768 方法适应了市场研究中涉及的各服务的复杂组合，考虑了业务量随时间变化及随区域变化的特性，采用 RATG 方式，以技术中立的方法来处理正在出现的和已有的系统，所考虑的 4 组 RATG 涵盖了所有相关的无线电接入技术。对于分配给 RATG1 和 RATG2 的业务量，M.1768 对分组交换和电路交换业务采用不同的数学算法，将来自市场研究的业务量数值转换成容量需求。

根据 ITU-R M.1768 建议书，频谱需求计算的流程如图 6-2 所示。

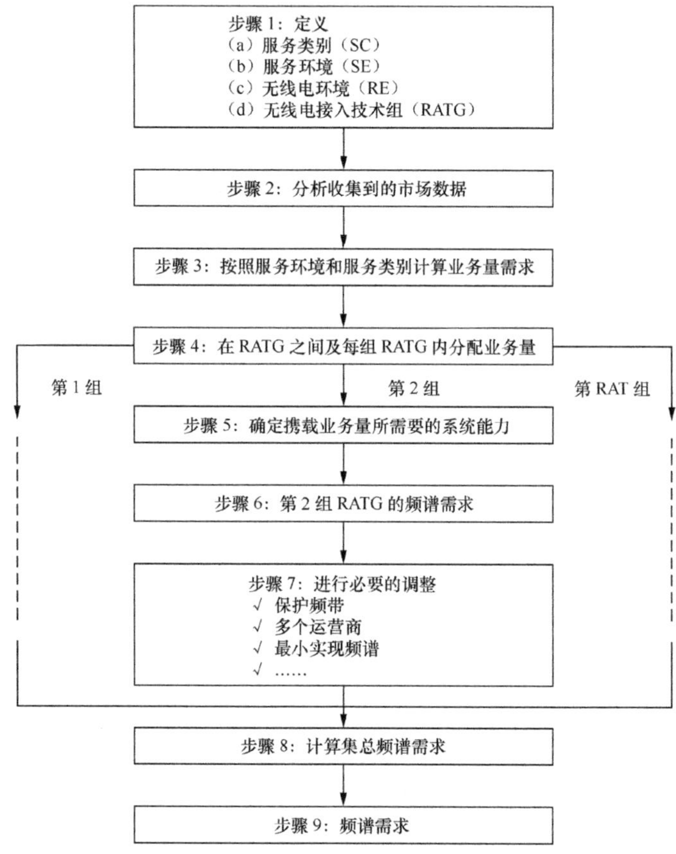

图 6-2　频谱计算方法流程

对 2020 年的 RATG1 和 RATG2 二者估计的总的频谱带宽需求，经计算为 1280 ～ 1720MHz(包括已经使用或计划用于 RATG1 的频谱)，见表 6-3。

表 6-3 对 RATG1 和 RATG2 二者预计的频谱需求 单位：MHz

市场设置	RATG1 的频谱需求			RATG2 的频谱需求			总的频谱需求		
	2010 年	2015 年	2020 年	2010 年	2015 年	2020 年	2010 年	2015 年	2020 年
较高的市场设置	840	880	880	0	420	840	840	1300	1720
较低的市场设置	760	800	800	0	500	480	760	1300	1280

（2）国内的预测

2012 年，工业和信息化部电信研究院（现中国信息通信研究院）研究人员对中国未来的频谱需求做了预测，认为 2015 年中国陆地移动通信频谱总需求为 991MHz，缺口为 444MHz(当时中国已规划的 IMT 可用频谱为 547MHz)，见表 6-4。

表 6-4 中国公众移动通信业务频率需求情况

年份	2010 年	2011 年	2012 年	2013 年	2014 年	2015 年
数据业务增长率	100%	217%	455%	938%	1911%	3854%
站址密度增长率	100%	113%	126%	139%	152%	165%
单站业务增长率	100%	192%	361%	675%	1257%	2336%
平均频率效率（bit/s/Hz）	0.625	0.78	0.88	1.05	1.13	1.3
绝对增长率	100%	125%	141%	168%	181%	208%
单站业务流量调整	100%	154%	256%	402%	695%	1123%
数据业务用频（MHz）	81	124	208	326	563	910
占比	50%	61%	72%	80%	87%	92%
话音业务用频（MHz）	81	81	81	81	81	81
占比	50%	39%	28%	20%	13%	8%
合计（MHz）	162	205	289	407	644	991
缺口（MHz）	—	—	—	—	97	444

2013 年，中国信息通信研究院在《到 2020 年中国 IMT 服务的频谱需求》报告中，全面评估了到 2020 年中国 IMT 服务的频谱需求。到 2020 年，中国 IMT 的频谱需求为 1864MHz，缺口为 1177MHz。

2014 年，另一份研究报告对我国 2015—2020 年的公众陆地移动通信系统的预测见表 6-5。此时，我国已规划给地面移动通信的频谱共计 687MHz，到 2020 年预计缺口为 803 ～ 1123MHz，需要世界无线电通信大会划分新的频段来解决。

表 6-5 我国频率需求预测结果

年份	2015 年	2020 年
需求预测（MHz）	570 ～ 690	1490 ～ 1810
已规划的频谱（MHz）	687	687
额外需求（MHz）	—	803 ～ 1123

6.2.2 现有频谱分配

1. 全球的频谱规划

每 3 ～ 4 年举行一次的国际电联世界无线电通信大会（WRC，World Radio-communication Conferences）是 ITU-R 最高级别的会议，负责审议并在必要时修订《无线电规则》（指导无线电频谱、对地静止卫星和非对地静止卫星轨道使用的国际条约）。与未来移动通信有关的频谱规划都在该会议上做出，因此 WRC 是国际频谱管理进程的核心所在，同时也是各国开展移动通信频谱规划的出发点。

近年来世界无线电通信大会的会议主要有：

- 1995 年 10 月 23 日至 11 月 17 日，瑞士日内瓦（WRC-95）；
- 1997 年 10 月 27 日至 11 月 21 日，瑞士日内瓦（WRC-97）；
- 2000 年 5 月 8 日至 6 月 2 日，土耳其伊斯坦布尔（WRC-2000）；
- 2003 年 6 月 9 日至 7 月 4 日，瑞士日内瓦（WRC-03）；
- 2007 年 10 月 22 日至 11 月 16 日，瑞士日内瓦（WRC-07）；
- 2012 年 1 月 23 日至 2 月 17 日，瑞士日内瓦（WRC-12）；
- 2015 年 11 月 2 日至 11 月 27 日，瑞士日内瓦（WRC-15）。

在 WRC-07 上，全球各个国家通过区域性组织或者是国家提案的方式，表达了对未来移动通信有关的频谱规划的看法，以及对不同候选频段的态度。经过讨论与协商，最终确定了 450 ～ 470MHz、790 ～ 806MHz、2300 ～ 2400MHz，共 136MHz 频率用于 IMT，另外部分国家可以指定 698MHz 以上的 UHF 频段，3400 ～ 3600MHz 频段用于 IMT。

截至 WRC-07，世界无线电通信大会已为 IMT 规划了总计 1085MHz 的频谱资源，见表 6-6。

表 6-6　截至 WRC-07 已为 IMT 规划的频谱

	频段（MHz）	带宽（MHz）
IMT 全球统一频段	450 ～ 470	20
	790 ～ 960	170
	1710 ～ 2025	315
IMT 全球统一频段	2110 ～ 2200	90
	2300 ～ 2400	100
	2500 ～ 2690	190
	3400 ～ 3600	200
合计		1085

2. 我国的频谱规划与分配

根据国际电联有关地面移动蜂窝通信系统的频率规划、技术标准和我国的无线电频率规划，我国先后划分了 687MHz 频谱给陆地公众移动通信系统，见表 6-7。

表 6-7　中国已规划的地面公众移动通信系统频段

双工方式		下限（MHz）	上限（MHz）	带宽（MHz）	合计（MHz）
FDD	上行	889	915	26	162
	下行	934	960	26	
	上行	1710	1755	45	
	下行	1805	1850	45	
	上行	825	835	10	
	下行	870	880	10	
TDD	非对称	1880	1920	40	155
	非对称	2010	2025	15	
	非对称室内	2300	2400	100	
FDD	上行	1920	1980	60	120
	下行	2110	2170	60	
	上行	1755	1785	30	60
	下行	1850	1880	30	
TDD	非对称	2500	2690	190	190
总计				687	

在已规划的频谱中，实际分配给运营商在用的频段为 517MHz，其他频段

尚未指配使用，见表 6-8。

表 6-8 使用中的地面公众移动通信系统频段

频段（MHz）	带宽（MHz）	使用运营商	系统制式	备注
825 ～ 835/870 ～ 880	20	中国电信	CDMA	
889 ～ 909/934 ～ 954	40	中国移动	GSM	
909 ～ 915/954 ～ 960	12	中国联通	GSM	
1710 ～ 1735/1805 ～ 1830	50	中国移动	GSM	
1735 ～ 1755/1830 ～ 1850	40	中国联通	GSM	
1755 ～ 1765/1850 ～ 1860	20	中国联通	LTE FDD	
1765 ～ 1780/1860 ～ 1875	30	中国电信	LTE FDD	
1880 ～ 1900	20	中国移动	TD-LTE	
1900 ～ 1920	20		PHS	已退网
1920 ～ 1935/2110 ～ 2125	30	中国电信		
1940 ～ 1955/2130 ～ 2145	30	中国联通	WCDMA	
2010 ～ 2025	15	中国移动	TD-SCDMA	
2300 ～ 2320	20	中国联通	TD-LTE	室内
2320 ～ 2370	50	中国移动	TD-LTE	室内
2370 ～ 2390	20	中国电信	TD-LTE	室内
2555 ～ 2575	20	中国联通	TD-LTE	
2575 ～ 2635	60	中国移动	TD-LTE	
2635 ～ 2655	20	中国电信	TD-LTE	
合计	517			

6.3 5G 频谱分配

6.3.1 ITU 频谱分配

自 2012 年以来，ITU 启动了 5G 愿景、未来技术趋势和频谱规划等方面的前期研究工作。2015 年，ITU 发布了 5G 愿景建议书，提出了 IMT-2020 的目标、性能、应用和技术发展趋势、频谱资源配置、总体研究框架和时间计划，以及后续研究方向。

在系统性能方面，5G 将具备 10 ～ 20Gbit/s 的峰值速率，100Mbit/s ～ 1Gbit/s 的用户体验速率，每平方千米 100 万的连接数密度，1ms 的空口时延，500km/h 的移动性支持，每平方米 10Mbit/s 的流量密度等关键能力指标，频谱效率相对 4G 提升了 3 ～ 5 倍，能效提升了百倍。

为满足上述愿景，5G 频率将涵盖高、中、低频段（即统筹考虑全频段），高频段一般指 6GHz 以上频段，连续大带宽可满足热点区域极高的用户体验速率和系统容量需求，但是其覆盖能力较弱，难以实现全网覆盖，因此需要与 6GHz 以下的中、低频段联合组网，以高频和低频相互补充的方式来解决网络连续覆盖的需求。

全球 5G 频率规划工作主要在 ITU 等国际标准化组织的框架下开展，相关工作进展如下。

对于 5G 高频段而言，为满足国际移动通信系统对高频段的频率需求，2019 年世界无线电通信大会（WRC-19）研究周期内新设立了 1.13 议题，在 6GHz 以上频段为 IMT 系统寻找可用的频率，研究的频率范围为 24.25 ～ 86GHz。其中，既包括 24.25 ～ 27.5GHz、37 ～ 40.5GHz、42.5 ～ 43.5GHz、45.5 ～ 47GHz、47.2 ～ 50.2GHz、50.4 ～ 52.6GHz、66 ～ 76GHz 和 81 ～ 86GHz 这 8 个已有移动业务为主要划分的频段，也涵盖 31.8 ～ 33.4GHz、40.5 ～ 42.5GHz 和 47 ～ 47.2GHz 这 3 个尚未划分给移动业务使用的频段。

对于 5G 中、低频段来说，2015 年无线电通信全会（RA-15）批准“IMT-2020”作为 5G 正式名称，至此，IMT-2020 将与已有的 IMT-2000（3G）、IMT-A（4G）组成新的 IMT 系列。这标志着在国际电联《无线电规则》中现有标注给 IMT 系统使用的频段，均可考虑作为 5G 系统的中、低频段；同时，WRC-15 通过相关决议，以全球、区域或部分国家脚注的形式新增了部分频段，供有意部署 IMT 系统的主管部门使用。具体见表 6-9。

表 6-9　5G 系统中、低频段候选频率及相关脚注

频段（MHz）	相关脚注
450 ～ 470	5.286AA
698 ～ 960	5.313A、5.317A
1710 ～ 2025	5.384A、5.388
2110 ～ 2200	5.388
2300 ～ 2400	5.384A

续表

频段（MHz）	相关脚注
2500 ～ 2690	5.384A
3400 ～ 3600	5.430A、5.422A、5.432B、5.433A
WRC-15 相关频段（470 ～ 698、1427 ～ 1518、3300 ～ 3400、3600 ～ 3700、4800 ～ 4900）	待形成新的脚注

6.3.2 国外 5G 频谱分配

世界上的主要国家和地区重点关注和规划的频段与 ITU 的标准频段基本相符；此外，各国也可根据自身频率划分和使用现状，将部分 ITU 尚未考虑的频段纳入 5G 用频范畴。2016 年 7 月，美国联邦通信委员会（FCC，Federal Communications Commission）通过了将 24GHz 以上频谱规划用于无线宽带业务的法令，包括 27.5 ～ 28.35GHz、37 ～ 38.6GHz 和 38.6 ～ 40GHz 频段共计 3.85GHz 带宽的授权频率，以及 64 ～ 71GHz 共计 7GHz 带宽的免授权频率。2016 年 9 月，欧盟委员会正式公布了 5G 行动计划（5G for Europe：An Action Plan），表示将于 2016 年年底前为 5G 测试提供临时频率，测试频率将由 1GHz 以下、1 ～ 6GHz 和 6GHz 以上频段共同组成；并将于 2017 年年底前确定 6GHz 以下的 5G 频率规划和毫米波的频率划分，以支持高、低频融合的 5G 网络部署。欧盟将为 5G 重点考虑 700MHz、3.4 ～ 3.8GHz、24.25 ～ 27.5GHz、31.8 ～ 33.4GHz、40.5 ～ 43.5GHz 等频段；2016 年 11 月，在征求的意见基础上，经过 3 个月的研究和协商，欧盟委员会无线电频谱政策组（RSPG）正式发布 5G 频谱战略，明确将 24.25 ～ 27.5GHz、3.4 ～ 3.8GHz、700MHz 频段作为欧洲 5G 初期部署的高、中、低优先频段。在亚洲地区，韩国于 2018 年平昌冬奥会期间，在 26.5 ～ 29.5GHz 频段部署了 5G 试验网络；日本总务省（MIC）发布了 5G 频谱策略，计划在 2020 年东京奥运会之前实现 5G 网络正式商用，重点考虑规划 3.6 ～ 4.2GHz、4.4 ～ 4.9GHz、27.5 ～ 29.5GHz 等频段。

6.3.3 国内 5G 频谱分配

2016 年 11 月，中国在第二届全球 5G 大会上陈述了 5G 频率规划思路，将涵盖高、中、低频段所有潜在频率资源。具体来说，2016 年年初批复了 3400 ～ 3600MHz 频段用于 5G 技术试验，并依托《中华人民共和国无线电频率划分规定》

修订工作，积极协调3300～3400MHz、4400～4500MHz、4800～4990MHz频段用于IMT系统。2017年6月就3300～3600MHz、4800～5000MHz频段的频率规划公开征求意见，同时梳理了高频段现有系统，并开展了初步兼容性分析工作，并就24.75～27.5GHz、37～42.5GHz或其他毫米波频段的频率规划公开征求意见。

2017年11月，我国工业和信息化部发布《工业和信息化部关于第五代移动通信系统使用3300～3600MHz和4800～5000MHz频段相关事宜的通知》（工信部无〔2017〕276号），提出“规划3300～3600MHz和4800～5000MHz频段作为5G系统的工作频段，其中，3300～3400MHz频段原则上限室内使用”。此次发布的中频段5G系统频率使用规划能够兼顾系统覆盖和大容量的基本需求，是我国5G系统先期部署的主要频段。

2018年12月10日，工业和信息化部向中国电信、中国移动、中国联通发放了5G系统中、低频段试验频率使用许可。其中，中国电信和中国联通获得了3500MHz频段试验频率使用许可，中国移动获得了2600MHz和4900MHz频段试验频率使用许可。

6.3.4 潜在可用频谱

1. 高频候选频段分析

5G高频候选频段的形成主要取决于WRC-19 1.13议题的研究情况。从全球来看，该议题所提出的11个潜在候选频段涉及固定、卫星固定、卫星间、卫星地球探测、无线电导航、无线电定位等多种业务，主要应用于卫星、航天、导航、军事等多个领域，复杂的频谱使用情况使协调面临很大难度。此外，5G系统的技术参数、部署场景、传播模型仍在研究之中，候选频段也无法最终确定。

尽管ITU的高频段议题研究尚需时日，为在全球5G发展中占得先机，以美国、欧洲、日本、韩国为首的国家（地区），目前已聚焦或发布了各自的5G高频规划，基于电波传播特性，重点关注45GHz以下频段。

具体来说，美国在统筹考虑国内的卫星、航天、军事系统后，率先将27.5～28.35GHz、37～38.6GHz、38.6～40GHz频段以频率授权管理的模式规划给5G使用。其中，在27.5～28.35GHz频段，将固定无线接入扩展为移动接入应用，同时，为实现IMT与卫星固定业务的兼容，对该频段卫星地球站的规模进行了限制；在37～38.6GHz和38.6～40GHz频段，以200MHz为带宽对频率进行划分，并要求IMT系统与现有军事等应用共存。此外，美国还以频率非授权管理的模式将64～71GHz频段规划给5G，将其作为57～64GHz频段的扩展，以形成 14GHz 带宽的连续频谱资源，主要用于支持 IEEE 802.11ad 以及后续演进的 IEEE 802.11ay 协议的无线局域网；同时，美国在 WRC-15 上积极推动设立相关 WRC-19 议题，以形成 5150 ～ 5925MHz 近 800MHz 的连续频谱，用于更好地支撑基于 IEEE 802.11ac 以及后续演进的 IEEE 802.11ax 协议的无线局域网。上述无线局域网的频率规划工作将成为美国在 5G 时代全球竞争中的重要举措。

在欧洲，基于其现有的卫星、军事等应用，欧洲邮电管理委员会（CEPT，Confederation of European Posts and Telecommunications）聚焦于 24.25 ～ 27.5GHz、31.8 ～ 33.4GHz 和 40.5 ～ 43.5GHz 频段，明确 24.25 ～ 27.5GHz 频段为 24GHz 以上频段的现行频段，并对其他高频段的适用性展开研究，从而建立相应的时间表。此外，英、法等国也根据本国现状，确立了优先研究频段，目前已确定后续高频候选频段。

亚太地区的观点形成主要依托于世界无线电通信大会亚太电信组织筹备组（The Asia-Pacific Telecommunity Conference Preparatory Group for WRC，APG）平台。2016 年 7 月，APG19-1 会议确定了 WRC-19 研究周的组织结构、工作计划、工作方法等，对于高频段议题的研究尚未启动。中国明确了高频段全球一致性和 ITU 框架下开展的基本原则，并重点强调了 20 ～ 40GHz 频段在 eMBB 场景（特别是室外覆盖）中的重要意义。对于日本和韩国，由于高频段现有业务使用较少，基本确定在 25GHz 和 28GHz 等频段。

中国、美国、欧洲等国家和地区既是移动通信应用大国（地区），又是航天军事大国（地区），其高频段的结论和观点对全球 5G 高频的确立影响深远。中国的高频策略既要立足本国的使用和产业现状，也需要紧跟欧、美步伐，统筹兼顾合理利用，在兼容基础上为 5G 寻找更多的资源。同时，相比于传统移动通信，5G 系统使用高频段将给其芯片和仪表制造、组建网络等带来极大的挑战，从另一个角度看，各种新技术的诞生也将孕育出新的机遇和潜能。

2. 中频候选频段分析

中频段相对于高频段有较好的传播特性，相对于低频段有更宽的连续带宽，可以实现覆盖和容量的平衡，满足 5G 某些特定场景的需求，同时，中频段也可作为部分物联网场景（如 uRLLC 等）的承载频段。目前，全球大部分国家和组织对于中频段的具体范围还没有确切的定义，但普遍将 3 ～ 6GHz 作为中频段的重要资源。ITU 将 3400 ～ 3600MHz 标识用于 IMT，并逐渐成为全球协调统一频段，同时，WRC-15 新增了 3300 ～ 3400MHz、4400 ～ 4500MHz、4800 ～ 4990MHz 等频段。

对于 3GHz 附近的频段，现有主要业务为卫星固定、固定、航空移动等业务，5G 系统如果要使用需要与之进行协调。因此，各国在此频段释放的频谱资源数量和具体频段，与卫星、军事的应用现状密切相关。

具体来说，在美国，3550～3700MHz频段的使用与全球大部分国家有所区别，其现有应用主要为军用雷达（海岸警卫队雷达），为在该频段引入移动通信系统，采用了基于三层架构的频谱接入系统（SAS，Spectrum Access System），采用LTE-U等技术实现服务，难以直接将该频段用于5G系统，此外，考虑到美国的频率划分和使用情况，也难以在3GHz附近频段释放出其他的频谱资源。在欧洲，由于其C波段卫星使用较少，早前已将IMT系统的使用频段聚焦于此，现有少部分国家使用其中的3400～3600MHz频段用于部署LTE系统，但未形成规模。目前，欧盟已将3400～3800MHz频段用于5G系统面向公众广泛征求意见，经研究，明确该频段为2020年前欧洲部署5G的主要频段，连续400MHz的带宽有利于欧盟在全球5G部署中占得先机。在亚洲，由于卫星产业、卫星轨道资源、使用现状等因素，C波段卫星在中国、越南、马来西亚等国的协调难度较大，而日本、韩国的卫星使用已经逐步转向Ka、Ku等频段，所以均在C波段扩展了较大的潜在资源。如日本聚焦于3600～4200MHz、4400～4990MHz频道（3480～3600MHz频段已用于4G），韩国聚焦于3400～3700MHz频段。另外，5.8GHz、5.9GHz频段在部分国家作为车联网（包括802.11p和LTE-V）的使用频率，其也将成为5G系统V2X的潜在频率资源。

中国、日本、韩国、欧洲等均对将C频段作为5G系统的候选频段表现出了极大的关注度。考虑到我国目前高频产业现状，C频段也将成为我国5G潜在用频的重要组成部分，而且可能成为2020年前先期使用频段，需要积极协调各方诉求。另外，需要重点关注和推动5.9GHz频段在物联网特别是车联网上的使用。

3. 低频候选频段分析

低频段一般是指3GHz以下的频段，目前2～3GHz频段已有部分资源规划用于IMT，并且部署了相关系统，未来可重耕用于5G系统。本节重点关注1GHz以下频段，其有良好的传播特性，可以支持5G广域覆盖和高速移动下的通信体验以及海量的设备连接。在ITU层面，低频段主要包括已标注给IMT的450～470MHz和698～960MHz频段，同时，WRC-15新增了470～698MHz频段，上述频段构成了5G系统的1GHz以下的潜在频率资源。

从应用角度分析，1GHz以下的5G频谱主要来源于两部分：数字红利释放的频谱和现有系统部署的频谱。对于数字红利频段，全球经济和社会发展的差异性，特别是广播电视业务现状、模数转换方案、移动通信发展诉求等方面千差万别，导致所释放数字红利频段的数量、具体频段都不尽相同。另外，1GHz以下频段作为传统移动通信的重要频段，已经部署和运营了GSM、CDMA、WCDMA、LTE等多种系统，这些频段何时能用于5G，取决于用户需求、网络运营周期、5G 与现有网络的衔接等多种因素。

具体来说，美国在 850MHz 频段上原来主要部署的是 CDMA 系统，现已逐步重耕用于 LTE 系统，而释放的 700MHz 数字红利频段也被广泛用于 LTE 系统。在 WRC-15 上，美国将 470 ～ 608MHz、618 ～ 698MHz 频段标注给 IMT 系统，同时，FCC 采用拍卖方式调整了 600MHz 频段用于公众移动通信。在欧洲，900MHz 频段原主要用于 GSM，现在已逐步重耕用于 WCDMA 和 LTE 系统，而 800MHz 频段成为欧洲 LTE 系统的重要组成部分，另外，WRC-15 1.2 议题确立了 700MHz 频段的规划方案以及使用条件，700MHz 频段也作为欧洲 5G 用频先发频段的重要组成，将成为欧洲 5G 低频解决广域覆盖的重要拼图。在亚洲，800MHz 和 900MHz 作为传统的 CDMA 与 GSM 频段，目前也逐步重耕到 LTE 系统，而 700MHz 频段作为数字红利释放频段，在部分国家（例如日本）也逐步用于 LTE。

为提高频谱的使用效率，满足应用需求，国内积极支持 800MHz 和 900MHz 部分频段升级到 LTE 系统，并引入 NB-IoT 等 4G 演进技术。未来将根据网络发展现状和需求，适时用于 5G 系统。

6.4 频谱共享

无线电管理规定采用固定频谱分配制度，频谱分为两部分：授权频谱和非授权频谱。大部分频谱资源被划分为授权频谱，只有拥有授权的用户才能使用。在当前的频谱划分政策下，频谱资源利用不均衡，使用效率低下。因此，智能、动态、灵活地使用频谱资源将成为影响未来无线产业发展的关键性因素。在这一思路下，频谱共享开始受到业界的关注。

所谓频谱共享，是指在同一个区域，双方或多方共同使用同一段频谱，这种共享有可能是经过授权的，也有可能是免授权的。

6.4.1 授权频谱

频谱是移动宽带网络的生命线。目前移动运营商发展 4G 还是选择采用授权频谱，并采用各种技术创新来提高现有频谱利用效率。全球主流频段是 1.8GHz 频段，其次是 2.6GHz 频段、700MHz 频段，接下来依次是 800MHz 频段、AWS、2.1GHz 频段、1.9GHz 频段 B25、850MHz 频段、900MHz 频段、1.9GHz

频段B2等。这些无线电频谱都是经过ITU的规划，并由各国政府授权运营商使用的。

从全球范围来看，授权频谱的分配主要有行政审批、招标、拍卖3种方式，另外还有选秀、抽签、二次交易等辅助形式。在我国，授权频谱的分配主要通过行政审批确定。

其他一些国家在2000年前后对3G频谱采用了拍卖方式，天价3G频谱拍卖费成为不少移动运营商的沉重负担，使得他们步履维艰，少数运营商甚至走向破产或者退出市场。运营商通过付出巨额费用所获得的宝贵频谱，也希望最大化地提高其利用效率。

6.4.2 非授权频谱

与授权频段相比，非授权频段的频谱资源要少很多，通信领域常接触的非授权频段主要有ISM频段和5GHz WLAN频段。

（1）ISM频段

开放给工业、科学、医学三个主要机构使用的ISM（Industrial，Scientific，Medical）频段，无须授权许可，只需要遵守一定的发射功率，并且不对其他频段造成干扰即可。ISM频段一共有11个频段（见表6-10），其中通信领域常使用的是2.4GHz和5.8GHz频段。2.4GHz频段为各国共同使用的ISM频段，WLAN、蓝牙、ZigBee等众多无线网络均可工作在2.4GHz频段上。

表6-10 ISM频段划分

频率范围	中心频率	可行性
6.765～6.795MHz	6.780MHz	取决于当地
13.553～13.567MHz	13.560MHz	
26.957～27.283MHz	27.120MHz	
40.66～40.70MHz	40.68 MHz	
433.05～434.79MHz	433.92MHz	
2.400～2.4835GHz	2.442GHz	
5.725～5.875GHz	5.800GHz	
24～24.25GHz	24.125GHz	
61～61.5GHz	61.25GHz	取决于当地
122～123GHz	122.5GHz	取决于当地
244～246GHz	245GHz	

（2）5GHz WLAN 频段

在 WRC-03 上，正式确定了 5GHz 频段用于 WLAN 频率，包括 5150～5250MHz、5250～5350MHz、5470～5725MHz，共计 455MHz。我国无线电管理部门也陆续开放了部分 5GHz 频段为免授权频段，其中 5150～5350MHz 频段仅限室内使用，电台最大等效全向辐射功率不超过 0.2W；5470～5725MHz 频段可用于室内和室外，电台最大等效全向辐射功率不超过 1W。

（3）非授权频段在 4G 增强型网络中的使用

移动宽带网络的扩容压力越来越大，途径之一是使用更多的新频谱。但是这其中涉及频谱的重新指配，会引起很多新的问题，很容易触及其他频谱使用机构的根本利益。一个例子就是，广电业界就在尽力保护自己的 700MHz 频段。于是，移动通信业界开始考虑使用非授权频段，通过载波聚合的方式将 4G 部署于非授权频段，这被认为将是一个革命性的创新。目前最被看好的非授权频段是 5GHz 频段，那里有高达数百兆赫兹宽度的可用频谱，如图 6-3 所示。

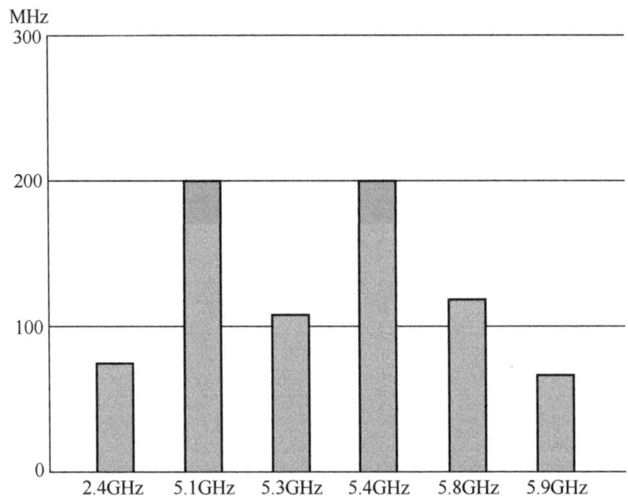

图 6-3　4G 增强型网络关注的非授权频段

在 4G 增强型网络中，非授权频段通过以下机制得到利用：LTE-Advanced 载波聚合的主载波工作于授权频段，辅载波工作于非授权频段，如图 6-4 所示。辅载波既可以工作于 TDD 模式，也可以工作于单独的下行模式。通过载波聚合，非授权频段与授权频段得到了有机的结合。在这种方式中，4G 终端的移动性、控制仍由授权频段的主载波来保证，非授权频段主要提供热点区域的容量提升。

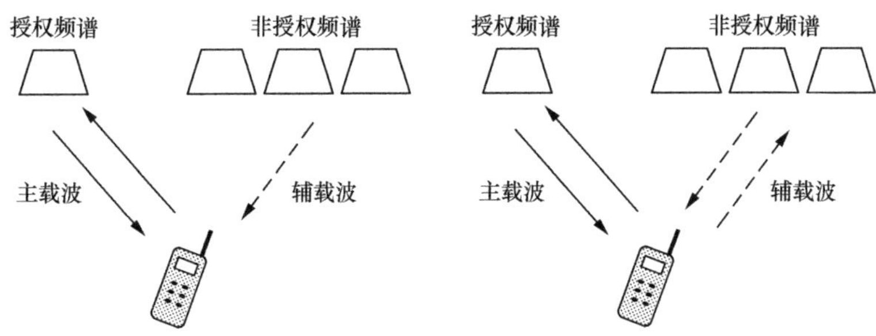

图 6-4 非授权频段在 LTE-Advanced 载波聚合中的应用

6.4.3 授权共享访问

根据欧盟的统计，在 108MHz～6GHz 这个移动通信能够使用的黄金频段中，移动通信被分配的频谱只占 15%，该频段分配情况见表 6-11。实际上，现有授权频谱用户（比如政府用户）并不是每时每刻在所有地方都用到被分配的频谱，这为频谱共享提供了前提。

表 6-11 欧盟频率分配情况（108MHz ～ 6GHz）

	国防	航空	移动通信	广电	海事	公共事业、公共安全	其他商用
频谱占比	27.2%	17.1%	15%	8.2%	3.6%	2.2%	26.7%

高通公司提出了授权频谱接入（ASA，Authorized Spectrum Access）的方式，认为这种频谱共享方式尤其适合于小基站，并且搭建了一个具有较大规模的实验验证网络。

欧盟把这种方式称为授权共享接入（LSA，Licensed Shared Access）。LSA 是不同于传统的频谱授权或免许可使用之外的一种新型的频谱管理方式。在这种方式下，已经分配给使用方的频谱，对于其他新用户来说是可以按照一定的共享规则使用（或部分可使用）的，共享规则保证了每个被许可人能够得到一定服务质量的保证。每一个要使用共享频段的用户都必须获得授权，这种许可与一般的频谱使用许可不同，是非排他性的，但该频段授权的共享用户必须保证不能影响此频段原有者的服务质量。

频谱共享访问有两种方式。

- 水平式：频谱被相似类型的使用者使用，主要应用于市场机制，运营商可转售网络容量；
- 垂直式：频谱被不同类型的使用者使用。

在美国，3.5GHz 频段被美国总统科技顾问小组（PCAST）等机构提出用于共享。该小组认为，应充分利用频谱动态共享技术，改变细分、独占的频谱划分模式，将频谱划分成较宽的、便于共享的频带；充分利用小基站、频率感知等技术。改变全国性、长久性频谱牌照的单一主体获取模式，试行短期的、小额的频谱牌照，以大大扩大频谱资源获取主体的数量。该小组设想，采用上述频谱动态共享机制，有效带宽可望增加1000MHz，美国有望建成世界上第一条"共享频谱高速公路"。

美国联邦通信委员会（FCC）首先考虑的是3550～3650MHz，共计100MHz带宽。这个频段在国际上其他区域已规划给移动通信，但是在美国所属的国际无线电二区，主要是划分给固定业务、卫星业务、无线电定位业务及地基航空无线电导航等，没有应用于移动业务。3.5GHz附近频段的主要使用者是美国国防部，它的雷达使用3.5～3.65GHz频段，包括海军雷达、陆基雷达和火控雷达。雷达的使用特点是地点固定，主要集中于近海岸区域和一些特定区域。其他使用者包括：

- 固定卫星业务，使用3.6～3.65GHz频段，包括固定卫星地面站；
- 非联邦的无线电定位业务，使用3.3～3.5GHz及3.5～3.65GHz频段；
- 船载台及陆地上的固定宽带设备，使用3.65～3.7GHz。

FCC正在咨询潜在的监管框架，以使得该频段成为可用频段。它们建议了以下3类接入方式。

- 现有接入：包括已得到授权的国防用户及固定卫星业务，将得到受保护的免干扰频率使用。
- 优先接入：包括医院、公用事业、政府设施、公众安全设施等，在其使用区域将得到受保护的频率使用权。
- 一般授权接入：包括其他可能使用该频段的公众用户，但要防止其使用对前两类用户造成干扰。

其结果将产生一种由动态的数据库和干扰缓解技术构成的新型频谱接入体系。对移动运营商来说，有几方面的潜在好处。首先，它能提供热点区域的本地容量，主要是室内应用，包括公共建筑、医疗和休闲场所内；其次，该频段可以被多个运营商使用，改善全国范围内跨运营商的漫游情况。如果上述100MHz频段试验成功，后期美国联邦通信委员会有可能会进一步考虑3650～3700MHz。

GSMA于2014年发布了《授权共享访问影响报告》，报告评估了美国和欧盟采用频谱共享政策所带来的影响。美国采取频谱共享政策后，假定从2016年起该100MHz频谱全部放开，20年间将使其经济规模增加2600亿美元。当然，由于现有频率使用者的存在，可放开的地理区域受限，总的效益会随之成比例下降。

同样，对于欧盟 28 国而言，2.3GHz 频段中的频谱完全放开可使欧盟经济规模增加 1160 亿美元。

6.5 更高频段的使用

6.5.1 毫米波通信

通常毫米波频段指的是 30 ～ 300GHz，相应的波长为 1 ～ 10mm。毫米波通信就是指以毫米波作为传输信息的载体而进行的通信，目前 5G 中主要研究 30 ～ 100GHz 频段，波长为 3 ～ 10mm。

1. 毫米波通信的特点

关于毫米波的应用研究，多数集中在几个“大气窗口”频率和 3 个“衰减峰”频率上。毫米波通信的主要特点如下。

（1）视距传输

毫米波属于甚高频段，它以直射波的方式在空间进行传播，波束很窄，具有良好的方向性。一方面，由于毫米波受大气吸收和降雨衰落影响严重，因此单跳通信距离较短；另一方面，由于频段高，干扰源很少，因此传播稳定可靠。毫米波通信是一种典型的具有高质量、恒定参数的无线传输信道的通信技术。

（2）具有“大气窗口”和“衰减峰”

“大气窗口”是指 35GHz、45GHz、94GHz、140GHz、220GHz 频段，在这些特殊频段附近，毫米波传播的衰减较小。一般来说，“大气窗口”频段比较适用于点对点通信，已经被低空空地导弹和地基雷达所采用。而在 60GHz、120GHz、180GHz 频段附近的衰减出现极大值，高达 15dB/km 以上，被称作“衰减峰”，如图 6-5 所示。这些“衰减峰”频段通常被多路分集的隐蔽网络和系统优先选用，用以满足网络安全系数的要求。

处于毫米波频段的 5G 候选频段主要包括 28GHz、38GHz、45GHz、60GHz 和 72GHz 等。除了 60GHz 频段外，其他都处于或接近大气窗口。

（3）雨衰严重

与微波相比，毫米波信号在恶劣的气候条件下，尤其是降雨时的衰减要大许多，严重影响传播效果。测试表明，毫米波雨衰的大小与降雨的瞬时强度、距离长短和雨滴形状密切相关。通常情况下，降雨的瞬时强度越大、距离越远、雨滴越大，所引起的衰减也就越严重。因此，对付降雨衰减最有效的办法是在进行毫米波通信系统或通信线路设计时，留出足够的电平衰减余量。

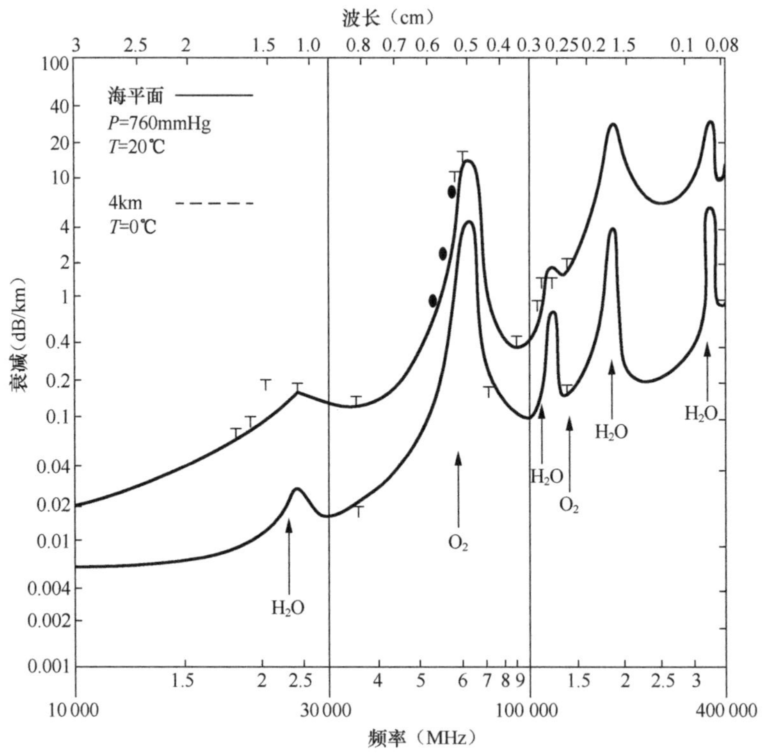

图 6-5　晴朗天气水平传播的毫米波的单程衰减

以上 3 个特点中，对于 5G 引入毫米波最大的制约因素是视距传输。由于移动通信的特点，终端与基站间一般很难保持视距传播，导致信道传播条件变化很大，信号质量往往难以保证。对于大气窗口，实际上，由于毫米波通信用于 5G 传输时，一般作为密集区域的容量解决方案，基站覆盖范围很小，大气窗口及其导致的损耗影响很小，并不是选择频段的关键制约因素。至于雨衰，如果把毫米波作为室内热点接入的频率，雨衰的影响则可以不用考虑。

2. 毫米波通信在 5G 中的应用方式

将毫米波通信技术引入 5G 不仅仅是增加了一个频段，还可能带来网络架构上的变革。目前考虑的毫米波使用包括以下方面。

（1）全频谱异构网络

如前所述，毫米波通信技术引入 5G 并不是要单独组网，而更可能采用的是

“高低搭配”的方式，以毫米波小基站的形式构建全频谱异构网络。

在2G、3G直至4G时代，某个通信制式第二频段的引入，主要是为了解决容量不足的问题。不管是GSM的1800MHz相对于900MHz，CDMA的1900MHz相对于800MHz，还是LTE的2600MHz相对于1800MHz，频率差异还不是特别大。这些系统的第二频段都可以独立组网，采取叠加型异频组网结构，宏蜂窝仍是构成网络结构的主体。

随着4G的发展、热点区域数据覆盖需求的持续增长，小基站成为提供热点覆盖、提升用户感知的有效手段。在这种宏微协同异构网络中，如果宏基站与小基站均工作于同一频段，频繁切换会带来网络质量与用户体验的下降。

在引入毫米波技术后，可以考虑另一种新型的网络架构，即宏基站工作于低频段并作为控制平面、毫米波小基站工作于高频段并作为用户数据平面，提供“异频异平面”的协同架构，以减少切换与干扰，增强移动通信的使用体验。

（2）移动通信回程与终端接入双模式

采用毫米波信道作为移动通信的回程后，叠加型网络的组网就将具有很大的灵活性，可以随时随地根据数据流量增长需求部署新的小基站，并可以在空闲时段或轻流量时段灵活、实时关闭某些小基站，从而可以收到节能降耗之效。

6.5.2 可见光通信

近年来，随着宽带移动通信带宽需求的爆炸性增长，作为一种远期的潜在通信技术，可见光通信（VLC，Visible Light Communication）开始受到学术界和产业界越来越多的关注。

光通信是以光为载波的通信方式，它并不是一个全新的概念，早就在光纤通信中存在并为人们服务。当把光信号从光纤的路径束缚中解放出来，并借助于日常生活中的发光二极管（LED）等照明方式，就产生了可见光通信。可见光通信是指利用可见光波段的光作为信息载体，在空气、水中直接传输光信号的通信方式。它基于LED器件发光响应速度快的特性，发出肉眼察觉不到的高速明暗闪烁光信号，使承载信息的可见光信号穿过非光纤的传输媒质，最后利用光电二极管等光/电转换器件接收、再生、解调信号来实现信息传递。

光实质上也是一种频率很高的电磁波，只不过比目前用于通信的无线电电磁波的频率高得多。无线电的最高频率定义到3000GHz，可见光的频率则为380～790THz，波长范围为390～770nm，是目前所使用的无线电最高频谱的130～260倍，频谱带宽也是现有无线电频谱的数百倍。可见光频谱段具有很大的空闲带宽，如果利用得当，可有效地解决传统射频通信所面临的频谱紧张的问题。

日本率先开展了对可见光通信的研究。2002 年，Tanaka 等人对 LED 可见光无线通信系统展开了具体分析。2003 年 10 月，可见光通信联盟成立，主要从事可见光通信技术的标准化与应用普及化工作，其研究范围包括室内移动通信、可见光定位、可见光无线局域网接入、交通信号灯通信、水下可见光通信等。

2010 年 1 月，德国 Heinrich Hertz 实验室的科研人员利用普通商用的白光 LED 搭建的可见光通信系统达到了 513Mbit/s 的通信速率。2013 年年底，上海复旦大学的实验室使用一盏功率为 1W 的 LED 灯，提供灯光下的 4 台电脑上网，最高速率可达 3.25Gbit/s，平均上网速率达到 150Mbit/s。2015 年，牛津大学的“超并行可见光通信”研究项目成功完成了 100Gbit/s 可见光通信实验，这一通信系统的最高速率能达到 3Tbit/s。为了不让光线出现过多的弥散，研究人员使用了液晶阵列，这带来了一种可编程的衍射光栅，类似于投影仪中使用的技术。尽管目前可见光通信技术仅支持 3m 的通信距离，但这已经可以应用到室内网络中。

总体来说，目前可见光通信还处在起步和摸索阶段，但其应用前景看好，尤其是可供选择作为 5G 后期室内无线接入的一种方式。

6.5.3 超高频信号传播

无线电波通过多种方式从发射端传输到接收端，传播方式主要包含视距传播、地波传播、对流层散射传播、电离层传播。由于受到传播路径和地形的影响，传播信号强度减小，这种信号强度的减小被称为传播损耗。

为了衡量传播损耗的大小，为无线网络规划提供预测基础，人们对移动通信基站与移动台之间的传播损耗进行了数学建模，称之为传播模型。传播模型是移动通信小区规划的基础，它的准确与否关系到小区规划是否合理。多数模型是预测无线电波传播路径上的路径损耗的，所以传播环境对无线传播模型的建立起关键作用。

无线传播模型还受到系统工作频率和移动台运动状况的影响，在相同地区，工作频率不同，接收信号衰落状况各异。静止的移动台与高速运动的移动台的传播环境也大不相同，一般分为室外传播模型和室内传播模型。4G 及之前的网络规划常用的模型见表 6-12。

超高频通信在军事通信和无线局域网等领域已经获得应用，但是在蜂窝通信领域的研究尚处于起步阶段。高频信号在移动条件下，易受到障碍物、反射物、散射体以及大气吸收等环境因素的影响，高频通信与传统蜂窝频段有着明显差异，如传播损耗大、信道变化快、绕射能力差。

表 6-12 4G 及之前的网络规划常用的传播模型

模型名称	使用范围
Okumura-Hata	适用于 150 ～ 1000MHz 宏蜂窝预测
Cost231-Hata	适用于 1500 ～ 2000MHz 宏蜂窝预测
Cost231 Walfish Ikegami	适用于 900MHz 和 1800MHz 微蜂窝预测
Keenan-Motley	适用于 900MHz 和 1800MHz 室内环境预测
ASSET 传播模型（用于 ASSET 规划软件）	适用于 900MHz 和 1800MHz 宏蜂窝预测

在毫米波领域，初步的信道测量表明，频段越高，信号传播损耗越大。目前研究的传播模型主要有 Close-in 参考模型和 Floating Intercept 模型等。

（1）近距离参考（Close-in Reference）模型

在此模型下，路径损耗可表示为：

$$\mathrm{PL}(d)=20\lg\left(\frac{4\pi d_0}{\lambda}\right)+10\bar{n}\lg\left(\frac{d}{d_0}\right)+X_\sigma\ (\mathrm{dB}),\ d\geqslant d_0 \tag{6-2}$$

其中，X_σ为对数分布的阴影衰落随机变量，方差为σ。

取d_0为 1m 时，视距传播（LOS）信号的路径损耗表示为：

$$\mathrm{PL}(d)=20\lg\left(\frac{4\pi}{\lambda}\right)+10\bar{n}_{\mathrm{LOS}}\lg(d)+X_{\sigma,\mathrm{LOS}}(\mathrm{dB}),\ d\geqslant 1\mathrm{m} \tag{6-3}$$

非视距传播（NLOS）信号的路径损耗表示为：

$$\mathrm{PL}(d)=20\lg\left(\frac{4\pi}{\lambda}\right)+10\bar{n}_{\mathrm{NLOS}}\lg(d)+X_{\sigma,\mathrm{NLOS}}(\mathrm{dB}),\ d\geqslant 1\mathrm{m} \tag{6-4}$$

根据纽约地区城区的测试结果，视距传播条件下，式（6-3）的系数建议值见表 6-13。可见，在视距传播环境下，城市区域的传播损耗非常接近自由空间传播损耗。

表 6-13 近距离参考模型参数（视距传播）

频率	$\bar{n}_{\mathrm{LOS}}$	σ_{LOS}
28GHz	2.1dB	3.6dB
73GHz	2.0dB	4.8dB

非视距传播条件下，式（6-4）的系数建议值见表 6-14。可见，在城市区域，与视距传播相比，非视距传播环境下信号随距离的衰减显著增加。

表 6-14　近距离参考模型参数（非视距传播）

频率	$\bar{n}_{NLOS}$	σ_{NLOS}
28GHz	3.4dB	9.7dB
73GHz	3.4dB	7.9dB

（2）可变截距（Floating Intercept）模型

可变截距模型是一种基于已有测试数据进行最优拟合的传播模型。该模型认为，一般情况下，无线电波的路径损耗与传播距离的对数接近线性关系，可表示为：

$$\overline{PL(d)}(\mathrm{dB})=\alpha+\bar{\beta}\cdot 10\lg(d)+X_\sigma \tag{6-5}$$

上式表达的模型称为可变截距模型，其中：

$\overline{PL(d)}$为路径损耗均值（dB）；

α为可变截距；

$\bar{\beta}$为线性斜率（平均路径损耗指数）；

d 为收发机之间的距离；

X_σ为阴影衰落随机变量。

路径损耗指数$\bar{\beta}$通过测试数据与测试距离间的最佳拟合得到，通过最小二乘法确定：

$$\bar{\beta}=\frac{\sum_i^n\left(d_i-\bar{d}\right)\times\left(PL_i-\overline{PL}\right)}{\sum_i^n\left(d_i-\bar{d}\right)^2} \tag{6-6}$$

其中，

d_i为第 i 个测试数据点的距离（指数化表示）；

$\bar{d}$为测试样本中所有测试点的距离（指数化表示）；

PL_i为第 i 个测试数据点的路径损耗（dB）；

$\overline{PL}$为测试样本中所有测试点的平均路径损耗（dB）。

$\bar{\beta}$确定后，可变截距α可由下式得出：

$$\alpha(\mathrm{dB})=\overline{PL}(\mathrm{dB})-\bar{\beta}\cdot\overline{10\lg(d)} \tag{6-7}$$

根据纽约地区非视距传播环境下的测试结果，在 28GHz 和 73.5GHz 频率上，可变截距模型参数的建议值见表 6-15。

（3）模型比较与选择

纽约大学的研究人员对以上两种模型在奥斯汀和纽约的使用进行了对比，选择了多种天线高度与测试环境，见表 6-16 和表 6-17。该研究认为，采用可变截距模型拟合传播损耗更准确，方差更小（在纽约大约低 1dB，在奥斯汀低 4 ～ 6dB）。

表 6-15　可变截距模型参数（非视距传播）

频率	α	$\bar{\beta}$	σ_{NLOS}
28GHz	79.2	2.6	9.6
73.5GHz	80.6	2.9	7.8

表 6-16　近距离参考模型参数（d_0=5m）

	38GHz（奥斯汀）		28GHz（纽约）
接收天线增益	25.5dBi	13.3dBi	24.5dBi
n_{NLOS}	3.88	3.18	5.76
σ_{LOS}（dB）	14.6	11.0	9.02

表 6-17　可变截距模型参数（$30\text{m}<d<200\text{m}$）

	38GHz（奥斯汀）					28GHz（纽约）	
接收天线增益（dB）	25		13.3			24.5	
发射天线高度（m）	8	36	8	23	36	7	17
α	115.17	127.79	117.85	118.77	116.77	75.85	59.89
$\bar{n}_{NLOS}$	1.28	0.45	0.4	0.12	0.41	3.73	4.51
σ_{LOS}（dB）	7.59	6.77	8.23	5.78	5.96	8.36	8.52

当前阶段，学术界一般认为，相比较而言，在测量数据不足的情况下，近距离参考模型更加稳健；在有足够的测量数据的情况下，采用可变截距模型更加合理。

6.6　频谱再利用

与 4G 相比，5G 系统将会面对更高的数据传输速率、更丰富的业务需求、更严格的用户体验、高度异构的网络结构等方面的挑战。新型物理层技术虽然能够更加有效地提高系统的频谱使用效率，但提升空间有限，频谱资源的不足则已成为严重制约 5G 发展的主要因素。用户对移动宽带速率的需求急速提升，刺激网络管道流量的需求增长，移动通信频谱的价值越发凸显，频谱资源的缺口也将越来越大。在向高频段寻求频谱资源的同时，审视已有的频率使用与分配，也是一个渠道。

实际上，频率再利用并不是一个新的理念，在 3G、4G 建网时，运营商就不时地会使用以往通信系统的频谱，称为频谱重耕（Re-farming）。只不过在移动通信频谱即将耗尽之时，业界把目光投向了业外，这其中主要的就是广电频谱和雷达频谱。其中广电频谱利于广域覆盖，雷达频率可用于热点容量。

6.6.1　广电频谱

地面广播电视使用的 UHF 频段，与地面移动通信系统处于同一频段，因其良好的传播特性而备受关注。在欧盟，广电频谱占据了 6GHz 以下优质带宽的 8.2%。

2006 年，欧洲和非洲国家签署了地面数字电视频率规划。欧洲在执行该协议时，产生了将广电业务频谱重新划分给移动业务的想法。2007 年的 WRC-07 上，经历了长时间的讨论后，决定将 698 ～ 802/862MHz 频段以国家角逐的方式，允许部分国家将之用于 IMT，该频段通称为 700MHz 频段，目前用于模拟广播电视。模拟电视数字化进展以后，随着频谱压缩技术的进展，可释放出一部分频率资源用于未来的移动通信或公共安全业务，从而为人类的社会和经济发展创造新的效益，故而称为“数字红利”，700MHz 频段称为“数字红利频谱”。

美国在数字红利频谱的利用上动作最早。2008 年 3 月，美国联邦通信委员会（FCC）对 700MHz 数字红利频段进行了拍卖。2010 年，Verizon 公司利用所拍得的数字红利频谱开展 LTE 移动网络建设与运行，因其良好的覆盖特性而快速占得 4G 市场的先机。

数字红利频谱是模拟电视信号在数字转换后空闲的频率空间，它不是一段新的频谱资源，而是广电行业与通信行业之间的频谱重新分配。数字红利频谱可用于创新的业务，包括增强的和新的交互式电视广播、移动通信和无线宽带互联网接入等业务。这种频谱只有公正、平衡地分配给各种信息通信技术，才能充分发挥社会和经济效益，从而在所有应用中实现价值最大化。广电行业考虑到未来在超高清、3D 等新业务领域的发展需求，对频谱的需求同样存在，因而通信业在多个国家利用数字红利频谱的进展并不顺利。

目前我国地面电视广播所使用的 UHF 频段主要为 470 ～ 566MHz 和 606 ～ 798MHz。

（1）470 ～ 566MHz 频段

WRC-07 决定 470 ～ 566MHz 频段不用于地面移动通信系统，但其邻频（450 ～ 470MHz）被规划为 IMT 频段。我国在 450 ～ 470MHz 频段的现有业务主要是公众通信和专用通信系统，该频段与地面电视广播的 DS-13 频道相邻。

研究机构正进行在该频段开展LTE业务的研究，包括频段方案、与其他业务兼容性、干扰共存研究，其与地面电视广播的干扰共存方案还存在一些争议。

（2）606～798MHz频段

WRC-07决定中国、韩国等国家可将698MHz以上的频谱用于IMT。

6.6.2 雷达频谱

雷达是英文Radar的音译，Radar是radio detection and ranging的缩写，意思为“无线电探测和测距”，即用无线电的方法发现目标并测定它们的空间位置。因此，雷达也被称为“无线电定位”。雷达是利用电磁波探测目标的电子设备。雷达发射电磁波对目标进行照射并接收其回波，由此获得目标至电磁波发射点的距离、距离变化率（径向速度）、方位、高度等信息。

无线电技术发明之后，早期多用于军事用途，尤其是雷达，占用了很多优质的品牌频谱资源。查看《中华人民共和国无线电频率划分规定》，可以发现其中有70多个频带可用于“无线电定位”业务，而可用于陆地移动通信的仅有7个。根据欧盟的统计，国防（包括雷达）应用占据了6GHz以下优质频段的27.2%，是频率使用第一大户。

在实际应用中，根据雷达的性能要求和实现条件，大多数雷达工作在1～15GHz的微波频率范围内。这个频段正是5G高度关注的潜在频率段。

雷达站的工作特点是地理位置较固定，且一般避开城市密集区，这恰好与移动通信的使用环境形成了地理上的错位互补。如果能够合理规划监管，在保证不对现有雷达站造成干扰的情况下，在允许的地域范围内建设主要针对热点覆盖（尤其是室内覆盖）的5G站点，是可行的。美国FCC考虑的3.5GHz频率的授权共享，就是重用了美国国防部使用的雷达频谱之一。

6.7 认知无线电与频谱感知

6.7.1 认知无线电

频谱已经成为制约移动通信系统发展的一个重要问题，有两种直接的方法可以解决这一问题。

• 释放部分已分配的频率供 5G 系统使用（包括频率重耕以及重分配其他领域已使用的频谱）；

• 利用更高的毫米波频段进行通信。

但是，上述两种方法仍有其局限性。首先，已有移动通信系统所占用的频谱其实并不多，按传统粗放的分配方式无法为系统提供足够的带宽来满足用户的速率需求；其次，高频段严重的传播衰减制约了系统的覆盖范围，只能作为补充。为此，业界开始寻找第三条道路——频谱的优化利用。

频谱是宝贵的资源，但对频谱的利用却并不是如大多数人所认为的那样。根据美国加州大学伯克利分校无线研究中心对伯克利市区在中午时分的实地测量数据，3GHz 及以上的频段几乎没有被使用。其中，3 ～ 4GHz 频段的利用率只有 0.5%，4 ～ 5GHz 的频段利用率只有 0.3%，而 3GHz 以下的频段，在时域和频域上仍有 70% 未被充分利用，如图 6-6 所示。

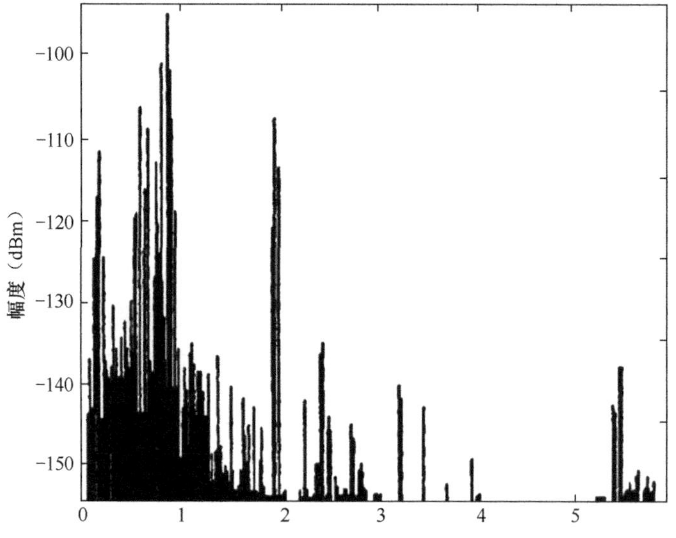

图 6-6　伯克利无线研究中心对频谱利用的实测结果

伯克利无线研究中心同时还发现，频谱利用率还呈现出了与时间和地理位置的高度相关性。因而，如果能找到一种频谱资源的动态利用方法，将能够极大地缓解 5G 对频谱的需求。认知无线电（CR，Cognitive Radio）技术就是为了解决这样的需求而发展起来的，它起源于 1999 年 Joseph Mitola 博士的奠基性工作，其核心思想是具有学习能力、能与周围环境交互信息，以感知和利用在该空间的可用频谱，并限制和降低冲突的发生。

认知无线电技术能够通过对系统所处外部环境的实时认知，获取主用户的资源使用状态，并通过动态使用系统当前可使用的资源来满足自身对速率、时延、频谱利用率等方面的要求。应用到5G通信系统中，认知无线电技术最大的特点就是能够动态地选择无线信道。在不产生干扰的前提下，手机通过不断感知频率，选择并使用可用的无线频谱。

认知无线电的关键技术包括频谱感知、频谱管理与频谱共享。其中频谱感知是认知无线电的基础，下一节将详细介绍其技术发展。

频谱管理要解决的核心问题是如何设计一个有效的、高效利用频谱的自适应策略。假设存在一组可用的频谱空洞，动态频谱管理要在认知无线电不能达到用户要求的情形下，能够自动选择一种更有效的调制策略或者选择另一个可用频谱空洞进行通信，从而提高通信的可靠性。频谱管理技术中主要有频谱分析和频谱判决两个功能。

频谱共享是认知无线电实现其技术价值——提高频谱利用率的主要手段。认知无线电的目的是使终端设备能够动态地共享使用频谱，这才会使“获得最好的可用信道”这个通信概念变得有意义。

6.7.2 弱信号频谱感知

简单来说，频谱感知的任务就是查找“频谱空洞”，它包括两方面的内容：一方面是感知所观察的频段是否存在授权用户信号，并判断该频段是否处于空闲状态，也即频谱空洞，从而决定是否可使用该频段；另一方面，由于认知用户的频谱接入权限低于授权用户，其基本前提是对授权用户不造成严重干扰，因此认知用户在使用该频谱空洞的过程中，还要持续监听授权用户是否再次出现，一旦出现，要采取相应的措施，腾出频段。

频谱感知技术涉及物理层和链路层，其中物理层主要关注各种本地检测算法，而链路层主要关注用户间的协作以及对本地感知、协作感知和感知机制优化3个方面。

本地感知的主要技术有匹配滤波法、能量检测法、循环平稳特征检测法等，各方法的特点见表6-18。

表6-18 本地感知方法

感知算法	适用范围	优点	缺点
匹配滤波法	感知节点知道主要信号的相关信息	处理时间短，检测速度快，处理增益大	需要信号的先验信息，对相位同步要求高

续表

感知算法	适用范围	优点	缺点
能量检测法	感知节点不知道主要信号的相关信息，应用范围最广	简单易实现，无须信号的先验信息，对相位同步要求低	检测时间长，不能区分信号和噪声类型，不适用于扩频、跳频、直接序列信号检测
循环平稳特征检测法	主要用户信号具有循环平稳特性	精确度最高，可以区分信号和噪声类型	计算复杂度高，采样时钟偏移影响检测性能

在认知无线电中，认知用户一般难以知道主要信号的相关信息，所以多采用能量检测法。噪声是影响弱信号频谱感知性能的主要因素。常规的信号提取方法有窄带滤波法、同步累计法、相关检测法等，但常规检测法易受噪声干扰，对微弱信号的检测具有较大误差。要提高频谱感知的准确性，需要根据有用信号和背景噪声的特征，用数字信号处理的办法对微弱信号进行提取。近年来，基于小波变换的信号提取、基于最小均方误差（LMS）的自适应滤波、基于递归最小二乘法（RLS）的自适应滤波等算法都得到了大量运用，有效提升了微弱信号频谱感知的准确度，为认知无线电的应用奠定了良好的基础。

6.7.3 频谱优化

无线电频谱是有限的自然资源，具有巨大的经济和社会价值。频谱使用的需求正在快速增长，频谱使用的效率由于一系列因素的影响还有待提高。通过对这些因素的优化，特别是采用新的或改进的技术，可以明显提高频谱使用的经济价值。在开发新的技术或对现有技术加以改进时，评估现有系统的频谱资源使用情况是非常有必要的。

国家无线电监测中心与GSMA对未来宽带移动通信与频谱高效利用进行了合作研究，并发布了研究报告。研究组选择了北京、深圳、成都3个城市作为测试点，对5GHz以下的无线电频谱资源使用情况进行了评估，也对下一代移动通信网络和6GHz以上的频谱进行了分析。

根据ITU有关频谱监测相关建议书与报告，以北京、深圳、成都3个城市为测试点，在各城市的密集城区、城区、郊区、农村、山区5个场景下对其5GHz以下频段的频谱占用情况进行监测，通过测量各频段的频谱占用度，分析各频段在用台站数量并参考各频段已有业务与IMT业务的共存条件，对450MHz～5GHz频段的频谱资源使用情况进行了评估。

测试结果如下。

① 470～790MHz：频谱占用度高，在用台站数量巨大，频谱共存要求苛刻。

② 1300 ～ 1527MHz：为 BSS 及无人机分配了频率，并进行了 LTE 政务专网实验，几乎没有频谱可供新业务 / 新应用使用。

③ 2700 ～ 2900MHz：在用的雷达占用度较高，频谱共存要求苛刻。

④ 3300 ～ 3400MHz：频谱占用度极低，在用台站数目较少，频谱共存要求低。

⑤ 3400 ～ 3700MHz 和 3700 ～ 4200MHz：卫星频谱占用度极高，在用卫星地球站数目巨大，3400 ～ 3600MHz 室内环境下频谱共存要求相对较低。

⑥ 4400 ～ 4500MHz 和 4800 ～ 4990MHz：频谱占用度极低，在用台站数目较少，频谱共存要求低。

基于以上测试评估结果，对各频段的使用优化建议见表 6-19。

表 6-19　频率优化使用建议

频段（MHz）	频谱转移和压缩	清频	频谱共享	采用隔离区	动态频谱接入
470 ～ 694	√				√
694 ～ 790	√	√			√
1300 ～ 1527	√			√	
2700 ～ 2900	√	√	√	√	√
3300 ～ 3400	√		√	√	√
3400 ～ 3600		√	√		
3600 ～ 4200	√		√		
4400 ～ 4500	√	√			
4800 ～ 4990	√	√			

在 5G 候选频段（低于 6GHz）中，已经用于 IMT 的频段可通过重耕用于 5G，而已划分给 IMT 但尚未使用的频段则应尽快推动已经划分给 IMT 的频段的商用，如 700MHz、3.5GHz。另外，WRC-15 可能划分给 IMT 的频段，尽量为 IMT 争取更多的频段来满足 5G 的需求，如 3300 ～ 3400MHz、4400 ～ 4500MHz、4800 ～ 4990MHz。

第 7 章
5G 网络规划

由于 5G 采用了高频率、超密集组网、多维度 MIMO 等关键技术，在提升系统性能的同时，也给网络规划带来了新的挑战。传统无线传播模型无法支持 5G 频率，需采用 3GPP 提出的 3D UMa 模型，在具体工程中需要精确设置建筑高度、街道宽度等参数，以减少误差。室外覆盖规划更加精细化和异构化；由于传统 DAS 无法支持 5G 频率，5G 室内覆盖中有源室分系统将替代传统 DAS。此外，由于 5G 业务包含 eMBB、mMTC、uRLLC 三大类，网络规划时要根据业务类型综合分析。

| 7.1 无线网规划概述 |

7.1.1 规划目标

1. **网络覆盖**

5G 的网络覆盖性能需要根据 5G 网络的业务预测结果、网络发展策略、使用目标覆盖区域及覆盖率等指标来表征，其中覆盖率是描述业务在不同区域覆盖效果的主要指标，主要有面积覆盖率和人口覆盖率。面积覆盖率是指满足一定覆盖门限条件的区域面积占总区域面积的百分比；人口覆盖率是指满足一定覆盖门限条件的区域中人口数占总区域人口数的百分比。

5G 技术和产业链的发展及成熟是一个长期的过程，预计 LTE 网络将与 5G 网络长期并存、有效协同：LTE 网络提供广覆盖的语音和数据业务，5G 网络提供市区等高流量区域的高速数据业务。

网络覆盖需要按照统一规划、分步实施的原则，确定网络建设不同阶段的目标覆盖区域。由于我国东、中、西各区域经济发展不平衡，在实际工程建设时应充分考虑 5G 网络的投资收益，5G 业务发展策略，以及当地 5G 网络市场发展水平、竞争和资金情况等来制订不同阶段的目标覆盖区域和具体覆盖目标，然后利用网络规划仿真工具，预测目标覆盖区域内每个地点接收和发送无线信号的电平值、信噪比等信息，根据5G不同类型业务的覆盖门限要求，对整个预覆盖区进行统计，以确定网络覆盖是否满足规划要求。

2. 网络容量

网络容量是评估系统建成后所能满足各类业务和用户规模的指标，对于5G系统来说，网络容量指标主要有同时调度用户数、峰值吞吐量、平均吞吐量、边缘吞吐量、同时在线用户数等。

在进行5G网络容量规划时，需要根据5G不同类型业务的市场定位和发展目标，预测各业务的用户规模和区域网络容量需求，并根据不同的业务模型来计算不同配置下基站对各业务的承载能力，然后利用网络规划仿真工具预测网络容量是否满足要求。

3. 服务质量

5G网络服务质量的评估指标主要有接入成功率、忙时拥塞率、无线信道呼损、误块率、切换成功率、掉话率等。在进行无线网络规划时，网络覆盖连续性、网络容量等指标的设定对于无线网络的服务质量都有十分重要的影响。

4. 成本目标

在满足网络覆盖、网络容量、服务质量、用户感知等目标的基础上，综合考虑网络中远期的发展规划，以及现有网络、站址资源的分布情况，进行滚动规划，并充分利用现有的站址资源以降低建设成本。

7.1.2 规划内容

网络规划是根据网络建设目标要求，在目标覆盖区域内，通过建设一定数量和合理配置的基站来实现网络建设的覆盖和容量目标。

5G网络是新建网络。对于新建网络规划，只要确定网络覆盖目标，就可以在整个覆盖范围内成片地进行站点建设，不需要考虑对现网的影响，但同时因为没有实际网络运行数据可参考，因此网络规划只能依赖理论计算、规划软件仿真和相关试验网测试结果，容易造成网络规划结果在精确性方面的不足。

5G网络发展的中后期需要在前期网络的基础上进行扩容。对于网络扩容规划，由于已有路测数据、用户投诉数据及网络运行数据的统计报告，且目标覆盖区域的市场业务发展情况和目标更为清晰，因此网络规划结果的针对性和精确性会更好。

7.1.3 规划流程

无线网规划流程一般可以分为规划准备、预规划和详细规划3个阶段，规划流程中各阶段的工作内容如图 7-1 所示。5G 的无线网规划与其他无线网规划一样，重点在于覆盖规划、容量规划、站址规划、参数规划及仿真环节。无线网规划的不同阶段对规划的深度有不同的要求，因此每次规划并不需要涵盖所有的步骤。在实际的无线网络规划工作中，可以根据具体的目标和需求，对规划流程进行合理剪裁和调整。

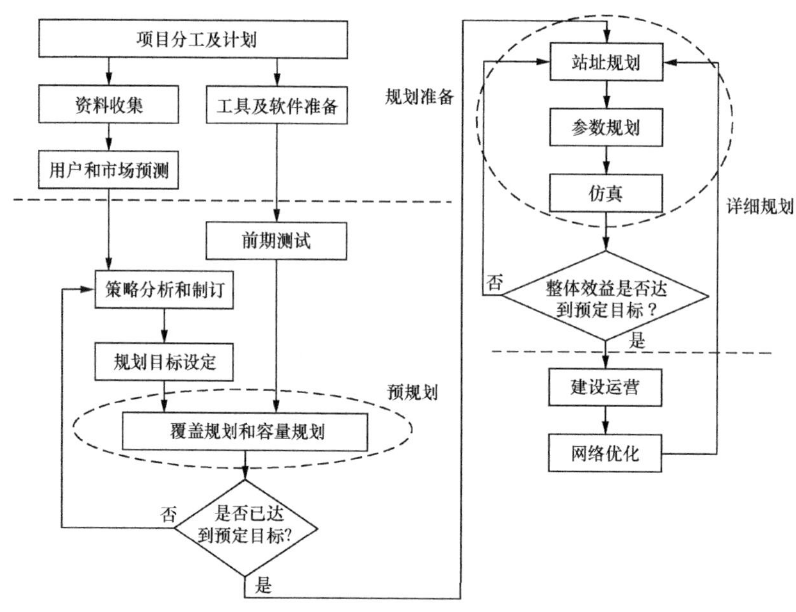

图 7-1　无线网规划流程

7.1.4　规划难点

5G 采用了超密集组网、多维度 MIMO 等关键技术以提升系统性能。以上新技术的应用，在提高系统性能的同时，也给网络规划带来了新的挑战，具体体现在以下几个方面。

（1）需求分析

- 场景部署：规划时需要重点突出市区的核心 CBD、购物中心、高端写字楼、高校、交通枢纽等数据热点区域的覆盖。
- 新业务引入：eMBB（增强移动宽带）、mMTC（海量机器类通信）、uRLLC（超可靠、低时延通信）等。
- 用户体验要求：5G 在传统网络 KPI 体系的基础上，更加注重用户的端到端体验。网络规划需要根据各地经济发达程度、市场竞争情况和不同种类的业务实际情况，制订不同的用户体验目标，综合考虑用户满意度和投资成本，达到两者的最佳统一。

（2）链路预算

目前无线网络规划仿真中常用的模型难以适用于 5G 的 3.5GHz、4.9GHz 等频段。3GPP 在 TR 38.901 中提出了 0.5 ～ 100GHz 的信道模型，对于大尺度的衰落模型，针对不同场景提出了一系列经验模型，包括密集市区微蜂窝 UMi、密集市区宏蜂窝 UMa、农村宏蜂窝 RMa 以及室外覆盖室内 InH 等，但这些模型在网络规划的系统级仿真中需要精确设置建筑高度、街道宽度等参数，人为因素影响较大。

（3）容量估算

由于 5G 系统引入了 eMBB、mMTC、uRLLC 三大类业务，因此其容量估算需要根据不同的业务类型进行有针对性的分析。

（4）网络仿真

现阶段的仿真软件尚无 5G 模块，且 3GPP 在 TR 38.901 中提出的 UMa 等应用于 5G 的高频段的传播模型未对不同区域的地形地貌进行测试和实际工程验证。

（5）参数规划

- 频率规划要求考虑低频的谐波干扰和互调干扰，同时需要注意 5G 新增的部分带宽划分使用；
- 邻区规划要考虑与 4G 等异系统的邻区配置等问题；
- 时隙规划要考虑系统间和系统内的交叉时隙干扰问题；
- 如果共建天线，则需要考虑系统间的干扰隔离等问题。

7.2　无线传播模型

7.2.1　传播模型概述

在移动通信系统中，由于移动台不断运动，传播信道不仅受到多普勒效应的影响，而且受地形、地物等相关因素的影响，另外，移动系统本身的干扰和外界干扰也不能忽视。基于移动通信系统的上述特性，严格的传播信道损耗推导很难实现，往往需要对传播环境进行近似、简化，因此理论模型与实际模型相比误差较大。

传播模型是进行移动通信覆盖规划的基础。传播模型的准确与否关系到 5G 无线网络覆盖规划是否科学、合理。目前多数无线传播模型是预测无线电波传播路径的损耗，所以传播环境对无线传播模型的建立起关键作用。

我国幅员辽阔，从南到北、从东到西，海拔高度、地形、地貌、建筑物、植被状况等都千差万别，这就造成了我国各省、自治区、直辖市的无线传播环境差异非常大。比如，处于山区或丘陵地区的城市与处于平原地区的城市、郊区和农村在无线传播环境方面存在较大的差异。因此，在进行无线网规划时，必须考虑不同地形、地貌、建筑物、植被等参数给无线信号传播带来的影响，否则必然会导致建成的无线网络出现方方面面的问题，例如覆盖、容量或质量方面的问题，以及因为基站过于密集造成投资和资源浪费的问题等。

利用无线传播模型可以计算无线电波传播路径上的最大路径损耗。因此，无线传播环境对无线传播模型的建立起关键作用，影响某一特定区域的无线传播环境的主要因素有以下几个。

① 地形、地貌（高山、丘陵、平原、水域等）；

② 地面建筑的密度、高度；

③ 目标区域植被；

④ 天气状况，如多雨、多雾会造成无线信号强度的减弱；

⑤ 自然和人为的电磁噪声情况。

另外，无线传播模型还受到系统工作频率和移动台运动状况等因素的影响。在同一区域，工作频率不同，接收到的无线信号强度也不同；另外，静止的移动台与高速移动的移动台的传播环境也大不相同。

无线传播模型一般分为室外传播模型和室内传播模型两种。业界常用的传统传播模型见表 7-1。

表 7-1　业界常用的传统传播模型

模型名称	使用范围
Okumura-Hata	适用于 150 ～ 1000MHz 宏蜂窝
Cost231-Hata	适用于 1500 ～ 2000MHz 宏蜂窝
Cost231 Walfish Ikegami	适用于 900MHz 和 1800MHz 微蜂窝
Keenan-Motley	适用于 900MHz 和 1800MHz 室内环境
射线跟踪模型	频段不受限制
3D UMa	适用于 2 ～ 6GHz 宏蜂窝

7.2.2 Okumura-Hata 模型

Hata 模型是根据 Okumura 曲线图所做的经验公式，频率范围为 150 ～ 1500MHz，基站的有效天线高度为 30 ～ 300m，移动台的天线高度为 1 ～ 10m。

Hata 模型以市区传播损耗为标准，其他地区的传播损耗在此基础上进行修正。在发射机和接收机之间的距离超过 1km 的情况下，Hata 模型的预测结果与原始 Okumura 模型非常接近。该模型适用于大区制移动系统，但不适用于小区半径为 1km 左右的移动系统。

Okumura-Hata 模型做了以下 3 点限制，以求简化：

- 适用于计算两个全向天线间的传播损耗；
- 适用于准平滑地形而不是不规则地形；
- 以城市市区的传播损耗为标准，其他地区采用修正因子进行修正。

Okumura-Hata 模型的市区传播公式如下：

$$L=69.55+26.16\lg f-13.82\lg h_b-a(h_m)+(44.9-6.55\lg h_b)\lg d$$

其中，

- $a(h_m)$ 为移动台天线高度校正参数（单位为 dB）；
- h_b 和 h_m 分别为基站、移动台天线的有效高度（单位为 m）；
- d 表示发射天线和接收天线之间的水平距离（单位为 km）；
- f 表示系统工作的中心频率（单位为 MHz）。

移动台天线高度的校正公式由下式计算。

在中小城市场景下，为：

$$a(h_m)=(1.1\lg f-0.7)h_m-(1.56\lg f-0.8)$$

在大城市场景下，为：

$$a(h_m)=8.29(\lg(1.54\ h_m))^2-1.1，f\leqslant 200\text{MHz}$$

$$a(h_m)=3.2(\lg(11.75\ h_m))^2-4.97，f\geqslant 400\text{MHz}$$

在郊区场景下，Okumura-Hata 经验公式修正为：

$$L_m=L-2(\lg(f/28))^2-5.4$$

在农村场景下，Okumura-Hata 经验公式修正为：

$$L_m=L-4.78(\lg f)^2-18.33\lg f-40.98$$

7.2.3　Cost231-Hata 模型

Cost231-Hata 是 Hata 模型的扩展版本，以 Okumura 等人的测试数据为依据，通过对较高频段的 Okumura 传播曲线进行分析，从而得到 Cost231-Hata 模型。

Cost231-Hata 模型的主要适用范围如下：

- 1500 ～ 2000MHz 频率范围；
- 小区半径大于 1km 的宏蜂窝系统；

- 有效发射天线高度为 30 ～ 200m；
- 有效接收天线高度为 1 ～ 10m；
- 通信距离为 1 ～ 35km。

Cost231-Hata 模型的传播损耗如下式所示：

$$L_b=46.3+33.9\lg f-13.82\lg h_b-a(h_m)+(44.9-6.55\lg h_b)\lg d+C_m$$

与 Okumura-Hata 模型相比，Cost231-Hata 模型主要增加了一个校正因子 C_m——对于树木密度适中的中等城市和郊区的中心场景，C_m 为 0dB；对于大城市中心场景，C_m 为 3dB。

Cost231-Hata 模型的移动台天线高度修正因子根据下式进行调整：

$$a(h_m)=\begin{cases}(1.11\lg f-0.7)-(1.56\lg f-0.8)，中小城市\\3.2(\lg(11.75h_m))^2-4.9，大城市\\0，h_m=1.5\text{m}\end{cases}$$

Cost231-Hata 模型的其他修正因子与 Okumura-Hata 模型一致。

7.2.4 SPM（标准传播模型）

SPM 是从 Cost231-Hata 模型演进而来的通用传播模型，传统的 2G/3G/4G 网络都使用 SPM 进行模型校正。

SPM 的传播损耗如下式所示：

$$L_{\text{model}}=K_1+K_2\log d+K_3\log H_{\text{Txeff}}+K_4\,Diffractionloss+K_5\log d\log H_{\text{Txeff}}+K_6H_{\text{Rxeff}}+K_{\text{clutter}}f(\text{clutter})$$

其中，

- K_1：常数，单位为 dB，其值与频率有关。
- K_2：log$d$ 的乘数因子（距离因子），该值表明了场强随距离变化而变化的快慢。
- D：发射天线和接收天线之间的水平距离，单位为 m。
- K_3：log(H_{Txeff}) 的乘数因子，该值表明了场强随发射天线高度变化而变化的情况。
- H_{Txeff}：发射天线的有效高度，单位为 m。
- K_4：衍射衰耗的乘数因子，该值表明了衍射的强弱。
- *Diffractionloss*：经过有障碍路径引起的衍射损耗，单位为 dB。
- K_5：logH_{Txeff}log$d$ 的乘数因子。
- K_6：H_{Rxeff} 的乘数因子，该值表明了场强随接收天线高度变化的情况。

- H_{Rxeff}：接收天线的有效高度，单位为 m。
- $K_{clutter}$：f(clutter) 的乘数因子，该值表示地物损耗的权重。
- f(clutter)：地物所引起的平均加权损耗。

考虑到通用传播模型各参数校正的难易程度和实用性，并结合 CW 测试的实际情况，校正参数一般均定为 K_1、K_2、f(clutter)。

从工程角度来说，传播模型校正应满足标准方差小于 8dB、平均误差小于 2dB。即便传播模型校正能达到这个标准，传播预测值与实际值之间同样也存在差异，这个差异与位置、地貌和方差大小密切相关。模型校正后的方差越小，意味着该模型描述实际采样环境的准确度越高，模型的通用性越低。如果模型校正的方差过大，那么模型的通用性虽好，但与实际环境的差异也很大，因此模型校正中对误差值的要求为：平均误差小于 2dB；标准方差小于 8dB(市区) 或 11dB(农村)。

7.2.5　射线跟踪模型

射线跟踪是一种被广泛应用于移动通信环境和个人通信环境中的预测无线电波传播特性的技术，可以用来分辨多径信道中收发天线之间所有可能的射线路径。所有可能的射线被分辨出来后，可以根据电波传播理论计算每条射线的幅度、相位、延迟和极化，结合天线方向图和系统带宽可得到接收点的所有射线的相干合成结果。

射线跟踪模型（如图 7-2 所示）是一种确定性模型，其基本原理为标准衍射理论（UTD，Uniform Theory of Diffraction）。根据标准衍射理论，高频率的电磁波远场传播特性可简化为射线（Ray）模型。因此，射线跟踪模型实际上是采用光学方法，考虑电波的反射、衍射和散射，结合高精度的三维电子地图（包括建筑物矢量及建筑物高度），对传播损耗进行准确预测。

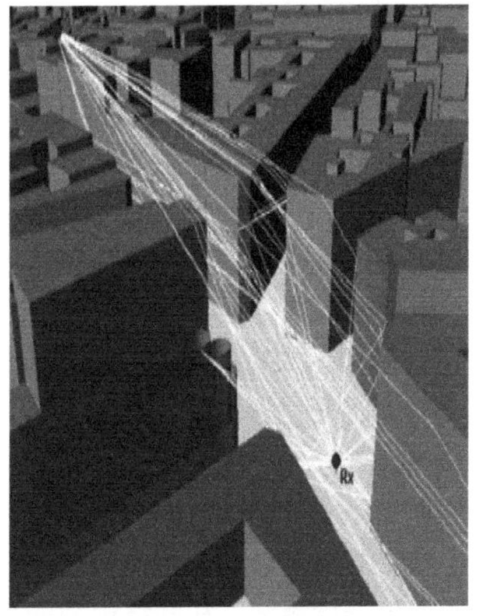

图 7-2　射线跟踪模型

射线跟踪模型可以分为双射线模型和多射线模型。

（1）双射线模型

双射线模型只考虑直达射线和地面反射射线的贡献。该模型既适用于具有平坦地面的农村环境，也适用于具有低基站天线的微蜂窝小区，在那里收发天线之间有 LOS（视距）路径。

双射线模型给出的路径损耗是收发天线之间距离的函数，可用两个不同斜率（和）的直线段近似。突变点（Breakpoint）出现在离发射端距离为 $d_b=h_th_r4/\lambda$（d_b 为突变点与发射端距离，h_t 为发射端高度，h_r 为接收端高度，λ 为波长）处，把双射线模型的传播路径分成两个本质截然不同的区域。当离基站较近时，即在突变点之前的近区，由于地面反射波的影响，接收信号电平按较缓慢的斜率衰减，但变化剧烈，发生交替出现最小值和最大值的振荡；在突变点后的远区，无线电信号以较大的斜率衰减。

（2）多射线模型

多射线模型是在双射线模型的基础上产生的，如四射线模型的传播路径除了 LOS 路径和地面反射路径外，还包括两条建筑物反射路径，六射线模型则包括了 4 条建筑物反射路径。显然，一个模型包括的反射路径越多，该模型就越精细，但是计算量也会随之大幅增加。

7.2.6 3D UMa 模型

目前无线网络规划仿真常用的模型中，Cost231-Hata 只适用于 2GHz 以下频段，无法适用于 5G 新频段（如 3.5GHz）；SPM 是从 Cost231-Hata 模型演进而来的，形式上可以针对不同频段进行校正，但是否适用于 3.5GHz、4.9GHz 等 5G 频段尚未经实践检验。

5G 引入了 Massive MIMO、UDN（超密集组网）、高频段等技术，需要比 2G/3G/4G 更充分地考虑地形、地貌对信号传播的影响，并提高了仿真的精确度，而采用射线跟踪模型可以满足这些要求，但相比传统的统计模型的计算量大，准确度更依赖于所用地图的精度、射线计算的精度和数量。传统的统计模型难以满足需求，射线跟踪模型也因地图要求太高、计算量太大等因素只能在室分等小范围场景中应用。

为了提供适用于 5G 的传播模型，3GPP TR 36.873 提出了 3D UMa 模型，其适用频段为 2 ～ 6GHz，经 3GPP TR 38.901 演变后扩展到 0.5 ～ 100GHz。3GPP 对于大尺度的衰落模型针对不同场景提出了一系列经验模型，包括密集市区 / 市区微蜂窝 UMi、密集市区 / 市区 / 郊区宏蜂窝 UMa、农村宏蜂窝 RMa 等。但其主要应用于算法验证或设备性能验证的链路级仿真，缺乏对不同区域的地形地貌进行测试，在网络规划的系统级仿真中需要精确设置建筑高度、街道宽度等参数，人为因素影响较大，在实际工程中必须高度重视以减少误差。

由于 5G 主要部署在密集市区、一般市区等高数据流量区域，本书重点关注

UMa 模型。3GPP 3D UMa 传播模型见表 7-2。

表 7-2 3GPP 3D UMa 传播模型

传播模型	路损的单位为 dB，f_c 的单位为 GHz，距离的单位为 m	阴影衰落标准差（dB）	适用范围和天线高度默认值
3D UMa NLOS	$PL = max(PL_{3D\text{-}UMa\text{-}NLOS}, PL_{3D\text{-}UMa\text{-}LOS})$, $PL_{3D\text{-}UMa\text{-}NLOS} = 161.04 - 7.1\lg W + 7.5\lg h - (24.37 - 3.7(h/h_{BS})^2)\lg h_{BS} + (43.42 - 3.1\lg h_{BS})(\lg d_{3D} - 3) + 20\lg f_c - (3.2(\lg 17.625)^2 - 4.97) - 0.6(h_{UT} - 1.5)$	$\sigma_{SF} = 6$	$10m < d_{2D} < 5000m$ h 为建筑物平均高度，W 为街道宽度 $h_{BS} = 25m, 1.5m \leqslant h_{UT} \leqslant 22.5m$, $W = 20m, h = 20m$ 适用范围： $5m < h < 50m$ $5m < W < 50m$ $10m < h_{BS} < 150m$ $1.5m \leqslant h_{UT} \leqslant 22.5m$

其中，

- W：街道宽度，单位为 m。
- h：建筑物高度，单位为 m。
- h_{BS}：基站天线有效高度，单位为 m。
- h_{UT}：移动台天线有效高度，单位为 m。

UMa 模型主要依靠穿透损耗、街道宽度和建筑物高度来区分密集城区、一般城区、郊区等区域的。在 2.6GHz 频率下，Cost231-Hata 模型的路径损耗与 UMa 模型（街道宽度 10m，建筑物高度 30m）相当，高于 UMa 模型（街道宽度 20m，建筑物高度 20m）。具体如图 7-3 所示。

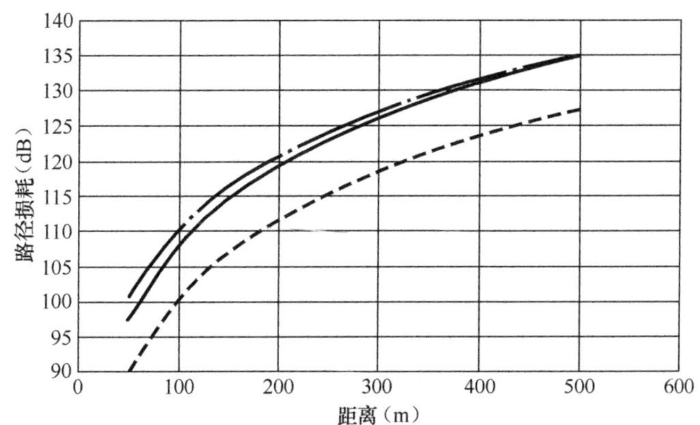

图 7-3 Cost231-Hata 模型与 UMa 模型的路径损耗对比

由于 5G 采用的频段较高，其穿透损耗也相应较大。3GPP TR 38.901 相关文献阐述了不同材料下的穿透损耗，具体见表 7-3 和表 7-4。

表 7-3　不同材料的穿透损耗

材料	穿透损耗（dB）
标准多窗格玻璃	$L_{glass}=2+0.2f$
镀膜玻璃	$L_{IRRglass}=23+0.3f$
混凝土	$L_{concrete}=5+4f$

表 7-4　高、低损耗材料的损耗情况

	外墙穿透损耗 PL_{tw}（dB）	室内损耗 PL_{in}（dB）	标准方差 σ_p（dB）
低损耗材料	$5-10\lg\left(0.3\times10^{\frac{-L_{glass}}{10}}+0.7\times10^{\frac{-L_{concrete}}{10}}\right)$	$0.5d_{2D\text{-}in}$	4.4
高损耗材料	$5-10\lg\left(0.7\times10^{\frac{-L_{IIRglass}}{10}}+0.3\times10^{\frac{-L_{concrete}}{10}}\right)$	$0.5d_{2D\text{-}in}$	6.5

而基于上述高损耗材料公式可以计算 3.5GHz 频段处的穿透损耗为：5−10lg (0.7×10^(−(23+0.3×3.5)/10)+0.3×10^(−(5+4×3.5)/10))=26.85dB。

实际上，组成建筑的材质种类繁多，不同情况下的穿透损耗差距较大，根据 3GPP R-REP-P.2346，部分情况下的穿透损耗值如下。

- 10cm&20cm 厚混凝土板：16 ～ 20dB。
- 1cm 镀膜玻璃（入射角为 0°）：25dB。
- 外墙 + 单向透视镀膜玻璃：29dB。
- 外墙 + 一堵内墙：44dB。
- 外墙 + 两堵内墙：58dB。
- 外墙 + 电梯：47dB。

不同区域的穿透损耗千差万别，表 7-5 中给出了不同地域情况下综合的穿透损耗参考值。

表 7-5　不同地域情况下综合的穿透损耗参考值

穿透损耗（dB）						
频带（GHz）	0.8	1.8	2.1	2.6	3.5	4.5
密集城区	18	21	22	23	26	28
城区	14	17	18	19	22	24
郊区	10	13	14	15	18	20
农村	7	10	11	12	15	17

7.3 覆盖规划

7.3.1 覆盖规划的特点

5G宏基站的覆盖规划具有以下特点。

（1）确定边缘用户的数据速率等是5G网络覆盖规划的基础

3GPP定义了5G应用场景的三大方向：eMBB（增强移动宽带）、mMTC（海量机器类通信）、uRLLC（超可靠、低时延通信）。不同业务的上/下行数据速率等信号需求不同，其解调门限不同，导致覆盖半径也不同。因此，要确定小区的有效覆盖范围，在进行覆盖规划时首先需要确定小区边缘用户的最低保障速率等性能要求。并且由于5G采用时域/频域两维调度，因此既要确定满足既定小区边缘最低保障速率下的小区覆盖半径，还要确定不同类型业务在小区边缘区域占用的资源块（RB，Resource Block）数和信号与干扰和噪声比（SINR，Signal to Interference plus Noise Ratio）要求。

（2）5G资源调度更复杂，覆盖特性和资源分配紧密相关

5G网络中，为应对不同的覆盖环境和规划需求，可以根据不同类型的业务需求灵活选择资源块数和调制编码方式（MCS，Modulation and Coding Scheme）进行组合。在进行覆盖规划时，实际网络很难模拟，因为在实际网络中，单用户占用的RB数量、用户速率、MCS、SINR四者之间会相互影响，从而导致5G网络调度算法比较复杂。因此，如何合理确定RB资源、调制编码方式，使其选择更符合实际网络需求是5G覆盖规划的一个难点。

（3）小区间干扰影响5G覆盖性能

由于5G系统引入了F-OFDM技术，使得不同用户间子载波频率正交，因此同一小区内不同用户间的干扰几乎可以忽略，但5G系统小区间的同频干扰依然存在。随着网络负荷的增加，小区间干扰水平也会增加，使得用户SINR值下降，传输速率也相应降低，呈现出一定的呼吸效应。另外，不同的干扰消除技术会产生不同的小区间业务信道干扰抑制效果，这也会影响5G边缘的覆盖效果。因此，如何评估小区间的干扰抬升水平，也是5G网络覆盖规划的一个难点。

5G的链路预算流程包括业务速率需求和系统带宽、天线型号、Massive MIMO配置、上/下行公共开销负荷、发送端功率增益和损耗计算、接收端功

率增益和损耗计算，最后得到链路总预算。

5G 链路预算过程中，要特别注意以下 3 个影响覆盖的因素。

（1）发送功率

由于 64T64R 等多端口天线存在，5G 的发射功率可达 200W，5G 基站发射功率增大的同时，覆盖能力也得到了增强，但其受到的干扰也会逐步增强，在一定的功率值附近，频谱效率达到平稳。对实际使用中设备的功率取值通常要在业务需求、覆盖能力、频谱效率、设备成本与体积方面进行平衡。不同信道的下行功率可以依据功率配置准则进行功率的配置和调整，这种配置方式会影响到覆盖性能。

（2）天线配置

5G 采用 64T64R 等大规模阵子天线，可通过天线分集获得可观的分集收益，但是高配置天线的成本、体积、重量和功率均较高。实际工程中应根据业务需求、安装场景、建设成本等情况灵活选择天线配置。

（3）资源

在一定边缘业务速率性能的要求下，业务信道占用的 RB 资源、子帧数目越多，覆盖距离就越远。

7.3.2 室外覆盖

传统传播模型只适用于 2GHz 以下频段，无法适用于 5G 新频段（如 3.5GHz），SPM 是否适用于 3.5GHz、4.9GHz 等 5G 频段尚未经实践检验，射线跟踪模型的计算量大，准确度依赖于所用地图的精度、射线计算的精度和数量。因此，5G 传播模型选用 3GPP TR 38.901 提出的 3D UMa 模型。

根据传播模型，即可通过链路预算计算出路径损耗和覆盖距离。5G 链路预算流程如图 7-4 所示。

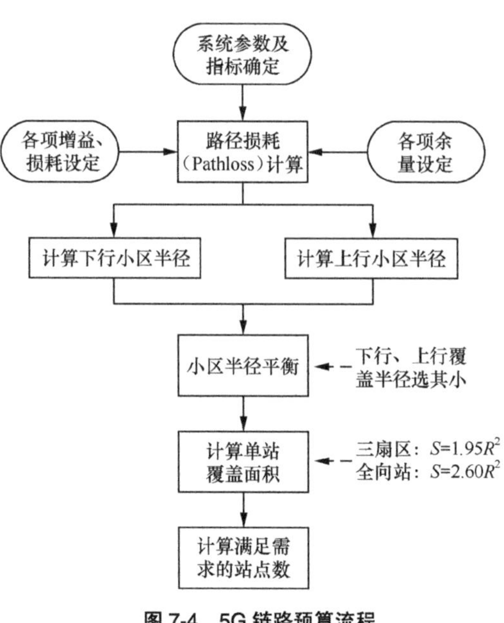

图 7-4　5G 链路预算流程

由图 7-4 可见，链路预算的关键是计算路径损耗，路径损耗计算公式为：MAPL（路径损耗）= 发射端 EIRP+ 增益－损耗－工程余量－接收端接收灵敏度。详细

的上 / 下行链路路径损耗计算过程如图 7-5 和图 7-6 所示。

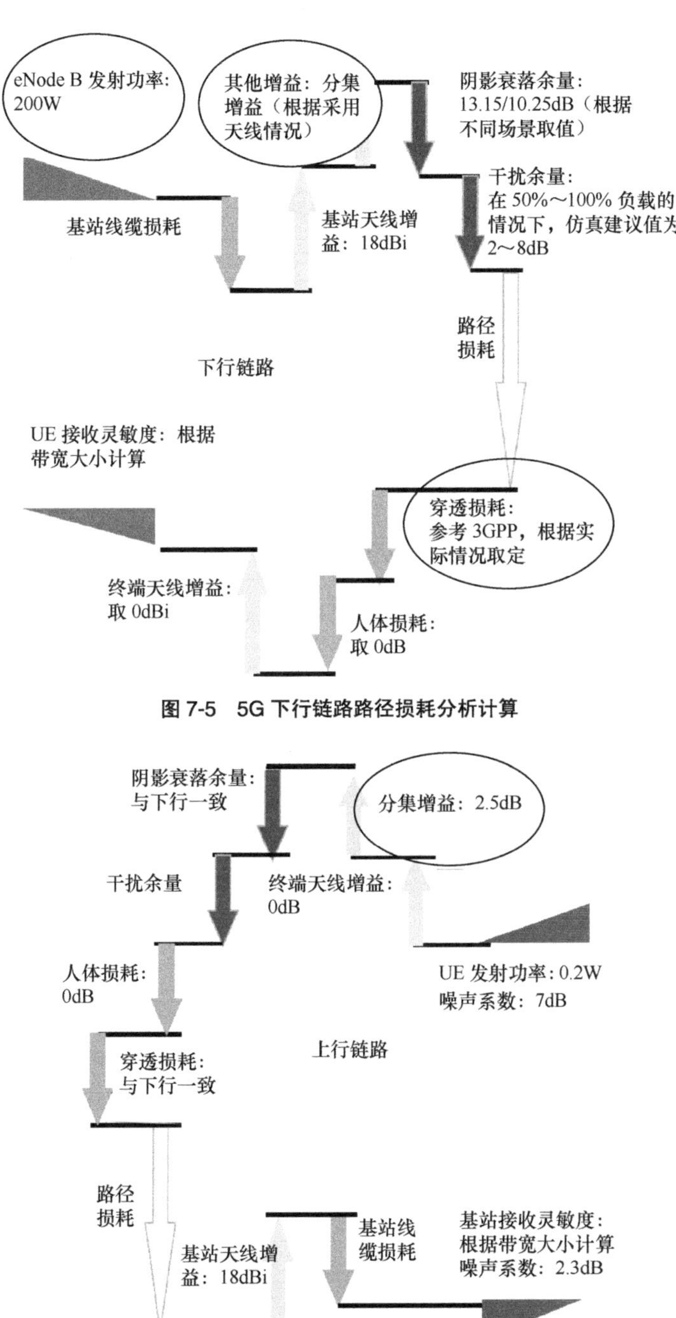

图 7-5　5G 下行链路路径损耗分析计算

图 7-6　5G 上行链路路径损耗分析计算

根据协议规定，5G 系统采用 3D UMa 传播模型进行链路预算分析，其中，频率设置为 3.5GHz，设备参数暂按目前的设备情况设置，边缘速率目标暂按目前业内推荐的边缘速率（下行为 10Mbit/s，上行为 1Mbit/s）进行估算，边缘覆盖率参考目前 4G 的边缘覆盖率要求，基站天线挂高根据场景不同分别取值，穿透损耗、街道宽度和建筑物高度根据不同地域给出典型参考值，详见表 7-6。

表 7-6　5G 链路预算

项目		下行		上行	
		下行 10Mbit/s	下行 10Mbit/s	上行 1Mbit/s	上行 1Mbit/s
系统参数	频段（GHz）	3.5	3.5	3.5	3.5
	小区边缘速率（Mbit/s）	10	10	1	1
	带宽（MHz）	100	100	100	100
	上行比率	20%	20%	20%	20%
	基站天线	16T16R	64T64R	16T16R	64T64R
	终端天线	2T4R	2T4R	2T4R	2T4R
	RB 总数（个）	272	272	272	272
	上下行分配	20%	20%	20%	20%
	需 RB 数（个）	108	108	36	36
	SINR 门限（dB）	–16	–16	–16	–16
发射设备参数	最大发射功率（dBm）	49	49	26	26
	发射天线增益（dBi）	10	10	0	0
	发射分集增益（dB）	12.5	14.5	0	0
	EIRP（不含馈损）（dBm）	71.5	73.5	26	26
接收设备参数	接收天线增益（dBi）	0	0	10	10
	噪声系数（dB）	7	7	3.5	3.5
	热噪声（dBm/Hz）	–174.00	–174.00	–174.00	–174.00
	接收机灵敏度（dBm）	–107.00	–107.00	–115.27	–115.27
	分集接收增益（dB）	2.5	2.5	12.5	14.5
附加损益	干扰余量（dB）	0	0	0	0
	负荷因子	6	6	3	3
	切换增益（dB）	0	0	0	0
场景参数—密集市区	基站天线高度（m）	30	30	30	30
	阴影衰落（95%）（dB）	11.6	11.6	11.6	11.6
	馈线接头损耗（dB）	0	0	0	0
	穿透损耗（dB）	25	25	25	25

续表

项目		下行		上行	
		下行 10Mbit/s	下行 10Mbit/s	上行 1Mbit/s	上行 1Mbit/s
场景参数—一般市区	基站天线高度（m）	30	30	30	30
	阴影衰落（95%）（dB）	9.4	9.4	9.4	9.4
	馈线接头损耗（dB）	0	0	0	0
	穿透损耗（dB）	22	22	22	22
场景参数—郊区	基站天线高度（m）	35	35	35	35
	阴影衰落（90%）（dB）	7.2	7.2	7.2	7.2
	馈线接头损耗（dB）	0	0	0	0
	穿透损耗（dB）	19	19	19	19
场景参数—农村	基站天线高度（m）	40	40	40	40
	阴影衰落（90%）（dB）	6.2	6.2	6.2	6.2
	馈线接头损耗（dB）	0	0	0	0
	穿透损耗（dB）	16	16	16	16
MAPL（dB）	密集市区	138.40	140.40	124.17	126.17
	一般市区	143.60	145.60	129.37	131.37
	郊区	148.80	150.80	134.57	136.57
	农村	152.80	154.80	138.57	140.57
街道宽度（m）	密集市区	15.00	15.00	15.00	15.00
	一般市区	20.00	20.00	20.00	20.00
	郊区	20.00	20.00	20.00	20.00
	农村	20.00	20.00	20.00	20.00
平均建筑物高度（m）	密集市区	40.00	40.00	40.00	40.00
	一般市区	20.00	20.00	20.00	20.00
	郊区	10.00	10.00	10.00	10.00
	农村	5.00	5.00	5.00	5.00
覆盖半径（m）	密集市区	523.84	589.78	225.35	253.72
	一般市区	1323.31	1489.89	569.28	640.94
	郊区	2560.86	2885.06	1096.69	1235.53
	农村	4163.91	4693.67	1776.14	2002.11
站间距（m）	密集市区	785.77	884.68	338.03	380.58
	一般市区	1984.96	2234.83	853.92	961.41
	郊区	3841.29	4327.59	1645.03	1853.29
	农村	6245.87	7040.50	2664.21	3003.16

注：现有的厂商设备均为试验网设备，SINR 解调能力不明确统一，暂取较低的 -16dB，在 5G 规模商用后，根据商用经验可对 SINR 取值进一步优化。

以上仅为理论分析，实际情况还将根据具体的业务需求、基站天线高度、建筑物损耗等情况进行调整。

除 3.5GHz、4.9GHz 等主要 5G 频段外，远期可能存在低频重耕、6GHz 以上毫米波覆盖等情况，对于这些频段的覆盖规划，主要原则如下：

- 低频重耕，主要根据 5G 采用的天线、发射功率等调整链路预算；
- 6GHz 以上的毫米波频段，主要考虑视距传输，不适合规模部署。

5G 其他频段的覆盖规划如图 7-7 所示。

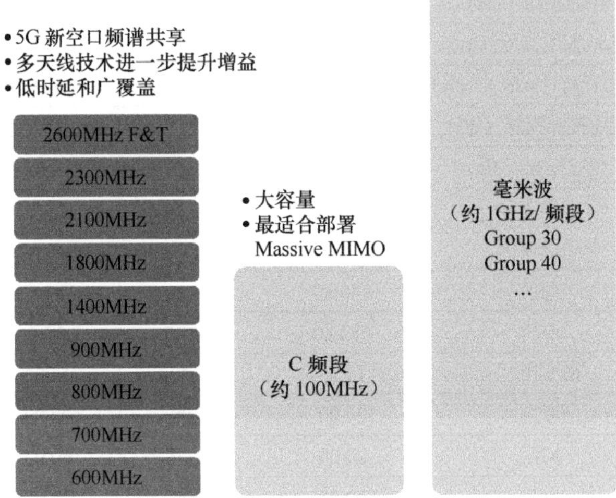

图 7-7　5G 其他频段覆盖规划

7.3.3　室内覆盖

1. 室外基站覆盖室内

室内覆盖中，室外基站覆盖室内一直是一个重要的覆盖手段，5G 时代，由于采用了 3.5GHz 等高频段，这一覆盖手段受到挑战。3.5GHz NR 上行链路预算详见表 7-7。

表 7-7　3.5GHz NR 上行链路预算示例（考虑上行覆盖受限）

上行	3.5GHz 64T64R NR
场景	密集市区
信道类型	PUSH

续表

带宽（MHz）	100
时隙配比（DL ： UL）	Sub-6GHz/28:10
小区边缘速率（Mbit/s）	1
MIMO 类型	单流
需 RB 数（个）	59
发射机	
最大发射功率（dBm）	23
发射天线增益（dBi）	0
发射分集增益（dB）	0
天馈损耗（dB）	0
人体损耗（dB）	0
每 RE EIRP（dBm）	–5.5
接收机	
SINR 要求（dB）	–16
MCS 要求 / 格式	MCS:QPSK0.29
噪声系数（dB）	3.5
单载波热噪声（dBm）	–132.24
单载波接收机灵敏度（dBm）	–144.74
接收天线增益（dBi）	10
天馈损耗（dB）	0
干扰余量（dB）	2
每 RE 最小接收功率（dBm）	–152.74
路径损耗 & 小区覆盖半径	
穿透损耗（dB）	26
阴影衰落	95%
阴影衰落余量（dB）	9
路径损耗（dB）	**112.24**
传播模型	3GPP UMa
街道宽度（m）	15
平均建筑物高度（m）	40
基站高度 /UE 高度（m）	35/1.5
覆盖半径（m）	**138**

由表 7-7 可见，3.5GHz 64T64R NR 的覆盖半径很小（不到 140m）。5G 终端不局限于传统手机，部分增强型 5G 终端有 5dB 的发射分集增益，覆盖半径估计为 186m，仍然较小。表 7-7 中，各项参数取的是经典值，实际工程中，覆盖距

离因建筑物高度、街道宽度、基站高度等的不同而有所区别，但正常情况下结果差异不大。因此，3.5GHz 频段较高、空间损耗及穿透损耗较大、覆盖能力较弱，室外覆盖室内会导致基站密度增大，从而引起高干扰、频繁切换、建设成本较高。

2. 室内覆盖系统

目前运营商解决室内覆盖的主要方案为建设室内无源分布式天线系统（DAS），传统 DAS 方案的成熟度高，设计阶段考虑充分全面时，后期新增网络可通过直接合路完成网络覆盖，简单有效且具备良好的兼容性。除这些优点外，传统 DAS 方案还存在以下缺点。

- 在大中型室分场景中，馈线、无源器件、天线数量多，施工安装难度大，快速覆盖和隐蔽覆盖实现难度大，发生问题或故障后整改难度较大；
- 多网共用分布系统时，多系统隔离需依赖无源器件完成，一旦使用不合格的无源器件，容易造成系统干扰；
- 传统 DAS 难以保证 LTE MIMO 双路平衡，新建站点的节点多，设计、施工难以保证双路平衡，改造站点“新建一路利旧一路”方案由于存在早期方案缺失、器件老化及物业协调等原因，使得在进行 LTE 改造时更难保证双路平衡；
- 馈线、无源器件、天线都是哑设备，无法主动发现故障，且排查难度大；
- 系统安装完成后，如果遇到搬迁或拆除等情况，馈线及器件拆除工作量大，难以完全利旧复用。

此外，由于 DAS 的无源器件支持的最高频段为 2.7GHz 左右，因此其无法支持 5G 网络（主要工作于 3.5GHz 和 4.9GHz 频段），而且过高的频段在馈线中传输损耗太大，因此传统 DAS 无法承担 5G 室分覆盖的重任。有源室分系统具有施工方便、速率高、用户感知好、可视可控、与 5G 兼容等优势，是运营商在 5G 时代的主要室分覆盖方案。

有源室分系统由基带单元（BBU）、扩展单元和远端单元组成，基带单元与扩展单元通过光纤连接，扩展单元与远端单元通过网线或光电复合缆连接，是一种新型的室内覆盖解决方案。

有源室分系统主要厂家的设备情况见表 7-8。

表 7-8　有源室分系统主要厂家设备情况

厂家	名称	系统架构	远端输出功率（mW）	LTE 输出功率（dBm）
华为	LampSite 系统	BBU+RHub+pRRU	125	–10.8
中兴通讯	Qcell 系统	BBU+P-Bridge+Pico RRU	125	–10.8
爱立信	DOT	BBU+IRU+Dot	125	–10.8
诺基亚	FZC+FZAP	FZC+ 二层交换机 +FZAP	125	–10.8

以华为的 LampSite 为例，LampSite 系统由 BBU、RHub 和 pRRU 组成。如图 7-8 所示，通过光纤连接 BBU、RHub，实现对移动通信基带信号的室分主干层传递，在平层通过网线或光纤接入 pRRU，实现末端室分覆盖。其中，RHub 和 pRRU 体积小、重量轻，支持多模演进，软件实现小区分裂，监控到末端天线。RHub 可安装在机柜、机架和机箱（占 1U 空间），也可挂墙安装；pRRU 可安装在室内墙面、室内天花板、吊顶扣板上。

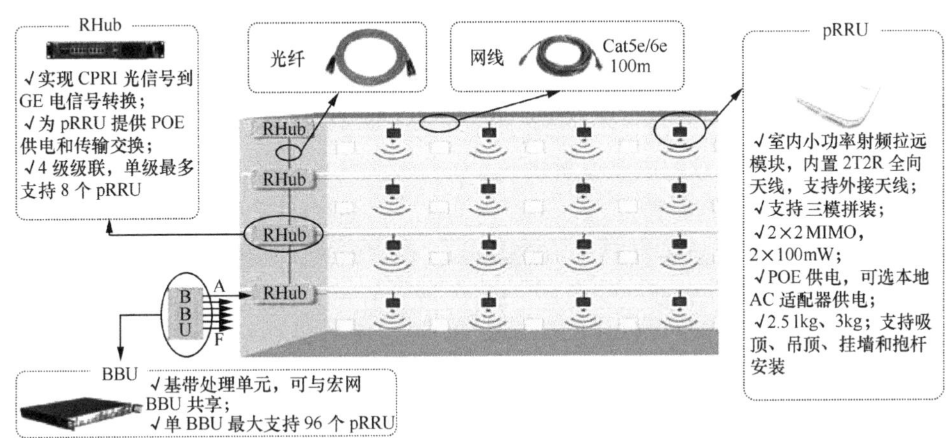

图 7-8　LampSite 解决方案组网

有源室分系统具有以下特点。

- 新增系统方便，可利旧原系统，网络可平衡升级至 5G，兼容性强。
- 光纤 / 网线传输，设备美化，施工协调简单，可吊顶或挂墙安装。
- 单台设备支持 MIMO，速率提升显著。用户话务贡献能力高（单用户话务贡献能力是无源室分系统的 1.2 ～ 1.6 倍，单位面积话务贡献业务是无源室分系统的 1.16 ～ 18 倍），用户体验好（下行速率是无源室分系统的 8 ～ 13 倍，上行速率是无源室分系统的 3 ～ 5 倍）。
- 分布式皮基站可通过软件实现小区的合并和分裂，以灵活地应对容量变化。
- 与宏站共网管，系统监控无盲区，可快速准确定位系统、设备故障，方便运维。

有源室分系统的网络性能稳定，现网已大量部署，可以满足运营商的网络建设质量和容量的需求。在国内运营商已现网部署及计划开始的室内覆盖中，大量采用有源分布系统。

此外，由于 5G 主要作为容量吸收层将与 4G 长期共存，因此 4G 与 5G 的室内平滑升级和共点位覆盖显得尤为重要。

7.4 容量规划

7.4.1 容量规划的特点

5G系统的容量不仅与业务类型、信道配置、天线配置和参数配置有关，而且与小区间干扰协调算法、调度算法、链路质量和实际网络整体的信道环境等都有关系。

影响5G系统容量的主要因素如下。

（1）单频点带宽

现有5G的单频点带宽已达100Mbit/s，带宽越大，网络可用资源将越多，系统容量就会越大。需要注意的是，5G的带宽引入了BWP（部分带宽），若采用BWP技术，如将部分带宽用于专网等情况，实际工程中需要综合考虑。后期采用更高频谱后单频点带宽可能会进一步提高。

（2）5G规划关注网络结构

5G的用户吞吐量取决于用户所处环境的无线信道质量，小区吞吐量取决于小区整体的信道环境，而影响小区整体信道环境的最关键因素是网络结构及小区覆盖半径，由于5G采用高密度组网，网络结构的合理性显得尤为重要。如果仿真模型采用合适站距，并接近理想蜂窝结构，用规划软件进行仿真分析的结果表明其小区吞吐量比其他方案有明显提升。因此，应严格按照站距原则选择站址，避免选择高站及偏离蜂窝结构较大的站点。

（3）小区间干扰消除技术的效果将会影响系统整体容量及边缘用户速率

5G系统由于采用F-OFDM技术，系统内的干扰主要来自同频的其他小区。这些同频干扰将降低用户的信噪比，从而影响用户容量。

（4）5G整体容量性能与资源调度算法的好坏密切相关

5G采用的自适应调制编码方式使得网络能够根据信道质量的实时检测反馈，动态调整用户数据的编码方式以及占用的资源，从系统上做到性能最优。好的资源调度算法可以明显提升系统容量及用户速率。

（5）5G整体容量性能和天线配置有关

5G可采用64T64R等大规模阵子天线，可通过空间复用提高传输速率，但是高配置天线的成本、体积、重量和功率等均较高。实际工程中应根据业务需求、安装场景、建设成本等情况灵活选择天线配置。

5G 的业务信道均为共享信道，容量规划可通过系统仿真和实测统计数据相结合的方法，得到各种无线场景下网络和 UE 各种配置下的小区吞吐量以及小区边缘吞吐量。

7.4.2　5G 主要业务类型

3GPP 定义的 5G 三大应用场景中，eMBB 场景是指在现有移动宽带业务场景的基础上，对用户体验等性能的进一步提升，主要还是追求人与人之间极致的通信体验。mMTC 是物联网的应用场景，它在物与物互联的基础上，拓展到人与物之间的信息交互。mMTC 将在 6GHz 以下的频段发展，同时应用在大规模物联网上，发展较成熟的技术是 NB-IoT。uRLLC 对吞吐量、时延和可用性等性能的要求十分严格，所应用的领域包括工业应用控制、远程手术、自动驾驶等。具体如图 7-9 所示。

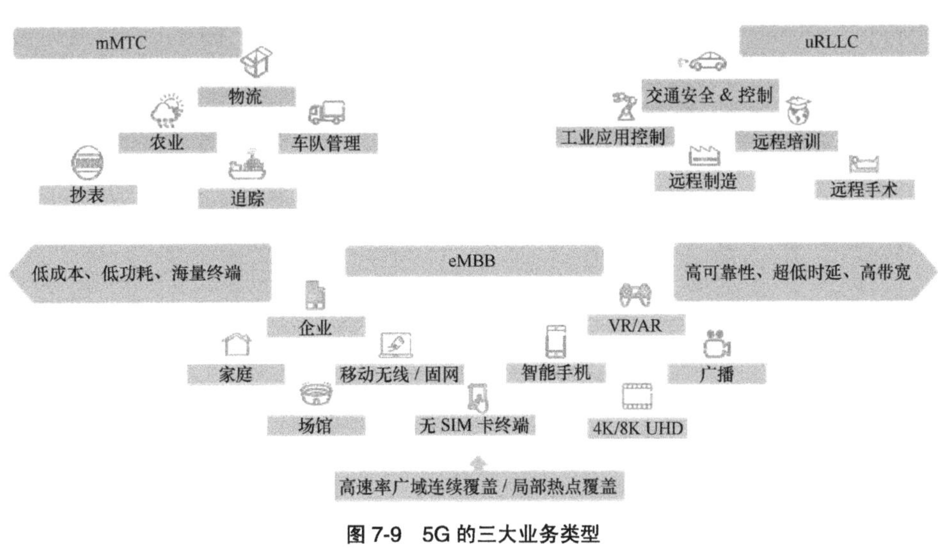

图 7-9　5G 的三大业务类型

7.4.3　业务需求分析

5G 三大业务的各种应用都有其对网络的独特需求，详见表 7-9。

表 7-9　5G 典型应用业务需求分析

典型应用	基本假设	传输速率要求	时延要求	主要挑战
视频会话	支持上行 1080P 视频传输	影响因素： ● 分辨率 ● 每像素点比特数 ● 帧率 ● 压缩比 测算结论：根据高清视频的帧格式和常用的百倍压缩率： ● 1080P，12bit/pixel，60fps 视频传输需要 15Mbit/s ● 4K，12bit/pixel，60fps 视频传输需要约 60Mbit/s ● 8K，12bit/pixel，60fps 视频传输需要约 240Mbit/s ● 8K（3D），24bit/pixel，120fps，普通压缩视频传输约需要 960Mbit/s	50 ～ 100ms	15Mbit/s（上行 & 下行）
高清视频播放	不同场景支持能力不同，如静止场景支持 8K 视频传输，中速场景支持 4K 视频传输，高速场景支持 1080P 视频传输（均为下行）		50 ～ 100ms，能够提供非常好的业务体验	1080P：15Mbit/s（下行） 4K：60Mbit/s（下行） 8K：240Mbit/s（下行）
增强现实	支持上下行 1080P 视频传输，用户对时延无感知		人眼视神经的最快反应时间去除摄像头的图像采集和终端设备的投影处理时间，达到用户对图像时延无感知时网络需保障的单向端到端时延为 5 ～ 10ms	15Mbit/s（上行 & 下行） 5 ～ 10ms
虚拟现实	支持下行 8K（3D）高清视频传输		50 ～ 100ms	960Mbit/s（下行）
实时视频分享	支持上行 4K 视频传输		50 ～ 100ms	60Mbit/s（上行）
视频监控	单位面积一个摄像头，支持上行 4K 视频传输		50 ～ 100ms	60Mbit/s（上行）
云桌面	上下行数据传输	上下行 20Mbit/s	人眼视神经的最快反应时间去除 I/O 信息处理，操作系统处理及显示器处理时延，单向端到端 10ms	20Mbit/s（下行 & 上行） 10ms
无线数据下载云存储	可比拟光纤传输	下行传输速率约为 1Gbit/s，上行约为 0.5Gbit/s	无挑战	1Gbit/s（下行） 0.5Gbit/s（上行）
高清图片上传	上传 4000 万像素照片	文件大小约为 20MB（160Mbit），具体测算结合场景分析	无挑战	结合场景分析
智能家居	每户家庭的连接设备为 10 ～ 20 个，主要影响连接数密度	挑战不大	无挑战	设备连接数为每户 15 个
车联网	满足车联网时延要求	挑战不大	考虑防碰撞所需要保障的单向端到端时延	5ms
在线游戏	主要考虑时延	挑战不大	动作、射击类游戏要求单向端到端时延约 15 ～ 40ms	15 ～ 40ms

多个业务并发时的性能指标测算方法如图 7-10 所示。

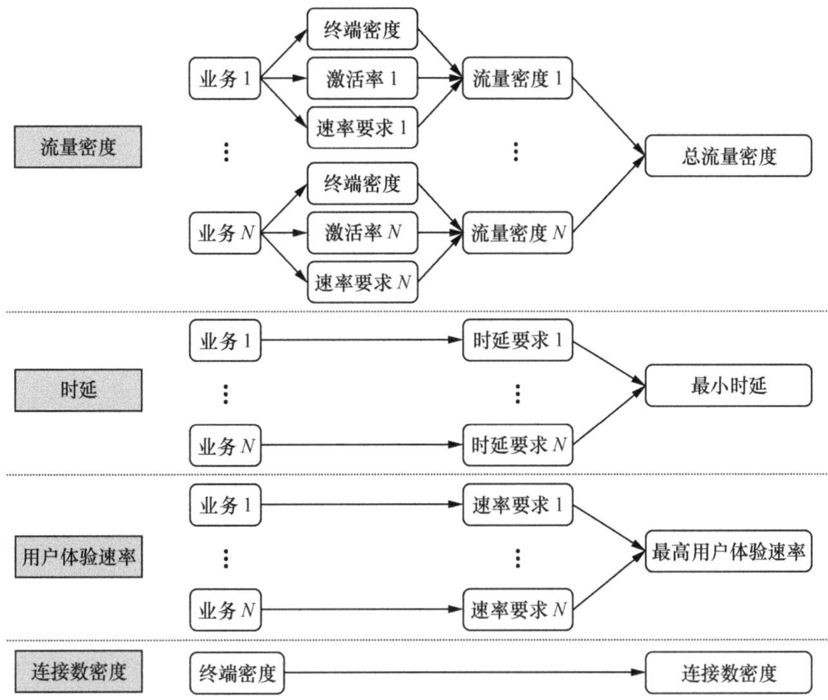

图 7-10　5G 业务并发时的性能指标测算方法

7.4.4　用户数估算

详细分析各类业务的综合容量需求后，便可以根据容量模型计算单用户容量需求，由于 5G 网络尚未商用，本书先简单取定单用户下行速率要求为 10Mbit/s。

单用户容量需求确定后，再计算出单载波峰值速率（如图 7-11 所示），便可以得出单载波理论承载用户最大数量。

根据图 7-11，计算 5G 在 3.5GHz 频段下 100Mbit/s 单载波的峰值速率如下。

- 频域 =272 × 12（子载波）× 8bit（256QAM）。
- 时域 =14 × 4 流 × 2000（每秒 2000 组符号）。
- 峰值速率（Mbit/s）= 频域 × 时域。
- 按照控制：上行：下行 =2:3:9 来分析时，下行峰值速率为 1.75Gbit/s。

由此，根据上文的设定，单用户下行速率要求为 10Mbit/s，可以计算得出单载波理论承载用户最大数为 179 人。

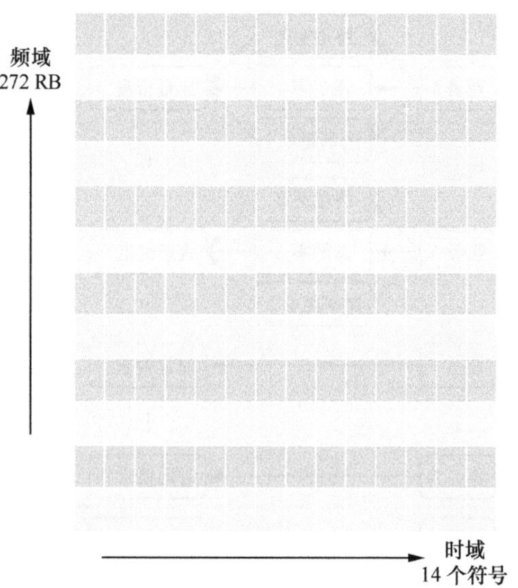

图 7-11　5G 容量计算

第 8 章 5G 网络建设探讨

5G 网络建设将面临大容量、低能耗、低成本三大技术要求，现有的以宏站为主的建设模式已经不能满足要求，因此需要采用集中部署的方式，减小机房需要，实现资源共享，提高网络性能；5G 覆盖部署总体上采用宏微结合，分层立体覆盖，微基站将得到大规模应用，有望成为 5G 网络建设的重要设备形态；无源室分的无源器件支持的最高频段为 2.7GHz 左右，因而无法支持 5G 网络。5G 时代，有源室分系统将成室内覆盖的主要部署方式。

8.1 挑战与方向

未来的 5G 网络应该体现大容量、低能耗和低成本三大技术要求，其与现有的 3G/4G 网络的不同之处主要体现在以下几个方面。

① 天线数目可能从 4 根增至 64 根甚至更多，致使基站的处理能力倍增，能耗也相应增加，这对基站机房的要求将进一步提高，因此需要改变现有的以宏站为主的网络建设模式，充分利用基带处理单元（BBU）与射频拉远单元（RRU）相分离的设备优势，将基带资源进行集中放置，实现资源共享。这样一方面可以减少对于机房数量的需求，同时也可以降低机房建设成本；另一方面，由于 BBU 采取集中放置，因此远端只需安装 RRU 设备，这将极大地降低基站对于天馈建设条件的要求，从而降低网络建设投资规模，加快网络建设速度。

② 基站的覆盖范围有可能从 4G 网络的数百米缩小至数十米，这将极大地增加对于基站数目的需求，进一步加剧在 4G 网络建设中已经出现的站址资源获取困难等问题，从而影响网络建设进度，降低网络质量。一方面，在 4G 时代已经逐渐规模商用的微基站，由于具有设备小、功耗低等多种优势，可以大大降低站点的条件需求，满足实施快速建站的目的；另一方面，由于微基站站址贴近用户，可以极大地改善信号质量。因此，在未来的 5G 网络建设中，微基站仍将得到极大的应用，有可能成为未来 5G 网络建设的主要形式。

③ 4G 规模建设高峰已经过去，5G 已经到来，除了车联网、智慧能源和联网无人机以外，5G 的其他业务都发生在室内，这就需要业界提前考虑如何满足室内用户接入网络的需求。因此，无线网络覆盖从室外走向室内，精细化管理运营备受关注。而传统室内无源分布式天线系统（DAS）在面向 5G 演进的过程中已经出现重大瓶颈，其无源器件支持的最高频段为 2.7GHz 左右，因此无法支持 5G 网络（主要工作于 3.5GHz 和 4.9GHz），此外，过高的频段在馈线中传输损耗太大。而有源室分系统具有与 5G 兼容、施工方便、速率高、用户感知好、可视可控等优势，是运营商在 5G 时代的主要室内分布覆盖方案。

8.2　网络建设方式

8.2.1　集中建设方式

随着网络建设从广覆盖向深度覆盖不断推进，基站建设站点资源需求急剧增加，造成可用站点资源数量不断减少。站点资源的不足将严重影响网络质量，这将是未来网络建设中必将面临的问题。

目前网络建设基站设备主要以分布式基站（BBU+RRU）为主，与常规的建站方式相比，分布式基站设备小、功耗低、投资小、建设周期短，大大降低了建设难度，加快了网络建设速度。分布式基站实现了基带单元和射频单元的分离，有利于实现基带单元的集中放置。基带单元集中放置能够充分发挥上述优势，具体体现如下：

① 降低机房的新建和租赁需求，降低物业协调难度；

② RRU 建设比 BBU 建设对配套要求低，BBU 集中设置时，能明显减少 RRU 拉远站点配套建设，有效降低建网成本；

③ RRU 室外型设备使空调等高耗能设备数量大量减少，BBU 集中设置提高了电源供给的效率，能促进网络的节能减排；

④ 灵活的部署策略使得基站建设不再受限于基站机房选址难题，能有效推进建网进度，实现快速运营；

⑤ 结合已有的光缆传输网络，合理规划 BBU 集中放置，可降低传输接入的投资；

⑥ 后期根据技术演进，可以组成共享式“BBU 池”，有效提升系统利用率。

BBU 集中放置虽然具有多种优势，但同时也存在以下一些潜在的风险，在使用中需要特别注意。

① 集中化管理要求更高，风险控制等级更高，这将对网络运行维护人员的技术能力和响应能力提出新的考验；

② 光缆路由的规划难度成倍增加，传输管道和芯线资源的压力也不断增大，而城区管道资源极其宝贵，如何合理调解 BBU 集中方案和路由规划复杂的矛盾，是一个无法回避的问题；

③ 风险控制能力要求更高，若风险控制不足，将会引起大面积断站，严重影响用户感知和品牌发展。

基站建设采用 BBU 集中放置方式，在机房需求、传输、RRU 接入等方面都有如下新的变化。

（1）机房需求

采用 BBU 集中放置方式时，RRU 站点不需要专用的机房，只需为 BBU 集中点选择合适的机房。

在选择集中机房时，优先选择核心机房及条件好的基站作为 BBU 集中放置点。机房要求条件好、空间充足、配套资源丰富且有预留。针对机房及相应的配套条件，BBU 集中放置可采用“大集中”和“小集中”两种方案。

- 大集中：单个集中机房的 BBU 数量在 4 个以上，单独新增综合柜用于集中放置 BBU。
- 小集中：单个集中机房的 BBU 数量少于 3 个，可灵活采用单独新增综合柜、共用综合柜、单独挂墙等方式集中放置 BBU。

（2）传输设备及管线配置

传输设备：根据 BBU 集中方案，确定 PTN/IPRAN 设备的选型。

- 传输线路：区分纯 RRU 站点、BBU 大集中机房、BBU 小集中机房，对应选择不同的接入光缆纤芯数量。

（3）电源需求

BBU 集中放置机房必须有稳定可靠的电源供给系统，要求至少引入一路稳定可靠的 2 类及以上市电，有条件的需要配置移动油机等后备发电设施，直流供电系统应配置足够的整流能力。

BBU 集中放置的建设模式是解决基站选址困难、满足无缝覆盖、提升容量的重要手段，也是未来实现快速建网的必然选择。

8.2.2　共享建设方式

1. 优势

随着技术的进步，在分布式 BBU 集中建设的基础上，可以进一步采用“BBU 池”的方式进行网络建设，共享基带资源，解决网络话务量的“潮汐效应”，提高网络利用率。同时，基于现有站址及光缆资源合理规划“BBU 池”，共享基带资源，可以减少机房配套，节约建设成本及租金、电费等运营开支，也是实现节能减排、绿色运营的需要。具体优势体现在如下几个方面。

（1）提升资源利用率

基站基带资源采用共享方式建设，有利于室内外协同容量规划，实现同一区域内的业务均衡处理，提高资源利用率。

（2）节约建设成本

① 不必对存在“呼吸效应”的两个相邻小区都进行扩容，这样可以减少主设备投资；

② 采用共享方式建设时，基带资源可以集中放置在同一机房内，这样可以降低网络配套建设投资。

（3）节能减排

① 降低单载波能耗：基带资源集中放置时，共享建设的基带单元数目越多，单载波的能耗越低。

② 降低空调等配套设施的能耗：由于基带资源集中放置，机房数量减少，整体上降低了全网空调、电源等配套设施的能耗。

（4）降低部分维护成本

① 基带资源集中放置的机房条件较好，可以极大地降低被破坏、被盗窃的风险；

② 由于基带资源共享的机房大多数集中放置在城区，因而提高了供电的可靠性；

③ 基带资源集中放置，管理和维护非常方便，成本低于宏基站。

2. 建设要点

（1）建设方式

根据覆盖场景的特点、站点建设位置及基带单元集中设置的数量，可以将基带单元池分为大规模集中设置、小规模集中设置和分散设置 3 种。

（2）选址要求

基带单元池的站址选择应综合考虑业务及覆盖要求，以及无线站点拓扑结构、光缆资源、电源条件、站址长期运营的安全性等因素，并结合无线覆盖站址规划及现有光缆资源分布、现有站址分布，坚持“大容量、少局所”的建设思路，统筹兼顾室内外覆盖基带单元池的建设模式及基带单元池地址，以满足当前及未来无线网络站址及业务发展需求。基带单元池站址选择时应满足如下需求。

① 无线需求：基于无线覆盖站址规划，满足覆盖及容量要求，将连续的成片区域设置为一个基带单元池，同一地理范围内的宏基站、小基站、室分站应尽量在一个基带单元池内。

② 光缆需求：基带单元池对基带单元—射频单元之间的光缆需求量巨大，因此需要将基带单元池设置在光缆 / 管道 / 杆路资源丰富、光缆局向多的站点，或容易改造、扩容的站点。

③ 电源需求：基带单元集中放置机房必须有稳定可靠的电源供给系统，要求至少引入一路稳定可靠的 2 类及以上市电，直流供电系统应配置足够的整流能力。

④ 传输需求：基带单元池承载的数据流量大，后续业务需求较多。承载网建设需预留一定的扩容能力。

⑤ 机房空间需求：要求机房面积原则上不小于 25m²。

⑥ 长期安全运营需求：基带单元池的覆盖范围广，承载业务量大，站点的重要性高。为保证网络的稳定性及运营安全，要求所选择的机房应尽量为自有物业或可长期租赁的机房，且机房所在建筑的防火、防震、防水、防洪等能力强，不宜选在结构不安全、易拆迁的建筑内及地质不稳、地势过低、易坍塌等危险区域。

3. 应用场景

基站共享式建设可以实现基带容量动态共享，实现基于基带资源的动态分配，实现话务量调度，能够用于产生“呼吸效应”的区域。

（1）商业区与相邻居民区

商业区与相邻居民区是业务量来回迁徙最为典型的场景，业务的“呼吸效应”比较明显。白天工作时间段是商业区业务繁忙时间段，晚上业务将有所回落；而周边居民区业务情况在时间分布上则刚好相反。同时，这两种地域内的业务量短时间将保持稳定，在周末或节假日期间，由于商业区流动人口大增，整片区域可能会出现突发业务，高于平时的总业务量。在这一场景下，可以采用共享建设方式，在保证无线容量需求的前提下，提高无线利用率，以减少建设投资需求。

（2）校园区域

从容量来说，短时间内校园用户总量变化不大。用户只是在校园内进行流动，业务量也将随之流动，且整体业务量并没有太大的变化，在校园区域内有很明显的“呼吸效应”。白天教学楼、图书馆、体育场等区域的业务量相对较高，夜间学生宿舍、家属楼等区域的业务量达到峰值。在这一场景下，采用共享建设方式，在保证较高利用率的同时，又可以应对突发大业务的需求。

（3）突发话务区域

体育场馆及周边区域是很典型的突发业务区域，在该区域内，随着赛事的开始、进行、结束，体育场馆内以及外广场、运动员村、酒店会相应地汇聚大量的人流，无线业务量有明显的“呼吸效应”，因此在该场景下，可以采用共享方式建设基站。

4. 技术局限性

基站采用共享方式建设，在局间、传输、电源与监控等方面的需求较高，其技术局限性如下。

① 局间：需要机房局址交通方便，空间充足，配套资源丰富且有预留；

② 传输：需要具备双路由局向，传输资源丰富且可达程度较高；

③ 电源与监控：监控、检测实施齐全，设备供电可靠性较好。

8.3　5G 工程建设要点

8.3.1　总体建设策略

1. 分节奏建设策略

目前国内运营商的 LTE 网络已大规模部署且短期内不会退网。由于现有 5G 频谱相对较高，根据频率资源的使用特征，低频段频率适合做连续覆盖，高频段频率适合做热点热区覆盖。因此，LTE 重点解决广域覆盖问题，满足在全国范围内提供 LTE 服务的市场需要，5G 主要作为容量吸收层提供市区等高流量区域的高速数据业务，多网协同将长期存在。

同时，5G 技术及三大业务都有各自的成熟过程，5G 将率先满足移动宽带增强场景，大规模物联网部署靠后，超可靠、超低时延通信场景将稳步推进。对于运营商来说，5G 建设可以考虑如下近、中、远期目标。

（1）近期目标

- 明确网络演进需求，制定 5G 发展策略和演进路标。

- 完成 5G 技术概念验证。
- 结合 vIMS、vEPC 的 NFV 引入，实现移动网 NFV 在云平台上的统一部署。

（2）中期目标

- 聚焦 eMBB 热点高容量，在新频段启动 5G 商用。
- 依托 LTE 广域覆盖，实现 5G 与 LTE 的融合组网。
- 基于移动网 NFV 云平台，引入 5G 核心网。

（3）远期目标

- 实现 5G eMBB 连续广域覆盖。
- 适时启动 LTE 频段向 5G 重耕，MBB 和 Massive MTC 业务逐步向 5G 迁移。
- 网络按需升级 uRLLC、mMTC。
- 实现网络云化、新老协同、能力开放。

2. **频段策略**

Sub-6GHz 频谱将兼顾覆盖与容量的需求，是峰值速率和覆盖能力两方面的理想折中；6GHz 以上频谱可以提供超大带宽和更大容量、更高速率，但是连续覆盖能力不足。现阶段我国可用的 Sub-6GHz 频段主要是 3.5GHz 和 4.9GHz，它们能够较好地兼顾覆盖与容量的需求，在标准化和产业链发展中相对成熟，适合作为 5G 起步阶段的频段，在 5G 发展初期有利于促进 5G 网络的部署和产业的成熟。后期根据 5G 网络演进阶段、网络建设策略、业务发展等情况将适时引入 6GHz 以上频谱。

8.3.2　技术要求

面对 5G 场景和技术需求，需要选择合适的无线网络演进策略和技术路线，以指导 5G 标准化及产业发展。综合考虑需求、技术发展趋势以及网络平滑演进等因素，无线网技术要求如下。

（1）无线网演进策略

频率：综合考虑覆盖性能、建设成本、频段组合干扰规避和产业链成熟度等因素，优先选择 3.5GHz 频段作为 5G 的主要覆盖频率。

组网方式：国内运营商均优先采用独立组网方式。考虑到非独立组网架构需要 4G 和 5G 基站紧耦合，并且非独立组网场景中 LTE 部分现网频段与 NR 频段的部分组合在终端侧存在较严重的干扰问题，故优先采用独立组网架构。为了避免频繁互操作，独立组网应尽量连续覆盖。

（2）5G 空口技术框架

LTE/LTE-Advanced 技术作为事实上的统一 4G 标准，已在全球范围内大规

模部署。为了持续提升 4G 用户体验并支持网络平滑演进，需要对 4G 技术进一步增强。在保证后向兼容的前提下，4G 演进将以 LTE/LTE-Advanced 技术框架为基础，在传统的移动通信频段引入增强技术，以进一步提升 4G 系统的速率、容量、连接数、时延等空口性能指标，在一定程度上满足 5G 技术需求。

受现有 4G 技术框架的约束，大规模天线、超密集网络等增强技术的潜力难以完全发挥，全频谱接入、部分新型多址等先进技术难以在现有技术框架下采用，4G 演进路线无法满足 5G 极致的性能需求。因此，5G 需要突破后向兼容的限制，设计全新的空口，充分挖掘各种先进技术的潜力，以全面满足 5G 性能和效率指标要求，新空口将是 5G 主要的演进方向，4G 演进将是有效补充。

5G 空口技术框架（如图 8-1 所示）应当具有统一、灵活、可配置的技术特性。面对不同场景差异化的性能需求，客观上需要专门设计优化的技术方案。然而，从标准和产业化角度考虑，结合 5G 新空口和 4G 演进两条技术路线的特点，5G 应尽可能基于统一的技术框架进行设计。针对不同场景的技术需求，通过关键技术和参数的灵活配置形成相应的优化技术方案。

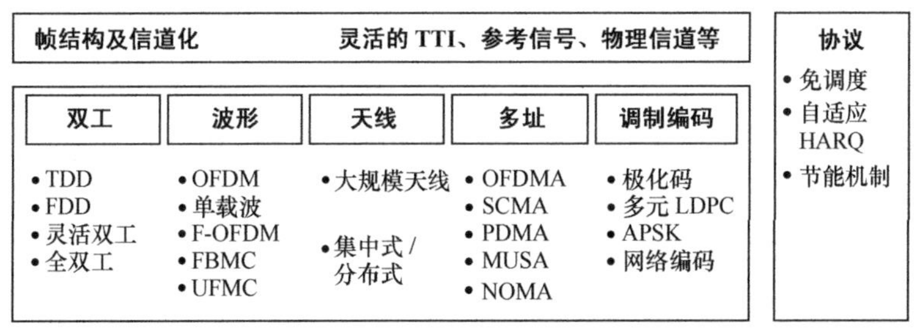

图 8-1　5G 空口技术框架

根据移动通信系统的功能模块划分，5G 空口技术框架包括帧结构及信道化、双工、波形、多址、调制编码、天线、协议等基础技术模块，通过最大可能地整合共性技术内容，达到“灵活但不复杂”的目的，各模块之间可相互衔接、协同工作。根据不同场景的技术需求，对各技术模块进行优化配置，形成相应的空口技术方案。

5G 空口技术框架可针对具体场景、性能需求、可用频段、设备能力和成本等情况，按需选取最优技术组合并优化参数配置，形成相应的空口技术方案，实现对场景及业务的“量体裁衣”，并能够有效应对未来可能出现的新场景和新业务需求，从而实现“前向兼容”。

（3）5G 低频新空口设计考虑

低频新空口可广泛用于连续广域覆盖、热点高容量、低功耗大连接和低时延高可靠场景，其技术方案将有效整合大规模天线、新型多址、新波形、先进调制编码等关键技术，在统一的 5G 技术框架基础上进行优化设计。

在连续广域覆盖场景中，低频新空口将利用 6GHz 以下低频段良好的信道传播特性，通过增大带宽和提升频谱效率来实现 100Mbit/s 的用户体验速率。

在热点高容量场景中，低频新空口可通过增加小区部署密度、提升系统频谱效率和增加带宽等方式在一定程度上满足该场景的传送速率与流量密度需求。

在低功耗大连接场景中，由于物联网业务具有小数据分组、低功耗、海量连接、强突发性的特点，虽然总体数量较大，但对信道带宽的需求量较低，本场景更适合采用低频段零散、碎片频谱或部分 OFDM 子载波。

在低时延高可靠场景中，为满足时延指标要求，一方面要大幅度降低空口传输时延，另一方面要尽可能减少转发节点，降低网络转发时延。为了满足高可靠性指标要求，需要增加单位时间内的重传次数，同时还应有效提升单链路的传输可靠性。为有效降低空口时延，在帧结构方面，需要采用更短的帧长，可与连续广域覆盖的帧结构保持兼容。

8.3.3　室外覆盖建设要点

1. 部署策略

5G 覆盖部署策略总体上采用“宏微结合，分层立体覆盖”的方式（如图 8-2 所示），具体如下。

- 宏基站层：25m 以下广域覆盖。
- 微基站层：弥补宏基站覆盖空洞、小区和楼宇的深度覆盖，与室分协同完成室内连续覆盖。
- 高层覆盖：25m 以上小区和楼宇的深度覆盖。
- 室内覆盖：采用室分系统完成。

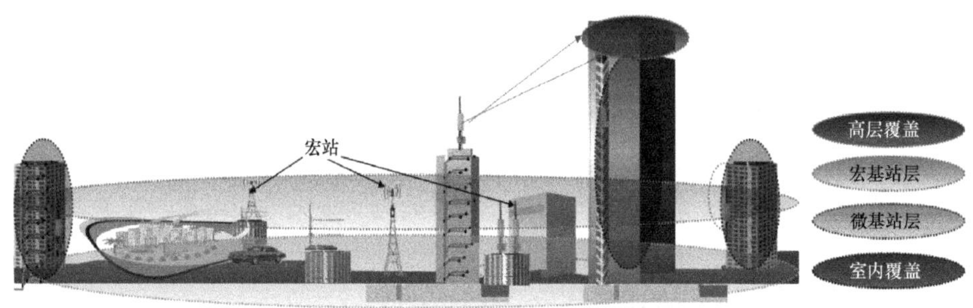

图 8-2　宏微结合，分层立体覆盖

2. *基站选址原则*

5G 系统的基站覆盖距离短、穿透损耗大，因此基站选址对于保持 5G 的网络拓扑结构非常重要，5G 基站选址遵循“立足投资效益，灵活部署”的原则，具体如下。

- 利旧资源：充分利用现网站址资源，挂高可下移。
- 承重及风阻要求：天线 +RRU 合并为 AAU（Active Antenna Unit），重量和迎风面积高于现网天线，在楼面站选址时要注意承重、女儿墙强度。
- 站址偏移控制：5G 站间距缩小至 200 ～ 300m，站址偏离控制应适当缩小至 50 ～ 70m。
- 一站一方案：基站半径变小，针对性更强，应根据周边环境灵活调整方案，并注意与其他基站的协同。

3. CU/DU *部署建议*

高带宽、低时延和多连接等不同的业务需求，将推动 5G 系统的基站结构发生变化，BBU 功能被重构为 CU（中心单元）和 DU（分布单元）两个功能实体。CU 集成了核心网的部分功能，构成控制单元；BBU 的基带部分更靠近用户，部分物理层功能移至 RRU。

DU 和 CU 可以根据业务场景和传输资源匹配情况灵活部署，传输资源充分时可集中部署 DU，传输资源不足时可分布部署 DU。当遇到低时延场景时，DU 可与 AAU 集成部署，同时还可以采用 DU/CU/AAU 集成部署。

4. *基站配套建设分析*

现在 5G 网络的 SA（独立组网）标准刚制定，网络设备功耗大，体积重量大，配套改造成本高。为减少投资，基站配套尽量由铁塔公司承建，运营商共同租用铁塔公司的配套资源。造价示例见表 8-1。

表 8-1 单套核心网基础资源池配置

类型	建设分类归类	属性	机房				铁塔						电源配套（万元）		基础配套（万元）		铁塔年租金（万元）		投资合计（万元）	
			砖混机房（彩钢板）		室外机柜		落地塔		楼顶塔		抱杆									
			铁塔产权	自有产权	铁塔产权	自有产权	铁塔产权	自有产权	铁塔产权	自有产权	铁塔产权	自有产权	最低投资	最高投资	最低投资	最高投资	最低租金	最高租金	最低投资	最高投资
新建	铁塔新建（租用）	新建	√				√										3.31	5.71	3.31	5.71
		新建	√						√								2.74	4.82	2.74	4.82
		新建	√								√						2.52	2.97	2.52	2.97
		新建			√		√										2.48	1.28	2.48	1.28
	自建	新建		√				√					9.20	19.80	25.00	52.00			34.20	71.80
		新建		√						√			9.20	19.80	24.00	72.00			33.20	91.80
		新建		√								√	9.20	19.80	16.00	55.00			25.20	74.80
		新建		√			√						9.20	19.80	13.00	79.00	1.33	2.66	23.53	101.46

续表

类型	建设分类归类	属性	机房				铁塔						电源配套（万元）		基础配套（万元）		铁塔年租金（万元）		投资合计（万元）	
			砖混机房（彩钢板）		室外机柜		落地塔		楼顶塔		抱杆									
			铁塔产权	自有产权	铁塔产权	自有产权	铁塔产权	自有产权	铁塔产权	自有产权	铁塔产权	自有产权	最低投资	最高投资	最低投资	最高投资	最低租金	最高租金	最低投资	最高投资
利旧	自有站（改造）	利旧		√						√			8.00	19.80	5.00	16.00			13.00	35.80
		利旧		√								√	8.00	19.80	3.00	8.00			11.00	27.80
	部分利旧，部分租用（机房改造，塔桅铁塔改造）	利旧		√			√						8.00	19.80			1.33	2.66	9.33	22.46
		利旧		√					√				8.00	19.80			1.07	2.25	9.07	22.05
		利旧		√							√		8.00	19.80			1.01	2.15	9.01	21.95
	利旧全部租用	利旧	√				√										1.62	3.10	1.62	3.10
		利旧	√						√								1.45	2.83	1.45	2.83
		利旧	√								√						1.39	2.74	1.39	2.74

由于现在设备功耗大、体积大，建议敦促厂家推进低功耗、体积小、重量轻的商用设备的研发生产，以降低后期规模建设的网络投资。

8.3.4 室内覆盖建设要点

1. 4G/5G 室内覆盖手段对比

3G/4G 时代室内连续覆盖依靠宏基站、微基站和无源室分 3 种手段协同完成。有源室分因造价高，主要定位于高容量建设，在楼宇内主要部署在高业务区域，而在楼内低业务区则主要依靠微基站和无源室分解决。

到了 5G 时代，室内连续覆盖主要依靠“微基站 + 有源室分”的方式来解决。

5G 微基站的职责变化如下。

- 增加部署场景：从覆盖居民小区、商业街为主到全场景部署。
- 提高部署密度：由于 5G 频率比 4G 高，5G 微基站的覆盖能力有所下降，需要增加部署密度来弥补。

5G 有源室分的职责变化如下。

- 由容量建设到覆盖建设：有源室分在 4G 建设中定位为容量建设，在 5G 中定位为容量 + 覆盖。
- 从局部覆盖到全覆盖：5G 有源室分需要立足全覆盖部署。

综上，4G/5G 室内覆盖手段的对比详见表 8-2。

表8-2　4G/5G室内覆盖手段对比

室内覆盖手段	室内覆盖能力	4G职责分工	5G职责分工变化
宏基站	中，无针对性	广域覆盖	不变
微基站	强	覆盖楼宇外墙内侧	增加覆盖范围，弥补有源室分覆盖不足
无源室分	强	覆盖楼宇内部	无
有源室分	中	高容量区域	替代无源室分

2. 微基站建设策略

微基站建设目标场景主要如下：

- 宏基站覆盖不足且没有室分部署的场景，如密集街道、商铺和小型楼宇等；
- 有源室分部署困难且单层面积不大的场景，如已装修的商务办公楼、酒店宾馆、住院楼、居民楼等；
- 有源室分投资效益较低的场景，如商场物业办公区、校舍等。

微基站建设方案如下。

① 站址选择规划方案如下。

- 现网资源：微基站。
- 自建：各类美化杆塔。
- 第三方资源：街道灯杆塔、楼角等任何可用的位置。

② 小区规划方案如下。

- 在室内与有源室分同小区设置；
- 无有源室分可与宏基站同小区设置。

微基站建设主要存在站址获取困难、密集部署、传输不及时、配套部署困难等问题，可以通过以下手段进行规避和解决：

- 设备小型化，隐蔽性好，安装灵活；功率可选高、中、低，要能适应多种场景；
- 天线辐射角多样化，大张角、窄角可选，方向角和下倾角可调，要能适合多种场景；
- 设备支持交流、POE和光电复合缆供电；
- RRU之间支持级联，RRU上行支持网线、光纤和无线回传。

3. 有源室分建设策略

（1）基于业务的部署策略

5G的业务场景与3G/4G有较大差别，除了传统的移动宽带外，5G还需要支持大规模物联网和工业控制等超高可靠、超低时延通信等业务。基于5G的3类业务，有源室分部署策略建议见表8-3。

表 8-3　基于业务的有源室分部署策略建议

	业务特点	网络承载要求	网络部署策略
eMBB	• 用户特点：对科技敏感的学生、商务和时尚人士。 • 业务发生区：4G高流量发生区域。 √高校、交通枢纽、医院、大型商场； √商务办公楼公共区、会议区	• 高容量要求高； • 连续性要求较高； • 低时延要求较高	• 初期：在4G高流量场景进行5G容量型建设，对场景内其他区域延伸覆盖。 • 远期：根据业务需求扩容
mMTC	• 用户特点：商用公共设施、家庭设施、共享类工具等。 • 业务发生区：各类商务楼宇、住宅小区	• 高容量要求适中； • 连续性要求适中； • 低时延要求适中	• 初期：保证业务区覆盖的连续性和容量需求。 • 远期：根据业务需求实施扩充网络能力
uRLLC	• 用户特点：楼宇公共区专用设施、企业专用设备等。 • 业务发生区：厂房，商业楼宇公共区（如车库、大厅等），交通、政府公共服务区等	• 高容量要求适中； • 连续性要求高； • 低时延要求高	

（2）有源室分和无源室分对比

由于无源室分的无源器件支持的最高频段为2.7GHz左右，因此无法支持5G网络（主要工作于3.5GHz和4.9GHz）。此外，过高的频段在馈线中传输损耗太大，因此传统DAS无法承担5G室分覆盖的重任。有源室分系统具有施工方便、速率高、用户感知好、可视可控、可与5G兼容的优势，是运营商在5G时代的主要室分覆盖方案。

有源室分系统和传统DAS的技术特点及现网实际工程应用情况对比分析见表8-4。

表 8-4　有源室分系统与传统 DAS 对比分析

	有源室分系统	传统 DAS
5G兼容性	好	较差
	可通过软件/硬件升级平滑支持5G系统	传统DAS支持的频率范围仅为800MHz～2.7GHz，不支持5G系统
组网方案	好	一般
	利用光缆或网线完成信源至拓展单元，以及拓展单元至天线覆盖点的连接，组网方案简单	采用传统射频分配模式，组网方案较复杂
工程实施	较方便	较麻烦
	在信源和拓展单元之间，以及拓展单元和有源天线覆盖点之间。取消了部分或全部馈线及无源器件连接模式，用相应的光纤、电源线、网线来替代，工程实施难度较低（电源取电和布放也会影响施工进度）	需要大量的馈线及无源器件，特别是在主干层及平层没有良好布线环境的情况下，工程建设难度大

续表

	有源室分系统	传统DAS
安全可靠	相对较好	较好
	取消了大量馈线及无源器件，大幅减少了可能引发问题的故障点数量。同时，有源设备全部是明设备，网管可以监控。但有源器件的长期工作耐久性及指标一致性不如无源器件稳定	无源器件一般不容易出现性能下降的问题，只要规范可靠连接，且器件质量良好，可以确保性能长期稳定。但前三级器件在长时间工作后容易老化，导致性能降低
维护网优	较好	一般
	不再是哑设备，可监控，利于排障维护。但是有源信源点较多，有源故障率和有源维护量将有所增加。同时设备、器件数量大幅减少，利于维护排障	日常维护量小，但是无源器件由于是哑设备哑系统，一旦发生故障，则无法监控，排障难度大
投资效益	在适用场景中，投资效益佳； 在普通建设场景中，投资效益一般	在中小型场景中，投资效益较佳； 在大型及复杂建设场景中，投资效益一般
	直接取消了主干层的馈线及无源器件，同时减少了原本布设这些馈线及器件的集成商。在规模使用的情况下，设备的单价会逐步下降	在中小型场所，有源室分系统新增分布式设备总费用会高于传统馈线及无源器件，但是在用户难以协调室分改造或者新选大型复杂室分场景的情况下，传统DAS不如有源室分系统
实施速度	较快	较慢
	省略了主干馈线、无源器件及平层的大部分馈线、无源器件连接，建设速度很快，大型小区一般2～5天能全部建完	传统方案中，复杂的馈线及无源器件产品建设速度慢，大型小区一般需要10～15天才能建完
搬迁拆除利旧	好	较差
	全部设备都可以拆除利旧，如果主干层光缆无法拆除利旧，损失也很小	主干层的馈线、无源器件很难拆除利旧，平层馈线、器件拆除利旧也不是很方便
现网系统兼容性	好	较好
	WLAN都是以末端合路支持为主； LTE天然支持双流MIMO，无须室分改造	WLAN都是以末端合路或独立放装型为主； LTE双流MIMO需室分改造
	主设备厂家的分布系统需要共址同厂家兼容	通过替换合路器及分布系统改造，正常支持2G/3G/4G系统兼容
	灵活实现多频段多制式的应用要求，频段与制式灵活实现转换，满足不同阶段的部署要求	只要天馈系统及无源器件频段支持，可以透传支持所有移动通信制式，不存在系统整体替换或升级问题

由表8-4可知，有源室分系统除在长期工作的可靠性方面仍需时间观察验证，以及在中小型建设场景中投资效益稍逊于传统DAS外，在5G兼容性、组网方案、工程实施、维护网优等各方面都优于传统DAS。现网已大量部署有源室分系统，其网络性能稳定，可以满足运营商的网络建设质量和容量的需求。国内运营商已现网部署及计划开始的室内覆盖中，大量采用了有源分布系统。

（3）有源室分的短板及解决方案建议

有源室分虽然有许多优势，但作为新技术，仍存在造价较高等一些短板。

① 价格因素：有源室分造价高，pRRU 部署数量受到很大影响，在建设中 pRRU "能省则省"，在业务量较低的楼梯、设备间、维修通道等区域基本没有布点。

② 设备因素：pRRU 灵活性不够，影响覆盖能力。

- 设备形态不灵活：相比吸顶天线，体积太大、重量太大，入房间部署受到业主的阻挠，不能任意部署。
- 组网方式不灵活：pRRU 不支持级联，每增加一个 pRRU，都需要从弱电井到部署点新增一根网线。
- 输出功率不灵活：虽然可以向下设定额定总功率，但在实际工程中没有意义。
- 内置天线参数单一，在室内特殊场景无法灵活选用天线。

对于有源室分存在的一些短板，主要有以下建议的解决方案。

① 降低价格。

- 增加采购量，降低产品成本；
- 设备功能按需采购，去除不必要的功能，保留必需的功能。

② 提升设备的灵活性，确保网络精确、合理部署，如图 8-3 所示。

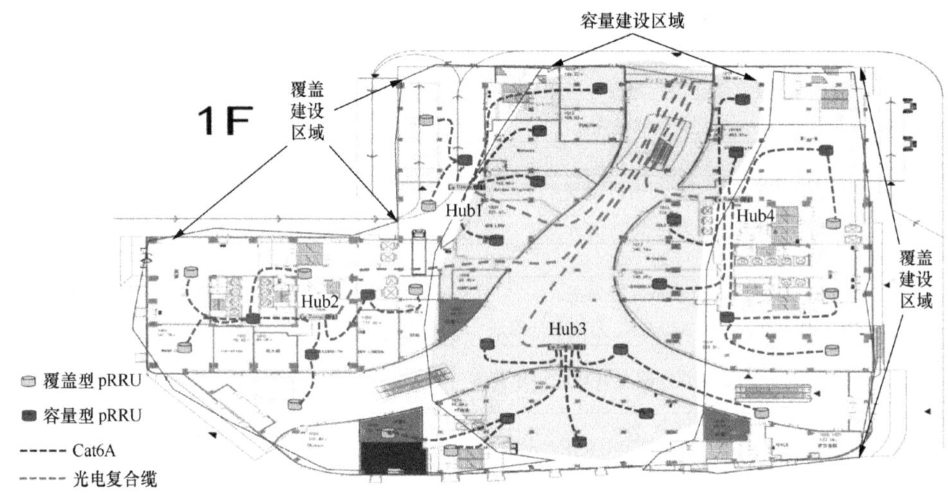

图 8-3　理想有源室分系统覆盖

- 建议 pRRU 具有容量型和覆盖型两种模式（或两种设备形态）。
- 覆盖型 pRRU 设备体积小、功率小（每通道几毫瓦）、功能简单（主要收发）。
- 子母 pRRU（设想）：容量型 pRRU 做母 RRU，向下级连多个覆盖型 pRRU，大大地增加了组网的灵活性。
- Hub 前移：由弱电井前移至平层，且支持光电复合缆供电，并可对下连 pRRU 通过 POE 方式供电。

总结与展望

通信业的发展一直与信息化社会的发展息息相关，自从第三次科技革命将人类社会带入信息时代以来，通信技术的进步在不断加强人与人之间的联系，潜移默化地影响着人们的生活方式。移动通信因其便捷性成为现代通信系统中发展最快的技术之一，随着移动互联网逐渐深入人们的生活，移动通信技术展现出强劲的生命力和蓬勃的发展前景。

移动通信系统经历了第一代模拟蜂窝通信系统、第二代数字蜂窝通信系统、第三代宽带移动多媒体通信系统、第四代宽带接入和分布网络通信系统后，现在正向着第五代移动通信系统不断演进发展。目前，5G 的需求和愿景已经明确，各厂商、运营商、研究机构、企业等正在对 5G 进行积极研究和推进。真正可商用的 5G 第一阶段标准 3GPP R15 已经冻结，5G 第二阶段 3GPP R16 将于 2020 年第三季度完成，5G 商用大潮即将到来。

本书对 5G 可能的关键技术、发展阶段和发展状态、发展方向进行了梳理和总结。首先介绍了当前移动通信系统的技术发展历程、LTE 网络的演进方向及 5G 路线图，接着从 5G 发展状况、关键技术、网络架构、频谱、网络规划和建设等方面对 5G 进行了系统的阐述。在 5G 发展状况方面，对 5G 的需求与驱动力、技术目标、应用场景、困难挑战、标准化等进行了详细的介绍；在 5G 关键技术方面，从无线传输技术与网络架构方面进行了说明，着重介绍了大规模 MIMO、新型多址、新型双工、多载波、新型调制编码等无线传输技术；在 5G 网络架构方面，介绍了异构网与 C-RAN 等新型网络架构、5G 空口技术框架、无线资源调度与共享、M2M、D2D、云网络及 5G 网络安全等方面的内容；另外，

对 5G 频谱的选用以及 5G 网络规划和建设进行了探讨。

相信随着 5G 技术标准的冻结和产业链的不断发展成熟，5G 网络即将大规模部署和商用。“无处不在，万物互联”的未来移动通信愿景将变成现实，无人驾驶、车联网、移动高清视频通信等以超高速率、高可靠性的通信为基础的新技术将逐渐普及，给人们的生活带来极大的便利，同时也将极大地改变人们的生活方式。

缩略语

1G	the 1st Generation	第一代移动通信技术
2G	the 2nd Generation	第二代移动通信技术
3G	the 3rd Generation	第三代移动通信技术
3GPP	the 3rd Generation Partnership Project	第三代合作伙伴计划
4G	the 4th Generation	第四代移动通信技术
5G	the 5th Generation	第五代移动通信技术
5G PPP	the 5th Generation Public-Private Partnership	5G公私合作联盟
AAS	Active Antenna System	有源天线系统
AMF	Authentication Management Function	认证管理功能
AMPS	Advanced Mobile Phone System	先进移动电话系统
ANR	Automatic Neighbor Relation	邻区自动关联
API	Application Programming Interface	应用编程接口
APSK	Amplitude Phase Shift Keying	振幅移相键控
AR	Augmented Reality	增强现实
ARIB	Association of Radio Industries and Business	无线工业与商业协会
ARQ	Automatic Repeat reQuest	自动重传请求
ASA	Authorized Spectrum Access	授权频谱接入
BBU	Base Band Unit	基带处理单元
BC	Broadcast Channel	广播信道
BER	Bit Error Ratio	误比特率

BF	Beam Forming	波束成形
BPSK	Binary Phase Shift Keying	二进制相移键控
BS	Base Station	基站
BSS	Business Support System	业务支撑系统
BTA	Broadcasting Technology Association	广播技术协会
BW	BandWidth	频带宽度（带宽）
CAPEX	Capital Expenditure	资本性支出
CBF	Coordinate Beam Forming	协调波束成形
CCSA	China Communications Standards Association	中国通信标准化协会
CDMA	Code Division Multiple Access	码分多址
CDN	Content Delivery Network	内容分发网络
CEPT	Confederation of European Posts and Telecommunications	欧洲邮电管理委员会
CN	Core Network	核心网
CoMP	Coordinated Multiple Points	协作多点
CP	Cyclic Prefix	循环前缀
CQI	Channel Quality Indication	信道质量指示
CR	Cognitive Radio	认知无线电
C-RAN	Centralized, Cooperative, Cloud & Clean-Radio Access Network	新型无线接入网构架
CS	Circuit Switching	电路交换
CSI	Channel State Information	信道状态信息
CSMA	Carrier Sense Multiple Access	载波侦听多址访问
CT	Core network and Terminals	核心网和终端
C-V2X	Cellular Vehicle-to-Everything	蜂窝车联网
D2D	Device-to-Device	终端直通
DAMPS	Digital-Advanced Mobile Phone Services	数字先进移动电话服务
DAS	Distributed Antenna System	分布式天线系统
DCS	Digital Communication System	数字通信系统
DFT	Discrete Fourier Transform	离散傅里叶变换
DMA	Directional Memory Access	直接内存访问
DPI	Dots Per Inch	点每英寸
DSN	Distributed Service Network	分布式服务网络

DSP	Digital Signal Processing	数字信号处理
E2E	End-to-End	端到端
EAP	Extensible Authentication Protocol	可扩展认证协议
EDGE	Enhanced Data Rate for GSM Evolution	增强型数据速率GSM演进技术
eICIC	enhanced Inter Cell Interference Coordination	增强的小区间干扰协调
eMBB	enhanced Mobile BroadBand	增强移动宽带
eNode B	evolved Node B	演进型基站
EPC	Evolved Packet Core	演进型分组核心网
ePDG	evolved Packet Data Gateway	演进型分组数据网关
EPON	Ethernet Passive Optical Network	以太网无源光网络
ES	Energy Saving	节能技术
ETACS	Extended Total Access Communications System	扩展型全接入通信系统
ETSI	European Telecommunications Standards Institute	欧洲电信标准化协会
EV-DO	Evolution Data Optimized	演进数据优化
FBMC	Filter Bank Multi-Carrier	滤波器组多载波
FCC	Federal Communications Commission	美国联邦通信委员会
FD	Full Dimension	全维度
FDD	Frequency Division Duplexing	频分双工
FDMA	Frequency Division Multiple Access	频分多址
FE	Fast Ethernet	快速以太网
FFT	Fast Fourier Transform	快速傅里叶变换
F-OFDM	Filtered Orthogonal Frequency Division Multiplexing	滤波正交频分复用
FOMA	Freedom Of Mobile multimedia Access	自由移动的多媒体接入
FPLMTS	Future Pubilic Land Mobile Telecommunication System	未来公共陆地移动通信系统
FTN	Faster-Than-Nyquist	超奈奎斯特
GE	Gigabit Ethernet	吉比特以太网
GERAN	GSM/EDGE Radio Access Network	GSM/EDGE无线接入网
GFDM	Generalized Frequency Division Multiplexing	广义频分复用
GGSN	Gateway GPRS Support Node	网关GPRS支持节点

GPON	Gigabit Passive Optical Network	吉比特无源光网络
GPRS	General Packet Radio Service	通用分组无线服务技术
GPS	Global Positioning System	全球定位系统
GSA	Global Mobile Suppliers Association	全球移动设备供应商协会
GSM	Global System for Mobile Communication	全球移动通信系统
H2H	Human-to-Human	人对人
HARQ	Hybrid Automatic Repeat reQuest	混合自动重传请求
HEW	High Efficiency WLAN	高效无线局域网
HO-MIMO	Higher-Order Multiple-Input Multiple-Output	高阶多输入多输出
HPA	High-Power Amplifier	高功率放大器
HSDPA	High Speed Downlink Packet Access	高速下行链路分组接入
HSPA+	High Speed Packet Access+	增强型高速分组接入
HSUPA	High Speed Uplink Packet Access	高速上行链路分组接入
I/Q	In-phase/Quadrature	同相正交
IBC	Identity-Based Cryptography	基于身份加密
ICT	Information and Communication Technology	信息和通信技术
IDMA	Interleave Division Multiple Access	交织分多址接入
IEEE	Institute of Electrical and Electronics Engineers	电气与电子工程师协会
IEEE-SA	The IEEE Standards Association	IEEE标准协会
IMS	IP Multimedia Subsystem	IP多媒体子系统
IMT	International Mobile Telecom System	国际移动电话系统
IoT	Internet of Things	物联网
ISDN	Integrated Services Digital Network	综合业务数字网
ITU	International Telecommunications Union	国际电信联盟
ITU-R	ITU-Radio Communications Sector	国际电信联盟无线通信委员会
JT	Joint Transmission	联合发送
KPI	Key Performance Indicator	关键绩效指标
LAN	Local Area Network	局域网
LDPC	Low Density Parity Check Code	低密度奇偶校验码
LED	Light Emitting Diode	发光二极管

LMS	Least Mean Square	最小均方算法
LOS	Line Of Sight	视距
LSA	Licensed Shared Access	授权共享访问
LTE	Long Term Evolution	长期演进
LTE-A	LTE-Advanced	LTE演进
LTE-Hi	LTE-Hotspot/indoor	LTE热点/室内覆盖
LTE-U	LTE-Unlicensed	非授权LTE
M2M	Machine-to-Machine	机器对机器
MAC	Multiple Access Channel	多址接入信道
MBB	Mobile Broadband	移动宽带业务
MC-CDMA	Multi Carrier-Code Division Multiple Access	多载波码分多址
MCS	Modulation and Coding Scheme	调制编码方式
MEC	Mobile Edge Computing	移动边缘计算
MIMO	Multiple Input Multiple Output	多输入多输出
MLB	Mobility Load Balancing	移动负载均衡
MMSE	Minimum Mean Squared Error	最小均方误差
mMTC	Massive Machine Type Communication	大规模机器类通信
MPA	Message Passing Algorithm	消息传递算法
MPLS	Multi-Protocol Label Switch	多协议标签交换
MQAM	Multiple Quadrature Amplitude Modulation	多进制正交幅度调制
MRO	Mobility Robust Optimization	移动鲁棒性优化
MRT	Max Ratio Transmisson	最大比传输
MTC	Machine Type Communication	机器类通信
MU/SU	Multi-User/Singer-User	多用户/单用户
MUCC	Multiple Users Cooperative Communication	多用户间协同/合作通信
MUSA	Multi-User Shared Access	多用户共享接入
NFV	Network Function Virtualization	网络功能虚拟化
NFVI	Network Function Virtualization Infrastructure	网络功能虚拟化基础设施
NGFI	Next Generation Fronthaul Interface	下一代前传接口
NGMN	Next Generation Mobile Network	下一代移动通信网络
NLOS	Non Line of Sight	非视距
NMT	Nordic Mobile Telephone	北欧移动电话
NOMA	Non-Orthogonal Multiple Access	非正交多址接入
NSA	Non-Stand Alone	非独立组网

NSSAI	Network Slice Selection Auxiliary Information	网络切片选择辅助信息
NTACS	Narrowband Total Access Communication System	窄带全接入通信系统
NTT	Nippon Telegraph and Telephone	日本电报电话
O&M	Operation and Maintenance	运行和维护
OAM	Operation Administration and Maintenance	运行、管理和维护
OFDM	Orthogonal Frequency Division Multiplexing	正交频分复用
OFDMA	Orthogonal Frequency Division Multiple Access	正交频分多址
ONU	Optical Network Unit	光网络单元
OPEX	Operating Expense	运营成本
OQAM	Offset Quadrature Amplitude Modulation	偏置正交调幅
OS	Operating System	操作系统
OSS	Operation Support System	运营支持系统
OVTDM	Overlapping Time Division Multiplexing	重叠时分复用
P2MP	Point-to-Multipoint	点对多点
P2P	Peer-to-Peer	个人对个人
PAPR	Peak to Average Power Ratio	峰值平均功率比
PCAST	President's Council of Advisors on Science and Technology	美国总统科技顾问小组
PCG	Project Coordination Group	项目合作组
PCI	Physical Cell Identifier	物理小区标识
PCS	Personal Communications Service	个人通信服务
PDC	Personal Digital Cellular	个人数字蜂窝
PDM	Pulse Duration Modulation	脉冲宽度调制
PDMA	Pattern Division Multiple Access	图样分割多址接入
PDN	Packet Data Network	分组数据网
PDU	Packet Data Unit	分组数据单元
PGW	PDN GateWay	PDN网关
PHS	Personal Handy phone System	个人手持式电话系统
PMI	Precoding Matrix Indicator	预编码矩阵指示
PN	Pseudo Noise	伪噪声
P-OVTDM	Pure-Overlapping Time Division Multiplexing	纯粹重叠时分复用

PSTN	Public Switched Telephone Network	公众电话交换网
PUSCH	Physical Uplink Shared Channel	物理上行链路共享信道
QAM	Quadrature Amplitude Modulation	正交振幅调制
QCI	QoS Class Identifier	质量等级指示
QoE	Quality of Experience	体验质量
QoS	Quality of Service	服务质量
RACH	Random Access Channel	随机接入信道
RAN	Radio Access Network	无线接入网
RAT	Radio Acess Technology	无线接入技术
RATG	Radio Acess Technology Group	无线接入技术组
RB	Resource Block	资源块
RCR	Research and development Center of Radio system	无线系统研发中心
RF	Radio Frequency	射频
RFID	Radio Frequency Identification	射频识别
RGW	Residential Gateway	家庭网关
RI	Rank Indication	秩指示
RLS	Recursive Least Squares	递归最小二乘法
RRH	Remote Radio Head	射频拉远头
RRU	Remote Radio Unit	远端射频模块
RTT	Radio Transmission Technology	无线传输技术
SA	Service and System Aspects	业务与系统方面
SAS	Spectrum Access System	频谱接入系统
SCMA	Sparse Code Multiple Access	稀疏码多址接入
SDAI	Software Defined Air Interface	软件定义空口
SDMA	Space Division Multiple Access	空分复用接入
SDN	Software Defined Network	软件定义网络
SIC	Serial Interference Elimination	串行干扰消除
SNR	Signal Noise Ratio	信噪比
SON	Self-Organizing Network	自组织网络
S-OVTDM	Shift-Overlapping Time Division Multiplexing	移位重叠时分复用
STB	Set Top Box	机顶盒
TACS	Total Access Communication System	全接入通信系统

TCO	Total Cost of Ownership	总拥有成本
TD-CDMA	Time Division-Code Division Multiple Access	时分—码分多址
TDD	Time Division Duplex	时分双工
TD-LTE	Time Division-Long Term Evolution	分时长期演进
TDMA	Time Division Multiple Access	时分多址
TD-SCDMA	Time Division-Synchronous Code Division Multiple Access	时分同步码分多址
TrA	Telecommunication Technical Assembly	韩国电信技术协会
TSG	Technical Specification Group	技术规范组
TTC	Telecommunication Technology Committee	电信技术委员会
TTI	Transmission Time Interval	传输时间间隔
UE	User Equipment	用户设备
UFMC	Universal Filtered Multi-Carrier	通用滤波多载波
UHDTV	Ultra High Definition Television	超高清电视
UMTS	Universal Mobile Telecommunications System	通用移动通信系统
uMTC	Ultra-reliable Machine Class Communication	超可靠机器类通信
uRLLC	Ultra-Reliable and Low Latency Communications	超可靠、低时延通信
V2V	Vehicle-to-Vehicle	车对车
V2X	Vehicle-to-X	车对外界
VLC	Visible Light Communication	可见光通信
VM	Virtual Machine	虚拟机
VNF	Virtualized Network Function	虚拟化网络功能
VoLTE	Voice over Long Term Evolution	LTE语音解决方案
VR	Virtual Reality	虚拟现实
WCDMA	Wideband Code Division Multiple Access	宽带码分多址
WDM	Wavelength Division Multiplexing	波分复用
Wi-Fi	Wireless Fidelity	无线保真
WLAN	Wireless Local Area Networks	无线局域网
WRC	World Radiocommunication Conferences	世界无线电通信大会
WWRF	Wireless World Research Forum	无线世界研究论坛
xPON	x Passive Optical Network	新一代光纤接入技术
ZFBF	Zero-Forcing Beamforming	迫零波束赋形

参考文献

[1] ITU-R. Recommendation ITU-R M.2083-0: IMT Vision-"Framework and overall objectives of the future development of IMT for 2020 and beyond" [R]. 2015.

[2] ITU-R. ITU-R M.2410-0: minimum requirements related to technical performance for IMT-2020 radio interface(s) [R]. 2017.

[3] ITU-R. ITU-R M.2411-0: requirements, evaluation criteria and submission templates for the development of IMT-2020[R]. 2017.

[4] ITU-R. ITU-R M.2412-0: guidelines for evaluation of radio interface technologies for IMT-2020[R]. 2017.

[5] 3GPP TS 38.201 V15.0.0: 3rd Generation Partnership Project; technical specification group radio access network; NR; physical layer; general description (Release 15) [R]. 2017.

[6] 3GPP TS 38.211 V15.5.0: 3rd Generation Partnership Project; technical specification group radio access network; NR; physical channels and modulation (Release 15) [R]. 2019.

[7] 3GPP TS 38.300 V15.5.0: 3rd Generation Partnership Project; technical specification group radio access network; NR; NR and NG-RAN overall description; stage 2 (Release 15) [R]. 2019.

[8] 3GPP TS 23.501 V15.6.0: 3rd Generation Partnership Project; technical specification group services and system aspects; system architecture for the

5G system; stage 2 (Release 15) [R]. 2019.

[9] NGMN. NGMN 5G White Paper v1.0[R]. 2015.

[10] NGMN. 5G Spectrum Requirements White Paper v2.0[R]. 2018.

[11] NGMN. 5G End-to-End Architecture Framework v0.8.1[R]. 2017.

[12] METIS II: Preliminary Views and Initial Considerations on 5G RAN Architecture and Functional Design[R]. 2016.

[13] 5G PPP. The 5G Infrastructure Public Private Partnership: the next generation of communication networks and services[R]. 2015.

[14] 5G PPP. 5G PPP 5G Architecture White Paper Version 2.0: view on 5G architecture[R]. 2017.

[15] 5G PPP. 5G PPP Software Network White Paper: from Webscale to Telco, the cloud native journey[R]. 2018.

[16] IEEE. Towards 5G software-defined ecosystems: technical challenges, business sustainability and policy issues[R]. 2016.

[17] 4G Americas: recommendations on 5G requirements and solutions[R]. 2014.

[18] ARIB. ARIB 2020 and Beyond Ad Hoc Group White Paper: mobile communications systems for 2020 and beyond[R]. 2014.

[19] GSMA. The impact of licensed shared use of spectrum[R]. 2014.

[20] DoCoMo 5G White Paper. 5G Radio access: requirements, concept and technologies[R]. 2014.

[21] Ericsson White Paper. 5G radio access[R]. 2015.

[22] Huawei White Paper. 5G: new air interface and radio access virtualization[R]. 2015.

[23] Nokia Networks White Paper. Ten key rules of 5G deployment[R]. 2015.

[24] ZTE White Paper. 5G: driving the convergence of the physical and digital worlds[R]. 2014.

[25] SK Telecom 5G White Paper. SK Telecom’s view on 5G vision, architecture, technology, service, and spectrum[R]. 2014.

[26] 中华人民共和国工业和信息化部. 关于发布 5150-5350兆赫兹频段无线接入系统频率使用相关事宜的通知（工信部无函〔2012〕620号）[R]. 2012.

[27] 中华人民共和国工业和信息化部. 工业和信息化部关于5470-5725兆赫兹频段无线接入系统频率使用相关事宜的公示[R]. 2013.

[28] 中华人民共和国工业和信息化部. 工业和信息化部关于调整5725-5850兆赫兹频段频率使用事宜的公示[R]. 2013.

[29] 工业和信息化部电信研究院. 到2020年中国IMT服务的频谱需求[R]. 2013.

[30] IMT-2020（5G）推进组. 5G愿景与需求白皮书[R]. 2014.

[31] IMT-2020（5G）推进组. 5G概念白皮书[R]. 2015.

[32] IMT-2020（5G）推进组. 5G网络技术架构白皮书[R]. 2015.

[33] IMT-2020（5G）推进组. 5G无线技术架构白皮书[R]. 2015.

[34] IMT-2020（5G）推进组. 5G网络架构设计白皮书[R]. 2016.

[35] IMT-2020（5G）推进组. 5G承载需求白皮书[R]. 2018.

[36] IMT-2020（5G）推进组. 5G核心网云化部署需求与关键技术白皮书[R]. 2018.

[37] IMT-2020（5G）推进组. 5G网络安全需求与架构白皮书[R]. 2017.

[38] IMT-2020_14002. 业务与需求研究阶段报告[R]. 2015.

[39] 中国移动. 中国移动技术愿景2020+ 白皮书[R]. 2018.

[40] 中国电信. 中国电信5G技术白皮书[R]. 2018.

[41] 大唐电信. 演进、融合与创新5G白皮书[R]. 2013.

[42] SDN产业联盟. SDN产业发展白皮书[R]. 2015.

[43] MARZETTA T L, ASHIKHMIN A. Beyond LTE: hundreds of base station antennas[C]// Communication Theory Workshop. 2010.

[44] MARZETTA T L. Noncooperative cellular wireless with unlimited numbers of base station antennas[J]. IEEE Trans. Wireless Commun., 2010, 9(11): 3590-3600.

[45] MAZO J E. Faster-than-Nyquist signaling, Bell Syst[J]. Tech. Journal, 1975, 54: 1451-1462.

[46] YEUNG R W, LI S-Y R, CAI N, et al. Network coding theory[J]. Foundation & Trends in Commun. Infor. Theory, 2014, 2(4): 1950-1978.

[47] TRACEY H, DESMOND S L. Network coding: an introduction[M]. 2007.

[48] KOETER R, MEDARD M. An algebraic approach to network coding[J]. IEEE/ACM Trans. Networking, 2003, 11(5): 782-795.

[49] 谢飞波. 宽带移动通信发展给频谱资源管理带来挑战[J]. 中国经济与信息化，2007(21): 18.

[50] 张晓江. BBU集中放置研究[J]. 中国新通信，2015(2).

[51] 钟翠明. BBU池快速建站方案的研究与探讨[J]. 江西通信科技，2013(4).

[52] 贝斐峰，李新. 5G前夜室内数字化覆盖将成网络发展主角[J]. 通信世界，

2018(16).

[53] 王强，刘海林，李新，等. TD-LTE无线网络规划与优化实务[M]. 北京：人民邮电出版社，2018.

[54] 袁志峰，郁光辉，李卫敏. 面向5G的MUSA多用户共享接入[J]. 电信网技术，2015(5): 28-31.

[55] 徐峰，严学强. 移动网络扁平化架构探讨[J]. 电信科学，2010, 26(7): 43-49.

[56] 李芃芃，郑娜，伉沛川，等. 全球5G频谱研究概述及启迪[J]. 电讯技术，2017(6).

[57] 陈达，邓智群. BBU POOL技术分析与应用[J]. 移动通信，2013(12): 47-50.

[58] 华为联手DoCoMo测试5G网络速度达到3.6Gbps[EB]. 2015.

[59] 5G的频段是哪些？中国和全球如何分配的[EB]. 2017.

[60] 5G使用哪个频段？华为解说WRC-15决议[EB]. 2016.

索　引

A～C

D

F

H～K

L～M

O～R

S

Y

Z

（王彦祥、刘子涵、刘泽宇　编制）